U0340056

中国藏獒

养殖繁育大全

张惠斌 张彬 著

山西出版传媒集团

山西人民出版社

图书在版编目（CIP）数据

中国藏獒养殖繁育大全/张惠斌，张彬著.—太原：
山西人民出版社，2013.8
ISBN 978 - 7 - 203 - 08124 - 1

Ⅰ.①中… Ⅱ.①张… ②张… Ⅲ.①犬—驯养②犬
—良种繁育 Ⅳ.① S829.2

中国版本图书馆 CIP 数据核字（2013）第 054206 号

中国藏獒养殖繁育大全

著　者：张惠斌　张　彬
责任编辑：贾　娟
助理编辑：何赵云
装帧设计：刘彦杰

出 版 者：山西出版传媒集团·山西人民出版社
地　　址：太原市建设南路 21 号
邮　　编：030012
发行营销：0351 - 4922220　4955996　4956039
　　　　　0351 - 4922127（传真）　4956038（邮购）
E - mail：sxskcb@163.com　发行部
　　　　　sxskcb@126.com　总编室
网　　址：www.sxskcb.com

经 销 者：山西出版传媒集团·山西人民出版社
承 印 者：山西出版传媒集团·山西新华印业有限公司

开　　本：720mm × 1010mm　　1/16
印　　张：21
字　　数：300 千字
印　　数：1 - 5 000 册
版　　次：2013 年 8 月　第 1 版
印　　次：2013 年 8 月　第 1 次印刷
书　　号：ISBN 978 - 7 - 203 - 08124 - 1
定　　价：50.00 元

清代郎世宁画笔下的藏獒

红色虎头獒（脖颈带有鬃毛）

黑色长毛大狮头獒

铁包金小狮头獒

寻獒的路上

转经轮

庙前合影

驻地

    写这本书的过程中，勾起了我久远的记忆，把这几张照片拿出来晒晒，与大家分享。这是我在青海因公出差、寻獒时仅存的几张照片，照片拍摄于1990年至1995年期间，那时的我还很年轻，从青海牵回很多只藏獒，可惜手中没有牵条藏獒合影，算是终生的遗憾！

董占永，獒界奇人，他手中培育出了当今中国最著名的"狮王"与"怪兽"两大血系。

理查，美国的著名藏獒养殖者，得知我基地出售至欧洲一条名叫LiShui 的高品质母獒，专程赴欧洲看望。

幼獒的生长过程

刚出生 5 分钟的幼獒

出生 4 天的幼獒

出生 15 天的幼獒

出生 50 天的幼獒

出生 75 天的幼獒

静如止水

动如脱兔

大智若愚,大勇若怯

性格稳定,不怒自威

藏獒身体各部位示意图

尾　臀部　　　　　　　　　　　耳　枕骨部　　　眼

颈部　　　　　　　　　　　止部（额部）

肩胛

腰部　背部　　　　　　　　　　　鼻端（鼻镜）

股部　　　　　　　　　　　　　　　　　颊

小腿　　　　　　　　　　　　　　　　　前胸

踝关节（飞节）　　　大腿

趾　　　　　后膝　　　胸部　　　上臂

肘部　　　前臂

腕部

指　　　脚掌

后驱　　　　　　中驱　　　　前驱

侧面图

藏獒形体各部位测量图 1

藏獒形体各部位测量图 2

藏獒的咬合图示

自然界，牙齿的咬合对食肉动物非常重要，正确的咬合更有助于藏獒猎取食物，延长寿命。FCI规定牙齿咬合有问题的狗是不可以进行繁育后代的，因为咬合属于遗传疾病，所以我们在藏獒繁育活动中要注意牙齿的咬合问题！

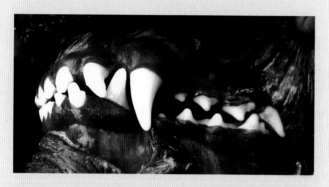

标准咬合（剪状咬合是最理想的咬合，水平状咬合是可以就的咬合）

下图为几种不正确的咬合方式

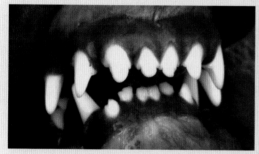

被盖咬合（上颚突出）俗称：天包地

反对咬合（下颚突出）俗称：地包天

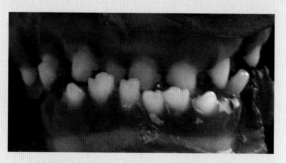

上前齿向内侧斜，牙齿不齐，并伴有地包天

髋关节疾病图示

髋关节健康对于犬类是非常重要，藏獒也不例外。FCI 规定有髋关节疾病的狗是不可以进行繁育后代的，因为髋关节疾病属于遗传疾病，所以我们在藏獒繁育活动中要注意髋关节问题！

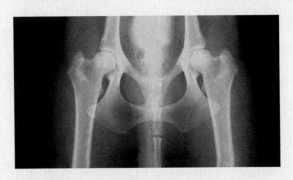

正常的髋关节（股骨头完全包合在关节窝中）

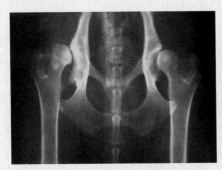 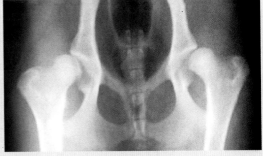

髋关节半脱位状态（关节窝覆盖股骨头的面积小于 50%）

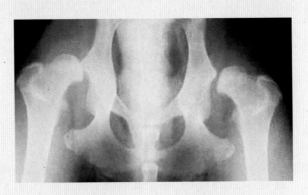

髋关节全脱位状态（股骨头从关节窝中全脱来）

比较常见的藏獒颜色（一）

黑色

黄色（奶油色）

黄色（黄色）

黄色（红色）

铁包金（奶油色）

比较常见的藏獒颜色（二）

铁包金（黄色）

铁包金（红色）

灰色

灰色包金／青灰色

巧克力褐色

比较常见的藏獒颜色（三）

巧克力褐色包金

稀释黄色

掩式铁包金（暗铁包金）

青灰色（狼青色）

白色

注：这里的黄色是红、黄、奶油色、稀释黄色的统称。因为 A^y 基因被 dd 基因所稀释的程度不同，毛色所表现的色度也不同。

"狮王"血系

董占永"狮王"的出现打破了国内黄（红）色藏獒的繁育瓶颈。从此，高品质的黄（红）色藏獒开始多了起来，形成"狮王血系"，对黄獒的繁育可谓功不可没。

唐山华永獒园董占永先生的"狮王"

董占永先生的爱獒："狮头"（中国铭狮獒园饲养）

董占永先生的爱獒："驮佛"是"狮王"血系的一个新发展，遗传性更好。

高建超，金港獒园主人，一个成功的藏獒养殖者，是新生代养獒人的代表性人物，2012年全国第八届獒展总冠军"金福"的繁育者。

金港獒园高建超先生
"金福"（"驮佛"之子）

董占永先生培育的
"怪兽"血系已经形成

香港狗会主席林汉环大律师为本书
作序

张惠斌老弟和我认识多年,我们之间对藏獒的发展虽然有不同的意见,但老弟他对藏獒的认识和热爱,深深地令我佩服和赏识。

这多年来他还是继续这一份使命去了解研究藏獒,陪育藏獒。他直接地帮助了我国藏獒在国外的发展,把优良的血统得到了保传,更改进了国外藏獒的遗传基因,领导了我国藏獒的发展,使其发扬光大。

本人能为张惠斌老弟的新书写序言感到荣幸和骄傲。

林汉环
大律师
香港狗会主席.

前　言

　　我与张彬女士于2007年写过一本《中国藏獒》的书（该书在香港狗会、澳大利亚国家图书馆、高雄大学图书馆、上海图书馆等国内外多所图书馆与大学院校都有收藏），此书是由山西人民出版社出版发行。《中国藏獒》的上市伴随着我国藏獒养殖高峰的到来，为藏獒养殖者与爱好者，养殖与了解藏獒起到了一定的指导作用，产生了较大的市场影响力。该书已经面世五年了，其间虽有两次再版，但读者再版的呼声依然很高，鉴于读者的实际需要，出版商向我们发出再次约稿的请求。我们决定把《中国藏獒》一书重新整理，对原有内容进行删减、补充、提高，取名《中国藏獒养殖繁育大全》。

　　《中国藏獒养殖繁育大全》是应藏獒养殖产业的发展步法而生的，它在原有《中国藏獒》的基础上又增添了《藏獒训导》、《养獒心得》、《走出国门》等内容，对《藏獒的一般鉴定》部分也做了补充完善，其他章节中的细节做了针对性、实用性的删减，这是时代发展的需要，因为今后藏獒不仅仅是养育的问题，它需要继续向上提升，向"品鉴，赏析，情趣，功能化"的方向发展。为了压缩篇幅我们删掉了《藏獒生理结构》、《国外藏獒俱乐部藏獒标准》，虽不情愿，但留下它们书就太厚了，为减轻读者购书的成本压力，决定忍痛割爱，还是去掉为好！也是无奈之举！

　　中国藏獒总有一天会大踏步地走向世界的，如何与世界藏獒养殖者交流，怎样走出国门？书中把本人在这个方面先走一步的一些体会与经历写出来告诉大家，也算是抛砖引玉吧！

　　以往藏獒爱好者只注重藏獒的观赏性，但功能性的开发也是非常重要，所以本书增加了训导方面的内容，为大家提供一些藏獒训导方面的知识，《纯种藏獒的一般鉴定》是藏獒品质评判的基础，今后藏獒走向国际化，必须要掌握的基本知识。《养獒心得》主要是本人根据解答獒友提问，结合养獒过程的一些感悟整理出的一些文章，其中有一些时效性很强文章，比如：《藏獒投资必须思考的问题》、《关于藏獒的价格问题》，《藏獒到底能"热"多久?》它记录下了藏獒作为一个特殊的经济产业发展的历程，以及在这个历程中的一些状况。若干年后再来看这些文章，很可能会令人感到"匪夷所思，莫名其妙"，但它曾经确实是真实的存在。

　　新内容的补充，使这本书更加丰富饱满；大章节的删减使这本书的可读性，实用性更强了！因为把很多增补内容柔和在了各章节，段落中，不留意很难发现，但这些才是核心，是我认为很有用的东西。所以，朋友们在看这本书的时候，对与《中国藏獒》内容相同的章节也要认真阅读，方会有所得。

　　不求华丽，但求实用！本书中彩图在同类的书中应该是最少的，我不愿意把一本书变成一本画册，那么就会失去写书的意义。书的作用在于传道解惑，希望这本书能够对广大藏獒以及狗的爱好者有所帮助！

张惠斌

2012年8月31日

目　录

中国藏獒养殖繁育大全

TIBETAN MASTIFF

中国藏獒养殖繁育大全

TIBETAN MASTIFF

目录

第一章　藏獒的历史考证

一、狗起源于狼

狗，是人类最古老、最忠诚的朋友。那么狗是怎么来的呢？这个问题恐怕是大多数养犬人士都希望知道的。科学研究证明，狗起源于狼，它与狼有着近亲关系。

美国加州大学进化生物学家加利斯·维拉和罗伯特·韦恩在《科学》杂志上撰文指出，现存的所有狗身上都携带着一种与母狼相同的基因，他们从67种狗的身上取下DNA标本，又从亚洲、北美和欧洲的27种狼以及其他一些被怀疑与狗进化有关的动物的身上取下DNA标本，经过一系列科学试验，发现狼是狗的唯一祖先，狗是在距今约两万年前被驯化出来的。狼是狗的祖先另一有力的证据就是，狼与狗交配生下来的后代，具有繁衍的能力，而且两者的血液分析结果非常近似。

但围绕着具体的发源地和时间则是众说纷纭。到目前为止，最早的狗化石证据来自于德国大约14 000年前的一个下颌骨化石，另外一个是来源于中东大约12 000年前的一个小型犬科动物骨架化石。这些考古学证据支持狗是起源于西南亚或欧洲。另一种意见是，狗的骨骼学鉴定特征提示狗可能起源于中国的狼，由此提出了狗的东亚起源说。此外，不同品种的狗在形态上极其丰富的多样性，似乎又倾向于狗起源于不同地理群体的狼的假说。所以仅靠考古学很难提供狗起源的可靠线索。

狗 的 演 化 图

（根据维基百科Wikipedia内容绘制）

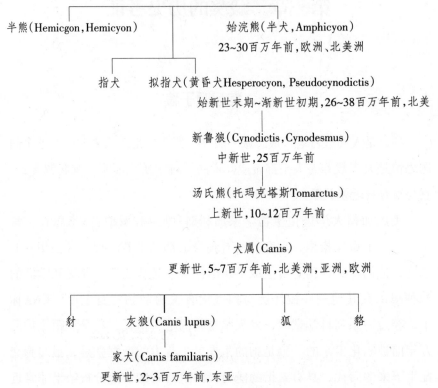

麦芽兽(古猫兽，Miacis)

古新世晚期~始新世，40百万年前，亚洲、北美、欧洲

半熊(Hemicgon，Hemicyon)　　始浣熊(半犬，Amphicyon)

23~30百万年前，欧洲、北美洲

指犬　拟指犬(黄昏犬Hesperocyon，Pseudocynodictis)

始新世末期~渐新世初期，26~38百万年前，北美

新鲁狼(Cynodictis，Cynodesmus)

中新世，25百万年前

汤氏熊(托玛克塔斯Tomarctus)

上新世，10~12百万年前

犬属(Canis)

更新世，5~7百万年前，北美洲，亚洲，欧洲

豺　　灰狼(Canis lupus)　　狐　　貉

家犬(Canis familiaris)

更新世，2~3百万年前，东亚

　　从上图我们可以看出：豺、灰狼、狐、貉等犬属动物是由汤氏熊(Tomarctus) 演化而来的，家犬是由灰狼演化而来。

　　根据Peter Savolainen等人对旧世界犬的研究，驯养家犬可能发生在1.5万年前的旧石器时代。一些考古学家认为，最初，野生的犬像狼一样群聚在原始人部落居住地附近，栖息避寒，游窜觅食，以被人遗弃的肉食为生，并随人狩猎活动区域的不断流动而迁移。以后人类的生活方式逐渐变游猎（牧）为较稳固的定居，犬随人走的情形也发生了变化。一些温顺的、服从人安排的犬渐渐被驯服并受到人的信任，进而参与狩猎等人类活动。如帮助人围追野兽、报警、看护猎物等。这样协同狩

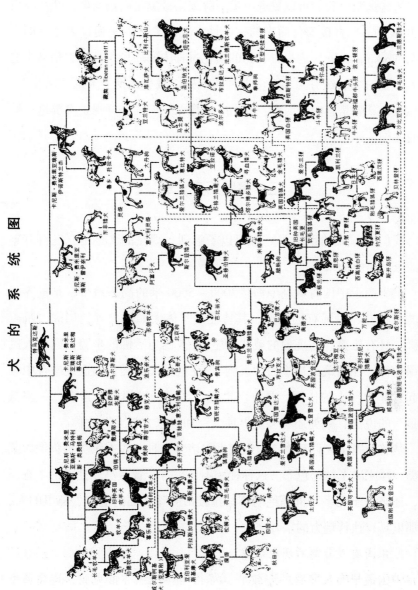

犬 的 系 统 图

注：本图摘自台湾龙和出版有限公司出版发行的《世界名犬》

猎，培养了犬与人类的感情。正是基于这一适应过程，经过长期的选择和合作，野犬成为家犬。

从这张图中我们可以更进一步了解到，藏獒是由汤氏熊（托玛克塔斯 Tomarctus）直接演化而来的一个最古老的犬种，是使役犬型（即工作犬 Working group）之祖，在狗的演化过程中的序位很高，它是马士迪夫犬、圣伯纳、纽芬兰等众多犬种的祖先。藏獒无愧于犬的"活化石"的称号，藏獒是狗的基因库。我们应该像保护熊猫一样保护藏獒这一珍贵的犬种。

二、藏獒历史记载

我们由《犬的系统图》中可以了解到，现在的犬是由二三百万年前的家犬演化而来。

藏獒产于中国青藏高原海拔3000～5000米的高寒地带，是世界公认的最古老、最稀有的犬种，其特征是"体大如驴，奔驰如虎，吼声如狮，具有雄狮、猛虎般的威武身躯"。被视为活佛的坐骑，西藏人民的保护神。在西藏又被喻为"天狗"。在世界犬类漫长的血统融合中藏獒起着非常巨大的作用，是许多世界大型犬种的祖先，素有"一獒抵三狼"的说法，藏獒还有"世界种犬"和"东方神犬"之称。

藏獒虽属于犬科动物，但纵观世界诸多犬种，没有第二种狗像西藏藏獒一样充满了神秘色彩。这种神秘不仅来自于青藏高原独特的生态环境，还来自于几乎与世隔绝的喜马拉雅山屏障后面的世界、那里的人，与那里具有独特魅力的宗教文化。

1. 中国有关藏獒的历史记载

中国最早有关藏獒的记载是《尚书·旅獒》："惟克商，遂通道于九夷八蛮。西旅底贡厥獒。太保乃作《旅獒》，用训于王。曰：呜呼！明王慎德，四夷咸宾。无有远迩，毕献方物，惟服食器用。"

西旅，指西部少数民族；贡:进贡；厥：其，可以翻译为"他们那里的"；"厥獒"的意思，即"他们那里的獒"。

元人画《贡獒图》（台北故宫博物院藏）

那么在中国古代"獒"是什么意思呢？

在元人画《贡獒图》里我们看到的獒是一只狮子。獒在中国古代就是狮子，在《尔雅·释畜》中说："鸡三尺为鹍，狗四尺为獒"。《博物志》云："犬四尺为獒"。《史记·晋世家》："先纵獒狗名獒"。我们是不是可以理解为：四尺长的大狗就像狮子一样威猛了！

在《乐府诗》集卷一十三《时邕》一章，第二十六句中有这样的句子："西旅献獒，扶南效珍。蛮裔重译，玄齿文身。我皇抚之，景命惟新"。因为在中国的历史记载中，中国是没有狮子的。因此可以断定，西旅献的就是藏獒。从古迄今，还有哪一种狗长得像狮子？恐怕非藏獒莫属了。

清康熙朝宫廷画家张为邦画《狻猊图》，造型界于写实与变型之间。

可以看出，图中之物的耳朵是像藏獒一样下垂的，尾巴是向上卷起的，这个变形图一定源于传说故事。我们知道，在佛教中，文殊菩萨的坐骑是狮子，在藏民族的传说中，藏獒是活佛的坐骑。这张变形狮画上文殊菩萨的坐骑既像狮子又像藏獒，很明显，画家将狮子与藏獒的特征结合在了一起，加以变形，画出此图。

清康熙朝宫廷画家张为邦画《狻猊图》，造型界于写实与变型之间。

历史上，藏獒在不同的时期曾有过不同的称呼："羌狗"、"蕃狗"、"番狗"、"狻猊"、"藏狗"、"藏獒"。由于藏族源于羌族。该犬亦有"羌狗"之称；唐朝时期，因称西藏为"吐蕃"，故将该产地之犬称之为"蕃狗"；到了清朝，因清政府对藏、青、川、康、甘一带的藏民称"番子"，故将该产地之犬称之为"番狗"。

那么"狻猊"是什么意思呢？"狻猊"古印度语suangi的谐音，在中国古代指狮子。

朱塞佩·伽斯底里内（Giuseppe Castiglione），即意大利画家朗世宁，27岁来到中国，成为清王朝的宫廷画师。他以驻藏副都统傅清进献给康熙皇帝的一只来自西藏的獒作为蓝本，绘制成《十骏犬》图之苍猊图，康熙为其题名："苍猊"。图画上分明是一条狗，康熙为什么要叫它"苍猊"呢？原来"猊"即："狻猊"，是古印度语suangi的谐音，在中国古代指狮子，康熙取其意为形似狮子的一种猛兽。

变形狮画一例 清·丁观鹏《文殊像》（台北故宫博物院藏）

　　1994年第四期《宠物杂志》中国科学院动物研究所王子清、孙丽华撰文《中国犬文化发展的轨迹与促进养犬业的管理良策》记述："成吉思汗远征亚述人、波斯人和欧洲时，曾征集大批西藏神獒服役军中，1241年远征军班师回朝，小部军队驻留欧洲，携带犬、马等也随军羁留疆场或流落异乡，使我国藏獒与当地犬种杂交，成为国外许多大型名犬，如：马士提夫犬、圣伯娜犬、纽芬兰犬等的祖先。从这些犬种的外部形态特征看来，它们蕴藏有我国西藏神獒的遗传性是无疑的。"

《十骏犬》之苍猊（台北故宫博物院收藏）

2. 藏獒的西方记载

关于藏獒第一次详细的文献记录来自著名的意大利旅行家马可·波罗的游记。1275年，他到达中国，在四川第一次见到西藏人和"来自西藏的狗"。他在游记中描述："我必须讲述，在这个国家出现很多这类动物，他们运载麝香，这个民族拥有很多这种巨大而高贵的犬，在捕捉麝的时候，他们的功劳很大。西藏民族称它们为獒犬，像驴弛……嘴唇吊得比马士提夫高……其表情比马士提夫阴沉，其眼上之皮肤形成较深之皱褶，此皱褶继续延伸到两个，而且随着深悬的上唇下垂部分。"他在游记中还记载了元世祖忽必烈养殖有5000只獒，用来狩猎及作战。马可·波罗关于西藏犬种的故事在1300年首次刊载。

英国驻印度总督哈斯汀斯（Warren Hastings）于1774年和1783年先后派遣东印度公司秘书乔治·波格尔（George Bogle）和萨缪尔·特纳（Samuel Turner）入藏，波格尔在回忆中如此记录：西藏的狗，体型巨大，似雄狮般，而且勇敢。萨缪尔在不丹与西藏边界看到西藏獒犬，他回忆道：巨大的犬只，极大的勇猛、强壮的犬种。

1842年旅居于印度、尼泊尔的英国博物学家哈吉森（Brian Houghton Hodgson）在他的书中记载：西藏犬种的颜色有黑色、金色、黑褐色、深褐色以及白色、灰色。

1847年印度总督哈丁子爵（Lord Hardinge）送了一只来自"西藏的大狗"给维多利亚女王。

1873年，英国犬协会（简称KC）正式称"来自西藏的大狗"为西藏马士提夫（Tibetan Mastiff）。

从1874年英国威尔士王子又带入两只开始，直到1928年只有少数藏獒被进口到英国及欧洲其他地区。

由于英国人埃力克·贝瑞太太（Mrs Eric Bailey）与西藏贵族关系好，故在1928年能够得到5只优良种犬来进行繁殖的工作。自1932年起P.B.贝塔斯先生（Mr Bates）继续进行此工作。贝瑞太太曾在美国犬舍报（THE AMERICAN KENNEL GAZETTE, Edited by Louis de Casanova, Vol. 54 n° 3 March 1, 1937）上撰文《来自世界屋脊的狗》（Dogs from the Roof of the World）介绍藏獒。遗憾的是，在1945年后，贝瑞的犬失踪了，估计今天其族系已消失。

此獒名叫Bhout，1847年由印度总督Hardinge送给维多利亚女王。

The Thibet Dog (Youatt).

1850年公布的藏獒图，William Youatt绘制。

此獒名叫Siring，威尔士王子1874年带入英国两只藏獒中的一只，1881绘制，见于伦敦Kynos出版社出版的"the German dogs"《德国的犬》。

此獒名叫Siring，1881年由Shaw所绘。

画中两条藏獒分别叫Dschandu 和 Dsama，为匈牙利塞切尼伯爵（Count Bela Szechenyi）所拥有，此画为Beckmann 所 著 "Rassen des Hundes"《犬的种类》一书中所附的插图，1895年Kynos出版社（德国）出版。

此獒名叫 Dsamee，1895 年进口到英国。

此獒名叫Bhotean，是Dougall 少校于1904远征西藏时带回英国的一条藏獒，1912年绘制。

世界上最早的藏獒标准

Tibetan Mastiff.

General appearance. A large, powerful, noble looking and imposing animal, of about the size of mastiffs and Newfoundlands, but not clumsy looking ;rather grim and earnest, than gentle looking. The body well proportioned, the legs rather short ,than long

Head: the main characteristic part of the dog , as large as possible, heavy and somewhat long in the muzzle, it is heavy wrinkled behind the eyes to corner of mouth.

Skull: Broad and more arched than in the Mastiff or St.Benard, occipital bone prominent.

Muzzle: rather long, not very broad, but dip, lips heavy and pendulous.

Nose: Always black.

Teeth: Strong and very developed.

Eyes: Small, deeply set,. dark brown in colour, often showing the haw, the deep wrinkles round the eyes gives the dog a sullen, savage look.

Ears: Set on high, low by the developed occipital bone, not folded, hanging straight down and not too long, coat short.

Neck: Short and powerful, the hair of the neck stands up like a mane and makes it appear even shorter and more powerful than it really is.

Body: Powerful, rather low on legs, shoulders powerful, chest broad and deep, back broad, hind-quarters comparatively light.

Legs: short, round, powerful and well boned, sometimes slightly cow hocked.

Ideal Tibetan Mastiffs.
From a sketch by Mr.J.Peterson.Winterthur.

世界上最早的藏獒标准，制订于1904年。标准上所附的藏獒插图，由Peterson Wisterthur绘制。（原件扫描）

这张图片是1904年第一次出版，由Richard StrebeL根据Max Siber口述画下这只藏獒，他以放牧的牦牛为背景证明此犬的位置。此图片影响了犬学家对藏獒的想象。

此獒名叫Takkar，斯文·赫定（Aufnahme Sven Hedin）于1907年在《穿越喜马拉雅》（Transhimalaya）所摄藏獒。

此照片摄于20世纪20年代后期，西方人认为照片中西藏牧民手牵的藏獒已杂化。

这张极珍贵的关于藏獒的照片，摄于1929年8月。取自《亚洲》杂志，作者是J.N.Andreus。相应的文字是"藏獒是难以置信的凶猛和充满野性。这只长毛黑色的藏獒激起掠夺者内心的恐惧。"

在本章节中我们了解到，在犬家族的进化过程中，藏獒的序位很高，它是一个古老的犬种，是世界上很多狗的祖先，但关于藏獒的文字记载与研究太少了，很难给藏獒一个定论。我们只能在极有限的文字中，寻找蛛丝马迹来猜测它的过去。这就为这一神秘的高原犬种，又增加了更多的神秘色彩，也为我们的研究提供了一个较大的空间。

此獒名叫Tomtru是1928年由Bailey夫人进口到英国的5条藏獒中最好的一条。

Shekar Gyandru （Tonya 的母亲，Bailey夫人进口到英国的藏獒）与一只幼獒，1933年摄。

这张照片是1930年Freda
Bailey夫人在尼泊尔自家门前
和她的一条藏獒的合影照。

1930年Arnold Heim在西藏东部
拍摄，此獒高67cm。

这张图片是艺术家Nina Scott Langley在1930年末绘制的。

　　这张藏獒卡片是1938年由Groot Witgoedhuis发行于比利时及荷兰的"Honden(犬)"系列图片之一。

1945年摄于西藏的一条藏獒。

作为"伙伴犬——我们的犬朋友"系列图片之一,这张卡片由澳大利亚烟草公司于1952年发行。

第二章　藏獒的生物学特征

一、藏獒的分布

藏獒是我国青藏高原特有的高原环境历练出的独特犬种。主要分布在青海、西藏地区，随着人类的活动，自然扩散到甘肃、四川藏区，或半农半牧地区，但这些地区藏獒的毛色与青海、西藏地区相比较，毛色较杂，这说明它在生息繁衍过程中，受到了其他犬种的影响。高品质的藏獒多出现在西藏山南、青海玉树等偏僻、交通困难、相对闭塞的牧区。在这些地区，由于恶劣的交通及自然环境限制了人的流动，阻碍了外来犬种对藏獒基因的侵犯，保护了藏獒这一独立犬种的种群基因。

藏獒深受世界人民的喜爱，足迹已经遍布全世界。世界上许多国家都有藏獒协会(俱乐部)等专门组织，在我国更是掀起了藏獒饲养热潮。

几乎每个省都有饲养，培育出的后代不乏档次高、品质好的纯种藏獒。

二、藏獒的生物学特征

藏獒在长期的驯化过程中，形成了许多具有独特性的生物学特征。我们在饲养实践中，只有不断地认识和掌握藏獒的生物学特征，才能更好地保护这一犬种，使它的种群数量不断增加。

1. 杂食性

藏獒是杂食性动物，腭齿发达，喜好肉食，对于一些坚硬的骨头，藏獒可以轻而易举地将其嚼碎。尽管藏獒品种的形成已有3000年的历史，但藏獒消化系统功能仍然保留着祖先以肉食为主的特点。这与青藏高原广大牧区食物构成偏向肉食性有关，多种家畜及野生动物的肉、骨、内脏，都可以成为藏獒摄取的食物。除了肉食外，藏獒也吃植物性食物，青稞、玉米、小麦粉、大米、小米、蔬菜等人类吃的东西，藏獒一般都可以食用。

2. 暴食性

同一些食肉型野生动物一样，生活在青藏高原牧区的藏獒由于受恶劣的自然条件的限制，特别是在漫长的冬季，野兔等草原上的小动物数量减少，仅依靠牧民提供的有限食物是吃不饱肚子的，饥饿无时不侵袭着藏獒，当藏獒偶尔获得主人吃剩下的羊骨头，或牛羊内脏或在野外遇到一只冻死的羊，藏獒不吃完不会罢休的。饿极了的藏獒的进食量可以达到正常进食量的几倍。食物来源的不均衡使藏獒形成了暴食、抗饿的生物习性。几天不进食，草原上的藏獒依然精力充沛。由于气候寒冷，活动量大，藏獒的胃酸分泌量大，肠道蠕动快，暴食后的藏獒从来不会消化不良，在这一点上与内地圈养藏獒有着明显的不同。

3. 护食性

动物世界里，有食物吃就意味着生存，食肉动物每天都上演着吃与被吃的战争，对野生动物来讲，吃到食物是每一天最重要的活动内容，食物就是生命。得到食物不容易，岂能被别人抢走？动物护食的天性正

是在食物匮乏的环境中形成的。藏獒同其他食肉动物一样，有极强的护食性。藏獒在吃食物的时候是不允许其他犬分享的，靠近都不行。当别的犬靠近食物时，正在吃食的藏獒就会很愤怒，发出警告，如果再去靠近，一场恶斗就会开始。在喂养实践中，应该为每只藏獒准备一个食盆，分开喂养，不可几只獒共用一个食盆，尤其是成年犬，一旦为食物打斗，你就休想拉开它们，场面是很恐怖的。

除耐饥饿的特点外，藏獒在耐饥渴方面，也优于其他犬种。

4. 气候环境的适应性

藏獒具有硕大的肺脏器官，比同等体形的犬大三分之一以上。肺泡发达，依靠超强的肺活量，藏獒更容易适应常年缺氧的高原环境，也使其在奔跑速度方面优于其他犬种。因为有坚实的骨骼、浓密的披毛、较厚的被皮和发达的肌肉，使得藏獒在与猛兽的激烈搏斗中占有优势，同时能够抵抗青藏高原的寒冷天气，藏獒能够在零下40度酣然入睡。

藏獒具有双层披毛，可根据气候的变化自然地调整毛量，冬天毛量最大，底毛绒厚，外毛粗长；到了夏季，藏獒根据气候的变化自动地调节毛的疏密度。当藏獒被运送到炎热的地区后，藏獒可在短期脱掉披毛，减少毛量，以适应炎热的环境。这就是长毛藏獒来到内地后毛会变短的原因。是"物竞天择，适者生存"的法则在起作用，不是藏獒有毛病了。

从生物学角度来讲，藏獒更喜欢清凉的气候环境，在夏天藏獒可通过减少食物的摄取量，来减少体内热量的摄入，饮水量也大量增加。藏獒没有汗腺，主要通过排尿与张开嘴流出口水来排散热量。因此，在夏季藏獒饮用水的供应是非常重要的。

藏獒每年发情繁殖一次，时间在深秋或冬季，牧区的獒每胎3～9只，多者可达10只以上，这主要看藏獒在配种的时候排卵的数量。

此獒遗传稳定，后代已经分布世界许多地方。

5. 藏獒对新环境的适应性

在藏獒养殖实践中发现，虽然藏獒具有忠于主人、凶猛暴烈的天性，但当藏獒知道自己被主人卖掉，或被送人后，藏獒能够较快地适应新的环境，接受新主人，并博得新主人的欢心。但对故土和旧主人的思念也将会伴随它的一生。越是年老的藏獒对旧主人的思念就越强烈。所以，当我们将成年藏獒从牧区带到内地时，除了对它进行生理上的调节，帮助它适应低海拔、富氧、高温环境外，一定不能忽视对藏獒心理上的调节，因此作为新主人仅仅给它最好的食物是不够的，还要帮助它适应新的周边环境，与它进行心理沟通。当它对你摇尾示好时，你要很友善地回应它，轻轻地抚摩它，切忌动作过于突然，太突然的动作会使藏獒误认为你要伤害它，出于自卫本能，它会对你发起攻击。一旦开始攻击你，以后的情感沟通就会变得很困难。要多抽时间陪伴它，帮助它度过适应期，帮助它"忘掉"过去，开始新的生活。切记不要对它进行过多的改变，切记不要对它不理不睬。山西龙城藏獒养殖基地曾经从青海牧区引进一只成年母獒，这只母獒每见到新主人后就会发出"吱吱"的叫声（它这是在哀求新主人把它送回家）。饲养员没有理会它的哀求，新主人也没有理会它。当时正值夏季，天气炎热，人们以为它是热的难受才发出"吱吱"的叫声，忽略了它的情感需求。结果大家作出了一个错误的判断，犯了一个极大的错误：为了给它降温，把它的大长毛给剪掉了，本以为可以给它避暑降温，没想到却要了它的命！回过头来大家才明白：一只草原的霸主，来到新环境，没有人去关心它的思想，除了喂食没有人愿意去了解它想什么，在新环境不仅受不到尊重，

此獒名叫尼玛,是来自青海牧区的藏獒,埋粪、护食、撒尿标领地,样样都会。

还把它的毛给剪掉了,把它变得像个秃鹰,奇丑无比,离开了故土,离别了旧主,本来就是件极其痛苦的事情,尊严又被丧失殆尽,简直叫它生不如死啊！所以,这只母獒在基地生活了半年,在一天的早晨莫名其妙地死去了,它没有任何疾病征兆,死后解剖分析也找不到任何生理性病因,肠道内几乎透明,空空如也,没有一点食物,没有残留的粪便,是郁郁而终的,是绝食饿死的啊！

藏獒不同于其他的犬类,它的尊严感极强,受不得半点侮辱,一只在草原上生活了半辈子,在獒群中可能还是序位（地位）很高的成年母獒,来到陌生的地方竟然被人把自己威风凛凛的大长毛给剪掉了,是可忍,孰不可忍！生不如死！于是它选择了悄悄地死去。这就是真正的藏獒,它们不会苟且偷生的。

三、藏獒的毛色

藏獒的主流毛色有黑色、黑背黄腹（俗称铁包金）、黄色、棕红色、

狼青色、白色。（图片参见彩页）

1. 黑色　毛色为黑色，但脖子下方前胸部位允许有白色(白毛)胸花，胸花越小越美观，小腿部允许有不明显的铁锈红色，其他部位均为黑色。

2. 黑背黄腹（或黑背红腹）　下颚呈黄色斑纹，前胸呈V字形黄色斑纹，四肢内侧延伸至小腿部分呈黄色，尾巴根内侧呈黄色，双眼眉框有圆形黄色斑迹，其他部位均为黑色。

3. 黄色　藏獒通身为金黄、杏黄、草黄、橘黄、红棕，毛色整齐，胸花小为佳。胸部允许有白色胸花（白毛）。

4. 棕红色（袈裟红）　藏獒通体为棕红色，前胸有白色斑纹，耳缘、嘴筒允许有浅黑色，尾帚中部有一黑斑。

5. 狼青色　即全身青灰色，毛尖较黑，毛根灰白，这是因为决定毛色基因融合的结果，黑色与黄色犬交配后代中多出现狼青色。

6. 白色　白獒通体为白色，或呈乳黄色毛尖。鼻镜皮肤为粉红色。真正的白獒极为稀少，是基因突变的结果。像人类的白化病人的白头发，粉红色皮肤一样，白獒毛色为白色，皮肤为粉红色，鼻镜为粉红色。从生物对环境的适应能力来讲，青藏高原特定的自然环境决定了包括藏獒在内的所有生物的毛色。青藏高原海拔高，空气稀薄，紫外线的照射强度大，紫外线对白色皮毛动物，以及色素缺乏的白色皮肤灼伤力极强，长时间、高强度的紫外线照射可诱发皮肤癌。所以，就生物的适应性来讲，大自然对藏獒毛色进行了选择与淘汰，白獒要想在青藏高原生活是极不容易的，生息繁衍下来就更为困难了。多数白色个体在幼小时期就体质弱，存活的概率很小，生存下来的白獒为数极少。所以，在白獒的选择上一定要更加谨慎，要将它与其他主流毛色的藏獒进行比较，看它是否有与主流毛色的藏獒一样的身体结构与特征，耳朵是否比主流毛色藏獒的小？皮肤是否是粉红色的？鼻镜的颜色是否与皮肤颜色一样也呈粉红色？耳位是否比主流毛色藏獒的高？白獒因为少所以很珍贵，但在购买白獒的时候一定要多加注意。

藏獒中数量最多的是黑背黄腹，俗称铁包金（black and tan）。由于流入西方的藏獒多为黑色、铁包金、黄色。所以，在西方国家至今也不承认白色藏獒，在西方国家的藏獒标准中我们很少见到关于白色藏獒的描述。西方人迄今仍对白色藏獒持怀疑态度。

四、藏獒的品种分类

藏獒广泛分布在青藏高原及其周边地区，青藏高原地域辽阔，自然气候及生态环境差异较大，因此，藏獒在体型、品貌、性格上都有很大的差异。

按毛的长度可分为：长毛型、中长毛型、短毛型三个类别；

按头型可分为：狮型（也称狮子头式）。头脖颈上鬃毛竖立，毛量丰富，毛长度有10～30cm，抬眼望去如雄狮般威武；虎型（又称虎头獒）。犬头大，脖颈鬃毛短，嘴短而宽，形状如虎。

按地域通常可将藏獒分为：西藏型、青海型两大类群。

1. 西藏型藏獒的特点

在西藏喜马拉雅山的南侧和藏被地区，由于交通相对闭塞，与外界相对隔绝，这里的藏獒受到其他种类的犬的杂化相对小得多，其原始的藏獒特征与秉性得到较好的保留。那里的藏獒外在体型与内在品质都表现优秀，体型高大（公獒可高达78cm），头大，中长毛，四肢粗壮。内在气质好，其中黑背红腹（铁包金）品质最高。

2. 青海型藏獒的特点

青海藏獒是藏族人民在高寒生态环境中长期选育和保存下来的珍贵犬种，它对青藏高原寒冷的气候、严酷的自然环境适应力很强。青海型藏獒主要分布于青海及周边地区，以玉树地区最为优秀。甘、青、川藏区都可以见到藏獒的踪迹，在甘、青、川三省交界处的黄河首曲地带，又称河曲。那里的藏獒又称河曲藏獒，但都应该归为青海型藏獒品系。

（1）体形外貌：青海型藏獒体形没有西藏型体形高大，具有骨量小、体型较短、嘴多呈楔形的特点，但棕毛长，环布颈部，外观像雄狮子。结构匀称，粗壮结实，头大额宽，顶骨略圆，两耳下垂，呈倒三角形，杏仁眼大小适中，目睛黑黄。颈部粗壮，长短协调。喉皮松弛，形成环状皱褶。胸廓深宽，肋骨开张良好。腰背平直，腹部微收。臀部宽短，稍倾斜。尾大毛长，侧卷于臀上，形如绣球。前肢粗壮端直，爪掌肥大。后肢有力，飞节坚实。披毛厚，周毛粗长，绒毛软密。臀尾毛特长，头和四肢下部毛短。毛色以黑背四眼形为主，黄四眼为佳，且黑黄分界明显，其次黑色、黄色、褐色、白色。

（2）生理特性：雌獒八个月性成熟，一岁半身体成熟。雄獒一岁半性成熟，二岁身体成熟。

雌獒每年发情一次，多在初冬，产崽在春节前后（12月、1月、2月）。

藏獒寿命为15年左右，少数个体达20年以上。

（3）习性和气质：青海型藏獒适应高寒阴湿的气候，在摄氏零下40℃度的冰雪中，仍能安然入睡。食量大，偏肉食。适应性好，抗病力强。气质刚强，秉性悍威。虎威熊风，野性尚存。忠于主人，记忆力强。

五、藏獒的叫声

藏獒的叫声不同于普通的狗，我们常见的狗的叫声一般为"汪、汪、汪"，声音尖而脆。藏獒则不同，纯种藏獒的叫声决不会发出"汪、汪、汪"的声音，藏獒的叫声沉闷、高亢、刚柔兼备、透出王者的威严。不同的叫声可以反映出藏獒不同的思想状态。

藏獒常见的叫声有："嗡——嗡——嗡"、"呜——呜"、"呜呜—呜呜——呜呜——呜呜"

"嗡——嗡——嗡"发现情况时，如从外面来了一个陌生人或一只狗、一只狼，藏獒发出报警叫声："嗡——嗡——嗡"，这种叫声带有沉重的后尾音，极具穿透力地回荡在空中，它是在给主人报警：有情况了，要警惕！

"呜——呜"当陌生人企图靠近藏獒时，它会发出"呜——呜"低

沉的叫声，这种叫声，声音很小，只有在近处的人才能听得到，但震人魂魄。声音中带有警告与威胁，足令不怕狗的人感到恐惧。它是在警告来人：不要再向我靠近了！听到这种声音的人就应该立即停下脚步，再往前走就会有危险了。

　　藏獒有时会发出"呜呜——呜呜——呜呜——呜呜"的叫声，这种叫声调细长而持续，好像是在哀求什么，又好像是在哭，发出这种叫声的藏獒一定是它受到委屈了，比如：到放风的时间了主人没有放它出来，而这个时间正好它要排便，十万火急就要憋不住了；到喂食的时间了，主人还没有喂它，饥饿难耐了；本来是另外一只狗犯的错，主人却误以为是它犯的错而误打了它。当主人转身走了，它感到很委屈。

　　总之，藏獒是有思想的狗。它的喜、怒、哀、乐是通过叫声来表达的，叫声可以反映出它的状态，我们不可以忽视藏獒的叫声，要学会从叫声中了解藏獒的思想变化，作出及时的应对。

六、藏獒的性格

　　优秀的高品质藏獒的性格应该是沉稳，冷静，从不无理由、无目的的、神经质的狂吠。它外表尽显高贵威严，野性尚存，给人不怒自威的感觉。内在气质：大智若愚，大勇若怯，忠勇善斗，不畏强暴，自尊倔强，爱憎分明，毅力顽强，它是主人忠勇的卫士、豺狼的克星。

　　下图的六个动作是彰显一只优质藏獒应有的品性：

（1）生人来了，远远地看着你。　　　　　　（2）再往前走，它就会站起来。

（3）继续靠近，它就会警惕起来！　　　　　（4）呈猛虎下山之态提醒你不要靠近。

（5）暴躁起来，开始攻击。　　　　　　（6）因咬不到对手变得异常愤怒，
　　　　　　　　　　　　　　　　　　　　咆哮起来。

（上图系孙晓飞先生的"叮当"）

第三章　纯种藏獒的一般鉴定

一、藏獒身体各部位示意图

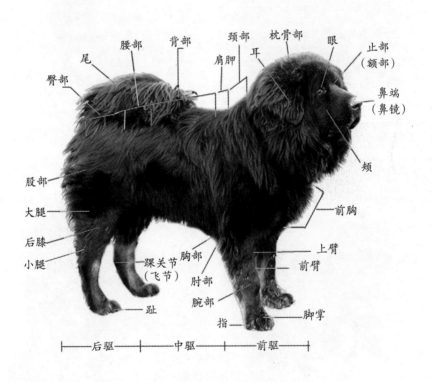

侧面图

额段
吻部
耳

前胸部

臂部

指

正面图

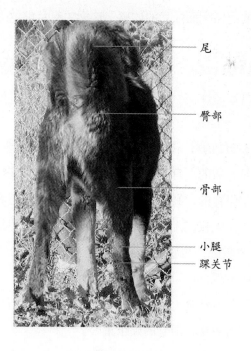

尾

臀部

骨部

小腿
踝关节

背面图

俗话说："一方水土养一方人"，因为地域、生存环境的不同，每个相对独立地区的藏獒在体貌特征。性格特点等方面也是有所不同的，因此很难用单一的标准去概括描述它。藏獒标准在国内最早出现的是由中国畜牧业协会犬业分会颁发的《中国藏獒纯种登记管理暂行办法》，此后相继出现过几个地方标准，但目前最系统、最权威的标准来自《世界畜犬联盟》简称：FCI组织。但这个标准的藏獒规范性条款也是概括性和粗框架的，它的编写主要是依靠藏獒的发展、自然选择机制来完成的。因此，在鉴赏藏獒的时候，要根据其犬种的基本特点来进行。

1. 藏獒最根本的要求是看其是否具备原始的体貌及性格特征，以及支撑这些特征所必备的身体与生理条件。这是在藏獒鉴定过程中要考虑的，最关键性的问题。

2. 藏獒是生活在青藏獒高原上的原生犬种，如同世界屋脊的地貌特征与西藏民族粗犷豪放的性格一样，作为他们的守护犬，藏獒也应该是粗犷、强壮、充满野性的。

3. 藏獒要有巨大而强壮的体躯，这样才有足够的力量来抵御野兽的进攻。

4. 高海拔地区缺氧，因此，藏獒要有很好的胸肺功能才能适应环境。

5. 由于气候寒冷，只有依靠足够厚实的双层披毛才能在原产地的恶劣的气候条件下生存。

6. 跟随畜群放牧，转换牧场，在草原上长途跋涉，不间断的奔跑，运动能力也是必需的。有髋关节等身躯结构性遗传疾病的藏獒是无法在这样的环境中生存的，必将失去主人的钟爱，按照适者生存自然淘汰的法则，将失去交配权，无法繁衍后代。藏獒种群的遗传性疾病较少，抗近亲繁殖能力较强，也正是得益于此。所以藏獒的内地养殖一定要注重，优良基因的保持。

7. 叫声。具有穿透力的吼声是藏獒的基本生理特征之一，这点往往会被标准制定者忽视，但它的确很重要。

头部，必须要同身体的比例协调一致。雄性通常比雌性具有更宽阔、结实和巨大的头部。从侧面看，可以看出呈"弓"形的曲线。从前面看，应该能清楚看到头峰（头骨后部的高点）。从后面看，头骨更倾向于圆形曲线，而不是平面。藏獒头部应有清晰的顿点，也称为额段（STOP，两眉骨中心点和鼻梁与面部交汇处，或称鼻梁骨顶端的连线）。但是这种清晰不能过分，像英国獒犬、斗牛獒犬和圣伯纳犬那种。有一道浅沟从顿点向上，直到头峰部位。藏獒也不应在头部有过多的褶皱，像英国獒犬那种。眼眉骨（就是头骨中，在眼睛部分前面突出或隆起的部分）帮助它保护自己的眼部。因为要抵御强大入侵者（野兽），口吻部就必须要粗壮有力，咬合力强。

颈部，应该是中等长度，强壮并带有发达的肌肉，并且具备充足的柔韧性，这样与野生狼打斗的时候，能避免对方伤害到自己。同时用自己的颚，钳住对方的喉咙或脖颈，杀死对方。在颈部和肩部的衔接部分，是不能够出现突然的塌陷或过大的缝隙的。如果肩部（肩胛骨）边缘向后出现塌陷，通常意味着（肩胛骨）后仰角度不够。适当后仰的角度，能够促使它前肢的运动范围最大。另外，它的肩部应该是非常富于肌肉的，不能有松弛的感觉。犬科动物没有人一样的锁骨。当它从高高的岩石上跃下，它的肩部将承受巨大的冲击力。因此，用来连接肩部骨骼和肋骨腔的肌肉和韧带就必须特别结实。

胸部，适度宽阔的胸部是藏獒重要的身体特征之一。一个发育良好的肋腔，有助于加强藏獒的运动能力和耐力，藏獒的胸部有13对肋骨形成一个圈。作用是保护胸腔内的心脏和肺部。高原缺氧的自然条件要求

藏獒的胸型

| 正确的胸型 | 不正确的胸型：胸部过宽 | 不正确的胸型：胸部过窄 |

藏獒要有非常良好的心肺功能。心肺功能的大小同样也受到肋骨外力的制约。优秀的藏獒胸部应是椭圆状而非桶状的。狭小的胸部会造成藏獒肺部的张力不够。在高原严重缺氧的情况下，这样的状态不利于藏獒的健康生存。而桶状胸则影响到犬只运动中的步态，犬只在行进中前驱肢体左右摆摇，使得后驱产生的推进力部分就被这样的形体耗费掉了。胸部过宽的藏獒，为了运动，常常不得已将前肘部外倾。因此胸部应该是适度的。

背部，藏獒的背线应该是强壮而平直的，因为它是整个躯体的"上梁"，而且负有传导推进力的重责，在我们让它的后跗关节同地面保持垂直的时候，它的背部应该是水平的。但仅有巩固的背线是不够的，同时我们还要求它要有坚紧结实的背腰部，也就是说，附着在背腰部肌肉要坚紧结实；在观察一些藏獒时，在静态中它的背线相当坚直，而且前后躯的构成也正确良好，但在动态中前后肢各自单独用力运步，背部摇摆起伏，这就是因为背腰部的肌肉松弛无力，由后躯产生的推进力，无法有效的传导至前躯，无法以背腰部的力量来统一前后肢的运步，所以，一只藏獒，如果背部下陷或拱起，都被视为是不合格的。

藏獒的背线

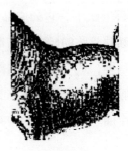

背线平直　　　　　　　背线下陷　　　　　　　背线拱起

腿部，挺直，强壮有力，两肘关节间距同两足关节间距应该是一致的。有结实的骨骼与肌肉，有饰毛。运动协调，奔跑有力。

脚部，藏獒属于巨型犬，只有强壮和紧凑的脚部才能支撑它巨大的身体。瘦长或松散的脚是不能长时间支撑其体重的。像虎爪一样，较大面积的足趾，更有利于分散落地时的压力。

藏獒的各种爪型

标准的爪型　　标准爪型的侧面　　不良型:趾部分散　　不良型:脚掌无力、平足

正确型　　　　　　　不良型

二、藏獒形体测量

　　藏獒形体测量要在专门准备的场地进行，要求地面平坦、土壤坚固、无凹凸。测量前应让獒犬熟悉测量工具，主要工具有：测杖、卡尺、卷尺，测量时应把工具放在规定的位置上，以使其紧贴被测部位体表。藏獒形体各部位测量名称、器具和方法见下表：

测量名称、器具和方法

测量名称	测量器具	测量方法
鼻面长	软尺或卡尺	两眼内角连线至鼻端(f-g)
额　长	软尺或卡尺	两眼窝连线至后顶部(枕骨部)(e-f)
头　长	软尺或卡尺	从后项部至鼻端的直线(e-g)
颧骨部头宽	卡　尺	头的最高部位，在额骨和颧骨中间，耳前额骨弧线处
鬐甲高	测量手杖	鬐甲最高处(a-b)
臀　高	测量手杖	在髋结节臀部最高处(h-i)
躯体斜长	测量手杖	从肩胛突出部分至坐骨结节
胸　深	测量手杖	将测量器的一端固定在胸下，然后移到前肢后的肩胛部
胸前宽	测量手杖	两前肢肩胛关节间，可在前方或上方测量
胸　围	软　尺	以软骨在前肢肘后部围绕胸廓周围(l-m)
前肢长	软　尺	从肘部到地面的高度(j-k)
管　围	软　尺	在腕关节下部和五指根上面用软尺围绕测量(p-q)

藏獒形体各部位测量图1

藏獒形体各部位测量图2

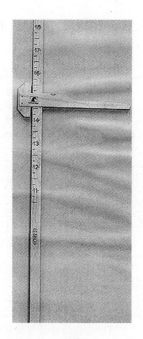

测杖

三、藏獒的年龄鉴定及咬合状态

藏獒的牙齿是其消化器官的重要组成部分，是摄取食物、咀嚼食物的重要器官。10个月以后的藏獒共有42颗牙齿，上颌20颗，下颌22颗，分为切齿（Incisor）、犬齿（Canine）、前臼齿（Premolares）和臼齿（Molar）4种。幼獒的牙齿叫乳齿，成年獒的牙齿叫恒齿。

牙齿分布图

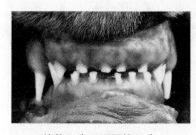

幼獒牙齿正面更换门齿

成獒牙齿侧面观

根据牙齿生长、磨损及脱落的情况，可以判断藏獒的年龄。一般来讲，3周前的幼獒无牙齿；至4周龄，切齿长齐；至两个月全部乳牙长齐。乳牙为白色，细而尖，共有28颗，即12枚乳切齿、4枚乳犬齿、12枚乳前臼齿。幼獒无后臼齿。

年　龄	牙　齿　情　况
2个月以下	仅有乳齿（白、细、尖锐）
2~4个月	更换门齿
4~6个月	更换犬齿（白、牙尖圆钝）
6~10个月	更换臼齿
1岁	牙长齐，洁白光亮，门齿有尖突
2岁	下门齿尖突部分磨平
3岁	上下门齿尖突部分都磨平
4~5岁	上下门齿开始磨损呈微斜面并发黄
6~8岁	门齿磨至根，犬齿发黄磨损唇部，胡须发白
10岁以上	门齿磨损，犬齿不齐全，牙根黄唇边胡须全白

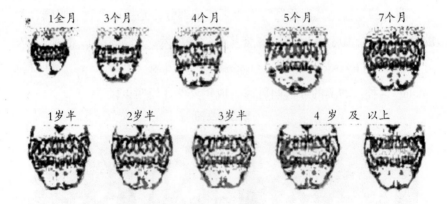

1全月　3个月　4个月　5个月　7个月

1岁半　2岁半　3岁半　4　岁　及　以　上

獒龄鉴定牙齿图示

在理想状况中，藏獒的咬合应该是剪状咬合，就是说，牙齿咬合时的状态呈剪子似的交错状，就是说切齿像剪刀一样交错咬合，在咬合时上颚的门齿盖过下颚的门齿，这是牙科中最有力的一种咬合。

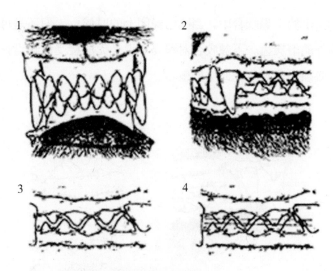

图1　正常状态下的切齿咬合正面观
图2　正常状态下的切齿咬合侧面观
图3　正常状态下的相互咬合的前臼齿
图4　水平线为正常咬合状态下上、下齿弓之间的咬合面

水平状咬合又称切端咬合，是上下切齿的齿尖相对，水平状咬合在标准中是可以接受的，但逊于剪状咬合。由于上颚牙齿是"骑"在下颚牙齿的正上方，使得它们的磨损更快，特别是随着藏獒年龄的增大，本应有健壮门齿的地方会仅仅剩下原本牙齿的残余。

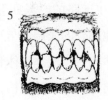

图5　前牙反牙合（俗称"地包天"） 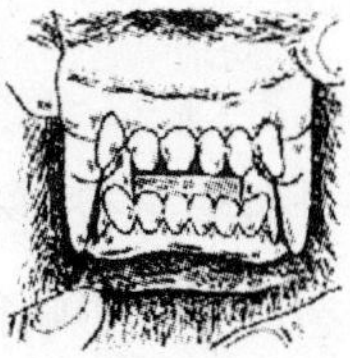　　　图6　牙基狭窄

异常被盖咬合（上颚突出）：闭口时上切齿因上颚前出，包在下切齿前面，就是超过下切齿后再接触咬合，也称被盖咬合。同下颚咬合比，上颚咬合的力量和撕咬能力稍强。带有上颚咬合的藏獒通常都会有不易察觉的弱点。上颚咬合的藏獒，通常它的下颚疲弱，下颚牙齿磨损也快。

下颚突出咬合：闭口时下切齿探出在上切齿前面，这叫反对咬合。

在特别突出的下颚咬合中，当嘴已经闭上的时候，人们还是可以看见突出在嘴外的下颚齿。下颚咬合对藏獒来说是无法接受的缺点，在繁殖过程中，必须要注意避免此类繁殖。

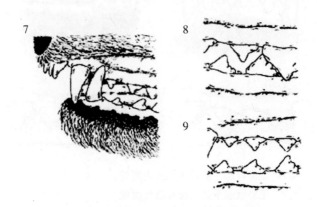

图7　上颚突出咬合（图示犬齿和切齿）
图8　上颚突出咬合（图示前臼齿和臼齿）
图9　下颚突出咬合（前臼齿）

四、藏獒的步态

　　藏獒所谓"步态"（Gait），就是藏獒在走路的时候四肢的运动状态。步态的标准与否，充分说明了身体其他部分的协调性与平衡性，步态可用来衡量藏獒是否拥有恰当合理的形体构造。藏獒身体骨骼构造的优劣，对步态的好坏影响很大。良好的骨骼角度和骨骼结构，可以使后驱具备最大的推动力，并传送到前驱，并且在移动中保持身体的平稳。太直的骨骼角度不能充分吸收獒犬在奔跑时落地的能量。一个具备很好骨骼角度、强壮的骨骼、肌肉和韧带的藏獒，肘关节能更容易吸收冲击力，避免由此造成的身体伤害。

　　藏獒的前驱包括肩胛骨，上臂骨，前臂骨，腕骨以及爪子。前驱有许多功能，首先支持着身体的重量，也提供推进力的分量和转动分量。前驱还要吸收由后驱产生的向前的震动，并且帮助身体保持平衡。正确的前驱从腿根部到前肘部再到足部应该是笔直的。两肘关节间距同两足关节间距应该是一致的。内八字、外八字和S型的前肢都是比赛中严重的缺陷。

 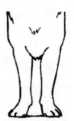 

正确的前肢，前腿　　　过窄的前肢，　　　过宽的前肢，肘
笔直互相平行　　　　足部外翻　　　　　关节外翻

脚趾内收，内八字　　　脚爪外翻，外八字

后驱：后驱由骨盆结合形成。虽然也支撑獒犬的身体，但其主要的功能是为藏獒行走和运动产生驱动力。

1. 标准：正确的后肢，是由无缺陷而定位好的骨盆（Pelvic），笔直而适长比例的肢骨，平行地立于地面，它产生最强的支撑力，运步也最省力。

 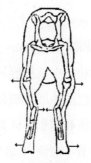 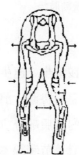

标准肢势　　　　X状肢势　　　　○型肢势

2. X状肢：大腿骨向外偏倾，两后膝向外，下腿压向内方，飞节内并，后系向外开求平衡，下腿成X形，不易站久，运步多向外成弧状，捻转运动效果差。

原因：骨盆有缺陷，大斜尻，腿骨或后系之长度比例不适，关节韧带松弛，狼爪未切除等。

例外：体质不好或神经质，坏脾气的犬也会如此站立。

3. O型肢：双后膝受压向内，下腿骨压向外方，飞节就向外开，后系以下就向内支撑，形成O型状。运步时后肢不太稳，会捻转，力效差。

原因：腰部松弛无力，骨盘上狭下宽。

4. 狭踏肢：二后肢越往下，越向内偏斜，步容常互相撞碰。

原因：发育不良，体质贫乏，肌肉瘦弱，体辐狭窄。

5. 广踏肢：二后肢和狭踏相反，越往下越分开，运步时推进力不集中，常成双轨迹前进。

原因：尻部过分阔肥大。

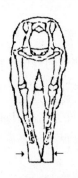 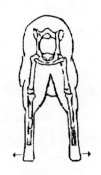

狭踏肢势　　　　　　　　广踏肢势

步态又有常步（Schritt）和速步（Trab）之分。静止状态中看不出构造的缺陷，但在常步或速步状态中就很容易辨认了。良好的步态，首先需要前驱和后驱的协调。前驱的伸展应该与后驱的驱动力相互匹配并保持平衡。后驱的最后部分应该和前驱一样宽，以在后驱推动中维持平衡和力量。前驱肘关节和踝关节不应该向内或向外，否则会造成能量的浪费，而且引起不稳定。强壮流畅的背线或脊背的作用是将驱动力源源不断地从后驱传送到前驱。上下起伏的背线会浪费能量。过于僵硬的或者太长的背线会限制在快速奔跑中后驱的推动力。充足的胸深为心脏和肺部提供了耐力保障。

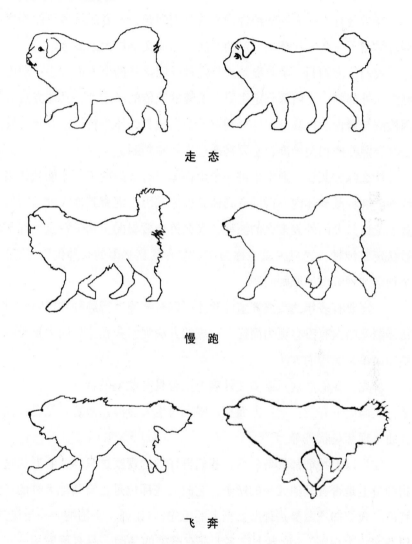

走 态

慢 跑

飞 奔

一只发育良好的藏獒，运动起来是非常漂亮的。它的头部高高昂起，尾部适度卷曲，步伐坚定有力，步幅舒展、流畅、均匀，步线正直，背线平稳，且保持与地面平行。当它的运动被仔细地检视和观察以后，没有不平衡的现象，通常这就意味着它的发育是完美的。

五、关于纯种藏獒的鉴定方法

经常会有一些人询问纯种藏獒的鉴别问题，作者经过多年的养殖实践总结出了一套纯种藏獒鉴定的方法，写成文字供大家参考。

我们认为判断一个藏獒是否是纯种，应该从两个方面入手：即内部判定与外部判定。内部判定主要看藏獒的遗传的稳定性，具体方法有基因检测与繁育后代验证。外部判定是根据藏獒的体表特征来判定，看是否符合藏獒的相关标准，主要是通过来经验判断。

什么纯种藏獒？通常来讲一个生物体只有基因纯正，才能被认定为纯种。纯种藏獒体内不得混有其他犬种的基因，混有其他犬种基因的藏獒无论这只犬的外表多么的漂亮，多么符合藏獒的生物学特点，都不能被认定是纯种，这只犬只能称为："混有藏獒基因的杂种狗"，这是一个判定纯种藏獒的原则问题。

一定要有多年的藏獒养殖经验才可以对藏獒进行纯种判定吗？对于初涉藏獒的人有没有更为简捷、速成的方法呢？我在这里向大家介绍一种即简单又实用的方法。

首先，我们看这只藏獒在外表上是否具有藏獒的特征：头：大；耳朵：大而向下耷拉；嘴：方而宽；眼：对生人冷漠，敌意；尾巴：向上卷曲呈现菊花状等等。

如果以上特征都具备的话，我们再仔细的观察这只狗，看看从这只狗的身上是否有其他犬种的影子，它的某些部位是否有其他犬种的典型特征。我们知道藏獒是许多大型犬的祖先，（比如：圣伯纳、马士提夫、纽芬兰、大白熊），世界上许多犬都有藏獒的基因，具有藏獒的一些体貌特征，我们从其他一些犬种的身上看到藏獒的影子是很正常的。但从藏獒的身上看到其他犬种具有夸张性的部位特征是不可以的。如果从这只狗的身上看不到其他犬种的影子，我们就可以从外表上判定这只狗可能是藏獒。如果鉴定它是真正的纯种，还需要进行内部基因鉴定。

基因是一切生物体的遗传密码的载体，基因检测是判定一切生物体遗传连续性最科学的手段，但我们目前没有纯种藏獒的基因标样，没有标样就无法对要判定的藏獒进行基因鉴定。所以，目前乃至很长一段时期内，我们无法使用基因检测的手段对藏獒进行纯种鉴定。我们只能借助于繁育过程来判定一个藏獒是否是纯种。在这里我将山西龙城藏獒养殖基地（www.chinaao.cn）的一种内部基因判定方法介绍给大家：我们以一条品像很好的公獒与3只同样品像很好的母獒交配，得出的后代很优秀，再用他们的后代与三条母獒交配，连续三代繁育得出的后代都很优秀或比较优秀，或非优秀后代数量少，就可以判定这只藏獒是纯种，否则就是杂种獒。这个方法简单易行，但涉及系统繁育的问题，只有有多年养殖经验的专业獒场才能做到。所以为什么有多年藏獒养殖历史的大型专业藏獒养殖场的品质相对有保证，就是这个原因。

		母　獒		母獒——后代
		种母1——优良后代（2代公）	配	母獒——后代
				母獒——后代
				母獒——后代
一代种公	配	种母2——优良后代（2代公）	配	母獒——后代
				母獒——后代
				母獒——后代
		种母2——优良后代（2代公）	配	母獒——后代
				母獒——后代

通过上表我们对后代进行统计，如果一代种公与不同的母獒交配所育后代优秀率高于60%，且优秀后代再与优秀的母獒进行交配所育后代也高于60%，我们可以称这只藏獒是一只比较优秀的种公獒。（藏獒基因较为复杂，所以考核标准比其他纯种犬相对低一些。）

不良养殖者可能用来杂交的部分犬种图片：仔细看看它们的特征，你会有收获的。

1. 马士提夫

马士提夫犬是世界上现存的最古老犬种之一，原产地在英国。它是一种高大、魁梧的狗，结构紧密，属于光毛犬。它给人的印象是庄严而高贵。雄性整体都非常魁梧；雌性结构坚实。

头部特征：吊嘴、三角眼、耳位高。早些年人们用它来繁育黄獒，现在用的人少了。

注意嘴部、眼与耳位特征

注意它的爪型

2. 纽波利顿

纽波利顿属于古老犬种。公犬身高65～75cm，母犬身高60～68cm，体重可达50～68 kg。它的步伐如熊一般的缓慢、沉重，与其他品种的犬类似，都有非常大的头。它全身皮肤松弛，有许多折叠处，头部有皱

中国藏獒养殖繁育大全

TIBETAN MASTIFF

纹，由于突出的垂肉由头上折叠地伸展到颈部，因而造成了多层脸颊的外貌。纽波利顿对熟人温和且友善。

主要特征是：皮松，嘴垂吊、爪型散。

披毛特征：披毛短、浓密而坚硬、光滑、质地好。

颜色可以是灰色、深灰、深黑、棕色、浅黄褐色、深黄褐色、榛树色、鸠灰色和更浅的浅黄褐色。在胸口和脚部有白色的毛块是常见的。

注意头部、颈部、腿脚部的皱褶　　注意它的嘴很有肉感垂吊夸张，脸部有皱褶

3. 纽芬兰

纽芬兰犬原产地在加拿大，起源于18世纪，是非常优秀的水上救护犬。它头部魁梧，脑袋宽阔，体型巨大，骨骼沉重，肌肉发达，身体非常和谐，拥有夸张的、沉重的披毛；尾巴随臀部斜线呈自然延伸，尾根部宽而结实，尾巴无扭曲；脚腕结实，略倾斜；足爪与腿的粗度相比显小，有蹼，猫足；后肢有力，肌肉发达、骨量充足，后足爪与前肢足爪类似。它的动作具有良好的伸展性和强大的驱动力，给人以毫不费力的印象，步态平顺且有节奏。它的颜色一般为黑色、棕色、灰色及黑白双色。黑色、棕色、或灰色的犬可能在下巴、胸部、脚趾和尾巴尖出现白色或浅黄色斑块。黑白双色的犬白色为底色，带有黑色条纹。

它的腿粗得夸张，带丰厚的毛，腿直没有弯曲度，腿粗使足爪子小显得较小，足掌蹼片较大，凹角度（趾部）明显，利于在水中划行。以此犬种与藏獒、松狮杂交的后代毛色较容易调整，杂种后代目前流行较多，串子颜色有黑色，有黄（红）色，铁包金。

4. 圣伯纳

圣伯纳原产地在丹麦，属于巨型工作犬，分长毛型、短毛型二种。毛色以白底红斑，红底白斑为主。眼睛为褐色，目缘垂下，有瞬膜。耳片较大，呈三角形。尾巴根位高，长度垂下尾，尾端轻微卷曲。

注意：该犬的眼部特征、嘴型、毛色、爪型较散，与藏獒杂种后代吊嘴、吊眼较多，体型高大，爪型较散。杂种后代，毛色较杂不易调整，所以现在用此犬杂交的人少了。

5. 松狮

松狮犬，有粗毛和短毛的类型，是原产中国西藏的古老犬种，该犬迄今已有两千年的历史。在我国汉朝出土文物中就可以看到，19世纪末被引进英国并加以改良。

外观：体格强健，身体呈方形，属中型犬，肌肉发达，骨骼粗壮，骨量足。身体紧凑、短，胸宽而深，尾根高，尾巴紧贴背部卷起，后腿几乎没有明显的弯曲。正是这种结构形成了松狮独特的短而呆板的步法。头大，颅骨宽而平，嘴阔而深。眼深褐色，深陷，双眼距离宽，眼斜，中等大小，杏仁状。眼圈黑色。耳小，中等厚度，三角形但耳尖稍圆，竖耳，略微前倾。鼻子较大而宽，黑色，鼻孔明显张开。口鼻比较宽，嘴唇的边缘为黑色，嘴的大部分组织是黑色，拥有独特的蓝舌头。

颈部：强壮有力而饱满，肌肉发达。背线平直，强壮。胸宽，深，肌肉发达。腰部肌肉发达，强壮，短，宽而深。臀部短而宽，臀部和大腿肌肉发达，骨骼粗大。尾部与臀部齐平。尾根高，卷起紧贴背部。足爪圆，紧凑，为标准猫爪，脚趾的肉垫很厚，站立很稳。

披毛有两种类型：粗毛和短毛。短毛品种比较少。粗毛型有双层披毛。粗毛丰富，浓密，平直，不突出，毛层紧贴身体。表面毛杂乱；底毛柔软，浓密，类似于羊毛。披毛在头和脖子周围形成了一圈浓密的流苏般的鬃毛，衬托着松狮的头。公犬的披毛和流苏一般都比母犬长。尾部的毛为羽状。短毛型除了外层披毛的数量和分布以外，短毛松狮的判定标准与粗毛松狮基本相同。短毛松狮有一身硬质、浓密，光滑的外层披毛，以及界限分明的内层披毛。腿上和尾巴没有明显的流苏状或羽毛状的饰毛。皮毛有五种颜色：红（淡金黄色至红褐色），黑色，蓝色，肉桂色（浅黄色至深肉桂色）和奶白色。

身高：46~56cm

此犬与藏獒杂交出的后代体型较小，体长较短，腿短而显粗，嘴显粗短，眼神也很有特点。仔细看后代的面部特征是很容易辨认的。

6. 藏狮

藏狮是青藏地区的古老原生大型犬类，在藏区是和藏獒齐名的巨犬。青藏牧区目前纯种大藏狮也极为少见，几近绝种，高品质的藏狮属于稀世珍贵犬种。

外部特征：大藏狮身体高大，身上具有浓密的双层披毛，能抵御严寒的冰雪；头大而圆，颜面全部被长毛遮掩，奔跑时毛发飘逸；其体形威猛如狮，仪表堂堂，神韵凛凛，刚柔具备；灵气忠诚易训，似狮非狮，似犬非犬，是最佳的护卫犬。在继承了獒犬的优良天性的基础上又独树一帜地体现出了威猛与观赏性极强的特点。

近一两年来人们为了繁育出大长毛"藏獒"的需要，用藏狮与藏獒、纽波利顿相互交配的较多。仔细辨认后代杂种特征明显。

擦亮眼睛，开拓视野，多掌握一些犬种的身体特征，就可以初步判定所鉴定的藏獒是否含有其他犬种的基因，即：是否是"纯种"，这是目前判定藏獒是否纯种最有效可行的方法。

第四章　不同阶段藏獒的护理

一、初生幼崽的护理

幼崽时期身体各器官发育都未成熟，体质较弱，适应力较差，极易发生死亡。为了提高幼崽的成活率，减少发病死亡，需对幼崽进行特殊的护理工作。

1. 保暖防寒

藏獒繁殖时节多是从初冬到初春这段时间内，尤其在我国北方地区，气候十分寒冷，因此必须做好初生幼崽的保暖防寒工作。初生幼崽的体温较低（生后1~2周内体温是34.5℃~36℃），完全依赖外部的热源（如母体）来维持正常体温，寒冷会降低幼崽的免疫机能，无法抵抗疾病的侵袭。有资料显示，1周内因寒冷所致的死亡的幼崽约占50%，因此，幼崽出生后7天内獒舍温度应该保持26℃~30℃，出生后7~10天獒舍温度应该保持23℃~26℃，出生后30天獒舍温度可以保持到20℃~23℃，獒舍多铺些御寒的保温材料，如柔软的干草、麦秸等外，还应设置取暖设备，并注意检查门窗墙壁是否密闭，有无贼风侵袭。

2. 吃好初乳

幼崽出生后，5小时胃就有消化功能，最好在生后6小时就能吃到初乳，最迟也要保证12~48小时之内必须吃到初乳。对于母獒产后无奶或母獒产后死亡，吃不到自己母亲初乳的幼崽，也要让它吃到别的母獒的初乳，否则很难成活。

初乳营养价值很高，蛋白质是常乳的4~5倍，维生素的种类齐全，并含有幼崽不能合成的维生素，微量元素也很丰富，初乳中的镁盐具有轻泻作用，促进胎便排出。初乳的酸度较高，有利于促进消化道的活动。初乳中的各种营养物几乎可全部吸收，这对增加幼崽体质，产生热量维持体温极为有利。同时初乳中含有常乳所不具有的免疫球蛋白，能增加幼崽的免疫力与抵抗力，增加幼崽体质。据实验，幼崽可从初乳中得到77%的免疫保护力，随后母源抗体的浓度逐步降低，到1周龄时为45%，2周龄为27%，3周龄为16%，到8周龄基本上没有了。因此，应尽早地让幼崽吃到初乳。

3. 安排好幼崽哺乳

哺乳量至关重要，乳量不足会影响发育；乳量过多、消化不好易患胃肠病。一般母獒会自动掌握哺乳的时间和次数，无须人为的干预。但有些乳汁少或母性差的母獒，饲养时要注意其授乳情况。一般每天的喂养次数应保证在5次以上；当幼崽长到半个月以后，可减至一天4次；如果发现母獒不会这一动作，就要进行人工补饲。幼崽出生后头1~2天，让一窝幼崽中体重较轻的幼崽在没有竞争的条件下吃2~3次初乳，可达到增加体重和降低死亡率的目的。当一部分幼崽吃初乳时，把另一部分隔开，两组轮换，以保证所有幼崽吃上足够的初乳。这种分批吃乳法，可持续到幼崽20日龄左右。

4. 人工哺乳

在一般情况下，母獒初乳完全可以满足幼崽食用，产后母獒因病死亡或不哺乳，产仔过多不能正常哺乳，而又找不到奶獒时，就应采用人工哺乳。乳汁以牛奶为主，也可用羊奶、奶粉等，加入少量糖可增强适口性，鲜奶要煮沸，起到消毒灭菌作用。

牛奶与母獒奶的成分大大不同，牛奶的成分为低蛋白质、低脂肪、高乳糖，而母獒奶却是高蛋白质、高脂肪、低乳糖，因此如果只用牛奶来哺育是不够的。如果必须要用牛奶时，就得另外加入蛋黄、骨粉等，并以两倍的浓度冲泡喂食。

羊奶的脂肪球与蛋白质颗粒只有牛奶的1/3，且颗粒大小均匀，所以更容易被消化吸收。与牛奶相比羊奶更有利于幼獒的健康生长。人工哺乳时还应注意乳的温度和哺乳量、哺乳次数，乳温应保持在 37℃ ～38℃，哺乳工具可用玻璃注射器或眼药水塑料瓶。喂乳时把幼崽的头平伸而不宜抬高，挤压奶汁的动作要缓慢，同时观察幼崽的吞咽动作，有节奏地轻轻挤压，以免呛入气管。奶瓶要保持干净，奶瓶中所剩的奶水要丢掉，不能留下再吃。

幼崽出生后 1 周内每隔 2～3 小时喂 1 次，每次 10～20mL，每天喂奶量不少于100mL；2～3周时每隔 3～4 小时喂 1 次，每次 30～50mL，每天喂奶量不少于300mL；幼崽约3天后就学会舔食了，所以3周以后除喂奶外，还应给幼崽喂些软而易消化的食物，锻炼幼崽的采食能力。人工哺乳的幼崽，每次喂后要用棉棒轻轻抚摸幼崽的外生殖器，模仿母獒舌舔幼崽动作，可以刺激幼崽排粪、排尿。

5. 合理寄养

此法适用于母獒产仔数量过多、母獒产后死亡、母獒产后奶少或无奶等情况。这时，把幼崽让别的哺乳母狗（保姆狗）哺育。这种方法对幼崽的生长发育比人工哺育更有利。保姆獒应选择性情温顺、母性好、泌乳量多的母獒。寄养的幼崽与原窝幼崽在日龄上差距越小越好，而且后产母獒产的幼崽向先产的母獒寄养时，应该选择窝中较大的幼崽进行寄养，先产母獒的幼崽向后产的母獒寄养时，应选择个体小的幼崽进行寄养，以免欺压后产母獒的幼崽，造成幼崽差别过大。母獒嗅觉灵敏，容易闻出寄养幼崽而拒绝哺乳，甚至咬伤、咬死寄养幼崽。因此，寄养时要用寄母的尿液、乳汁喷涂幼崽，或把寄养幼崽和原窝幼崽放置一起，经一小时后气味一致后再寄养。

6. 及时补饲

幼崽出生后生长迅速，体重迅速增加，而母獒的泌乳在产后15~20天达到高峰后就开始逐渐下降，实际上从20天起全靠母乳就已经不能满足幼崽的营养需要了。幼崽20日龄时，其牙齿也已经开始发育，此时应开始早期补饲，既有利于增重，又能够锻炼幼崽的消化器官的机能，促进胃肠发育，使幼崽能够逐渐消化乳汁以外的其他饲料，解决母乳供给不足与幼崽营养需求量日渐增多的矛盾，并减轻断奶后饲料对幼崽消化道的敏感刺激。

补饲应从20天左右开始，起初在牛奶中加一些米汤或米粥，25天以后，可以再掺入一些肉汤、菜汤，量可逐渐增加至200mL左右。30天即可加入切碎的熟食如牛肉末、米饭、泡软的狗粮等；45天左右，可完全停乳，改用粥状食物。饲量也应相应的增加，可将牛奶、鸡蛋、碎肉、稀粥等拌成半流体食物，再加点鱼肝油、骨粉等。幼崽胃肠容积小，消化能力弱，易贪食，导致消化不良，因此，喂饲幼崽要适量，每天应少喂多餐。

7. 幼崽的断奶

断奶期是幼崽成长中最关键的时期，断奶时间过早，会影响幼崽的生长发育和抗病能力；而断奶时间过晚又会加重母獒的负担，使母獒瘦弱并影响繁殖。另外，刚刚断奶时，幼崽表现出不安，食欲不佳，增重缓慢，发病死亡等，因此必须加强断奶幼崽的营养与管理，以保证幼崽正常生长，减少和消除疾病的侵袭。断奶方法有三种：一次性断奶法，分批断奶法，逐渐断奶法。

①一次性断奶法：到了预定的断奶日期，强行将母獒、幼崽分开。

这种突然断乳的方法，幼崽容易引起消化不良，乳量多的母獒容易发生乳房炎。

②分批断奶法：按幼崽身体大小，体质强弱，开食好坏，分别先后，陆续断奶。发育好的先断奶，体格弱的适当延长哺乳期，以促进其发育。

③逐渐断奶法：逐渐减少哺乳次数，在断乳前几天，把母獒移开，相隔一定时间后，把母獒、幼崽放在一起，让幼崽吮奶，吃完奶后再将它们分开，以后再逐日减少哺乳次数，直到断乳。此法可避免母獒、幼崽遭受突然断乳而引起的不安。这是一种比较安全的断乳方法，但花费的时间和精力较多。

8. 幼崽的发育进程及注意事项

第1天：初生，全身红润，披着短毛，耳朵粘连，双眼紧闭，口、鼻、耳、脚尖都是赤红色；幼崽体温约36℃，脉搏约160次/分，呼吸约15次/分，保温30℃。

①幼崽从母体落地后，母獒将脐带咬断并将幼崽全身吸吮干净。

②初生幼崽若是呼吸危弱或没有呼吸时，应将头朝下并左右摇摆，或用嘴吸幼崽鼻腔，令其吐出其羊水，然后进行人工拍打、按摩胸部。

③将幼崽放在母獒奶头前，如果幼崽不会吸吮，用手将幼崽嘴巴打开，令其含着母獒奶头慢慢吸。

④初乳（第1~18天之母乳）对幼崽而言非常重要，应尽量让幼崽吸收母乳，增强免疫力75%以上，可以抵抗犬瘟热之疫病。

第3天：脐带脱落。

第7天：切除狼趾。保温26℃。

第13天：眼睛睁开。体温约37.5℃，脉搏约200次/分，呼吸约25次/分。

第18天：开始学站立、走。

第21天：驱虫（连续3天）。

第25天：眼可看，耳可听。开始补充维生素、钙粉、牛奶、鸡蛋等高蛋白食物。

第30天：准备断乳。体温38℃，脉搏约180次/分，呼吸约25次/分，保温23℃。

第35天：开始长出乳牙，自己可排便，雄獒的睾丸滑入阴囊中。

第37天：离乳一周，注射二联疫苗1支。

第45天：驱虫。

第58天：注射六联疫苗1支。

第79天：注射六联疫苗1支、狂犬病疫苗1支。

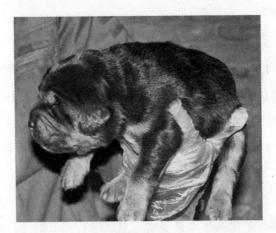

刚出生的幼獒

出生6天可爱的幼獒宝宝

出生15天的幼獒

二、幼龄獒的管理

断奶之后的幼崽，由原来完全依赖母乳生活过渡到自己完全独立生活，是其一生中重要转折点。此时，幼獒仍处于强烈的生长发育时期，其消化机能和抵抗力还没有发育完全，如果饲养管理不当，不但生长发育受阻，而且极易患病或死亡。因此，这一时期的饲养管理绝不能放松，要给予丰富的营养和精心的护理，以保证正常生长，减少和消除疾病的侵袭，育成健壮结实的幼獒。

1. 幼龄獒不同月龄的食物需求

幼獒出生45天左右，母獒基本上停止泌乳，这时的幼獒也可以吃普通食物了。幼獒发育的不同阶段，其身体各部分的生长能力是不平衡的。在出生后的头3个月，主要发育躯体及增加体重，从第4个月开始至6个月，主要生长体长，7个月以后主要增长体高，这就要根据獒体不同发育阶段所需要营养物质，确定饲喂的饲料种类和数量。

3月龄的幼獒食物构成与2月龄时基本相同，以瘦肉、大米、牛奶、蔬菜为主，但可加入少量的牛肝和猪肝，增加量以幼獒不拉稀为度。3月龄时，幼獒的骨骼发育逐步变快，故此时还应逐步增加骨粉及维生素A、维生素D的喂量，不然，幼獒的生长发育将受到影响，还有可能出现佝偻病。

45天断奶了，但还是很恋母亲的！

2月龄的幼獒，开始室外活动。

3个月开始自由行走，懂得四处觅食了。

3月龄幼獒（这个时期是幼獒最好看的时候）。

4月龄幼獒食物构成是在3月龄幼獒饲料配方的基础上再加入适量切碎的面包、少量马铃薯等，可以喂些鸡胸脯肉、精牛羊肉，饲喂次数可减至3次，但日饲喂量应有所增加。

4月龄幼獒

5月龄幼獒食物构成与4月龄时基本相同，但应适量增加碳水化合物类食物，如米饭、面包及豆类食物的含量。同时，饲料中还应加入少量植物油，并增加饲料蛋白含量。在上述物质增加的同时，盐类、维生素A、维生素D及蔬菜等物质可维持在原有水平上。

5月龄红母獒（这个时期的幼獒最难看）

6~7月龄幼獒食量逐渐加大，日饲喂量应相应增加，但次数可减少至2~3次。另外，6~7月龄幼獒食物构成同4~5月幼龄獒，但需要根据其生长发育情况作适量调整，如果幼獒过肥，应减少碳水化合物和脂肪类食物，而相应增加蛋白质和蔬菜含量，并增加其运动量；如果幼獒过瘦，则增加碳水化合物、脂肪类及蛋白质类食物，如面粉、米饭、馒头、肉及奶等。

6月龄公獒体型与身段与3个月时大不一样了，大家比比看有何不同？

8月龄獒的体形已基本接近成獒，其身体已基本不再长高，只是体重还可增加15%~20%。8月龄獒的食物构成大致是：肉类、豆类等蛋白质饲料占55%，米饭、面包等碳水化合物饲料占35%，奶油、植物油等脂肪类饲料约占5%，蔬菜约占5%，矿物质和维生素适量。上述配料喂法是将肉煮熟连同肉汤一起拌入米饭、面包、蔬菜及其他各成分，做成菜汤即可。8月龄獒每日可分早晚两次饲喂。

这个时期体型长的很长，开始往高长，同是7个半月的小藏獒，由于生活的环境不同，在这一阶段外观也有很大的区别。

此母獒7个半月，名叫LiShu 生活在澳洲。

LiShu 出生100天照，比比看有何区别？

2. 幼龄獒的喂养方法

①合理搭配、饲料多样化

从断奶后到3个月之间，幼獒的食物构成将决定它终生的饮食习惯。如果准备将来继续用专用狗粮饲养的话，必须在这段时间里让它适应专用狗粮的口味。如果准备将来以家庭配餐方式饲养的话，食物应以动物性蛋白为主，多喂食高热量的食物。幼獒生长快，体内代谢旺盛，需要充足的营养。因此，幼獒的日粮应由多种的饲料组成，并根据饲料所含的养分，取长补短，合理搭配，这样既有利于生长发育，也有利于蛋白质的互补作用。实践中要经常采用多种饲料配合，使饲料之间的必需氨基酸互相补充，切忌饲喂单一的饲料。例如禾本科籽实类一般含赖氨酸和色氨酸较低，而豆科籽实含赖氨酸及色氨酸较多，含蛋氨酸不足。故在组成幼獒日粮时，加入禾本科籽实及其副产品的同时搭配适当比例的豆饼、花生麸类饲料混合成日粮，就能提高整个日粮中蛋白质的作用和利用率。

②定时定量定点

幼獒是比较贪食的，定时、定量是喂幼獒要有一定的次数、分量和时间，定点就是不要随意改变饲喂地点，以养成幼獒良好的进食习惯，有规律地分泌消化液，促进饲料的消化吸收。若不定时给料，就会打乱进食规律，引起消化机能紊乱，造成消化不良，易患肠胃病，使幼獒的生长发育迟滞，体质衰弱。喂食前可轻敲食盆发出响声，刺激幼崽形成进食条件反射。喂食时应注意观察每头幼獒的食欲、食量，喂完即拿出食盆。要特别防止少数幼獒霸食暴食，使其他幼獒吃不饱、吃不着。每日每只幼獒的食量应随幼獒的大小而定，这要靠饲养者的观察确定。一般来说，从幼獒采食的表现就可以看出其饱的程度来。如果幼獒采食迅速，大口吞咽，说明食欲没有问题；采食后，食盆中剩留饲料，表明喂多了，可能过饱；如果幼獒在空的食盆上继续用舌头舔舐，或用期待的目光望着主人，说明没有吃饱。对幼獒不宜喂得过饱，以七八成饱为最好。幼獒消化力弱，食量少，生长发育快，就必须多喂几次，每次给的分量要少些，做到少食多餐。夏季中午炎热，幼獒的食欲降低，早晚凉爽，幼獒的胃口较好，给料时要掌握"早餐吃得早，中餐精而少，晚餐吃得饱"。冬季夜长日短，要掌握"早餐喂得早，中午吃得好，晚餐精而饱"。

③注意饮食卫生，认真进行饲料调制

由于幼獒胃肠道尚在发育过程中，更应注意卫生，以防发生胃肠病。不喂腐烂、霉臭、有毒的饲料，不饮污浊水，剩余的饲料应及时清理，以免造成幼崽拉稀。高温季节的需水量大，喂水不应间断，冬季在寒冷地区最好喂温水，因冰水易引起肠胃疾病。

幼獒在出生2~3个月时，由于牙齿和下颚尚未完全发育，应以柔软和易消化的食物为主。要按照各种饲料的不同特点进行合理调制，做到洗净、切细、煮热、调匀、晾凉，肉类、骨类食物，须切成细块之后再喂，以提高幼獒的食欲，促进消化，达到防病的目的。

④注意卫生，保持干燥

幼獒体弱抗病力差，每天须打扫獒舍，清除粪便，洗刷饲具，勤换垫草，定期消毒。经常保持獒舍清洁、干燥，使病原微生物无法滋生繁殖，这是增强幼獒的体质、预防疾病的必不可少的措施，也是饲养管理上一项经常化的管理程序。

⑤适当运动，加强体质锻炼

断奶后的幼獒，应从产獒舍移到有较大活动场地的幼獒舍进行管理，让幼獒群居群养。在群居群养时，相互的追逐嬉耍，使幼獒的体质自然得到了锻炼。有条件的话，还可以每天在相对固定的时间里带幼獒外出散放，通过合理的散放运动，提高幼獒的体质和胆量，但是要注意防止幼獒乱捡东西吃，也要防止撞碰、摔伤。随着幼獒的成长，可适当地带领幼獒进行运动和环境锻炼，对增强机体骨骼，肌肉组织，改善内脏器官机能,促进新陈代谢,适应不同气候及环境条件等均有极大作用。

⑥做好驱虫、防疫

幼獒驱虫，在出生后20天进行一次，45天和90天时进行第二次和第三次。以后可根据粪便检查的结果，决定是否驱虫。驱虫时应注意：驱虫前，幼獒应空腹；驱虫后3小时内不能喂幼獒；驱虫时要密切注意观察獒的表现，防止幼獒药物中毒；驱虫后，不要及时散放幼獒，待幼獒排除粪便后，方可带幼獒轻度活动。

幼獒在出生后，可经由母乳获得母源抗体以对抗病毒的侵袭，但是随着日龄的增加，母乳中的抗体也逐渐减少，由于幼獒体内的免疫系统还未发育健全，幼獒便处于"危险期"，非常容易感染疾病。细菌性疾病可以抗生素予以治疗，但病毒性疾病就没有特效药可用了，只能依靠幼獒体内的免疫系统，产生抗体来对抗，如犬瘟热、病毒性肠炎、狂犬病、犬细小病毒等，感染发病率高，死亡率可高达60%，其中以4～16周龄的幼獒死亡率最高。为预防病毒的侵袭，需要定期给幼獒接种疫苗以产生抗体，同时对已感染疾病的幼獒做到早发现、早隔离、早治疗和严格消毒，防止疾病扩散，降低死亡率。

三、成年獒的管理

藏獒从24个月以后开始进入成年期。

1. 饲喂

选择和调制适口性好、多样化、易消化的饲料，这在"藏獒的营养与饲料"的1章节中有详细介绍。总之，要确保营养全面和均衡，以满足獒只生长发育、繁殖、增重对营养物质的需求。成年藏獒每天可饲喂两次，时间可分别在6时、18时左右，应单獒独喂，食盘不混用，少喂勤添，做到每次喂给的饲料在10分钟内吃完，吃到八成饱即可。

2. 饮水

水盆内经常保持有清洁水，适宜的水温有利于獒的健康。獒舍要预埋用于排水和清洁的管阀。冬季应将水盆放置在阳光照得上的地方，夏季水盆上方应有一些遮挡物，防止太阳辐射导致水温过高。

3. 环境管理

冬季应满足獒舍采光防寒、防潮、防湿及排除舍内污浊空气；夏季应加强獒舍通风散热，可配置遮阳设施，如搭建遮阳棚、拉遮阳网或选择能形成较大树冠的树种进行绿化遮阳，有条件的獒场还可安装电扇等设备来通风散热；舍内空气干燥时，中午可在舍内地面喷洒点凉水或放置几个凉水盆进行降温，藏獒的汗腺不发达，经常洗冷水浴，可以通过对流，加快多余体热的散失。同时，还可起到清洁躯体，及时发现皮肤病，驱除体外寄生虫的作用。

4. 运动

成年藏獒要有充足的日光浴和适度的运动。吃得太多及运动不足，很容易导致肥胖症，充分的运动不仅可以使藏獒保持身体健康，而且可以使它体格发育匀称，保持良好的身材，避免肥胖。个体养殖者以牵遛方式较好；规模养獒场（户）可训练獒只在运动场上作跑圈等运动，每日上下午由饲养员引导运动，至少保证每只獒1小时左右的运动量；种公獒的运动时间和运动量应适当增加；种母獒可减少运动量，适当运动为佳，以低耗增重为目的。

5. 疫病预防

高密度饲养使疾病产生和传播的危险性加大，因此，规模化养獒更应对疾病要坚持预防为主，防治结合的方针。进行科学的选址，建筑符合饲养和防疫要求，设置隔离区等，以切断病原的传播途径；规范消毒预防接种制度，加强管理，实行疫病综合防治。具体要求是：（1）管理要做到勤清粪、勤打扫；场净、路净、圈舍净、饲槽净、用具净、獒体净。（2）预防消毒：预防消毒是结合日常饲养管理措施，对獒舍、运动场、用具、机械设备等用不同的消毒药进行定期消毒，每7天至少1次，以免发生疾病，造成损失。（3）建立规范的免疫程序和防病制度。定期驱虫、预防接种。

四、老龄獒的管理

同多数犬一样，藏獒一般从8岁开始出现衰老迹象，这个时期，藏獒的各种组织器官功能逐年下降，新陈代谢及运动量也随之降低，最明显的老化特征是皮肤和披毛的变化，皮肤变得干燥、松弛，缺乏弹力，易患皮肤病，脱毛增多；一些深色的披毛，如黑色或棕色毛变成灰色，头部和嘴巴周围出现白毛。10岁以后的藏獒，牙齿变黄，视力与听力都已减退，消化吸收能力下降，体重减轻，容易疲劳，好静喜卧，运动减少，抵抗力降低，容易患上诸如骨质疏松、牙病、心脏功能下降、慢性肾衰竭、肾病、肝病、尿道结石、膀胱结石和便秘等各种疾病，因此对待老龄藏獒应根据其生理特征，采用科学的饲养方法，帮助年长爱獒安度健康快乐的余年。饲主应从以下几个方面入手：

1. 定期检查、预防疾病

因为老龄獒运动量的明显改变，会使消化能力和肝肾的过滤解毒功能发生改变。老龄獒最容易患上的诸如心脏病、肾病、肝病、糖尿病、坏血病等，这些内脏疾病初期没有明显的症状，从日常生活中不易被发现，等到有了明显的表现时，往往已经无法治疗了。所以老龄獒更应接受详细的专科检查，例如量心跳、验血、验小便、心电图，以及胸腹放射图等，以便及早发现毛病，做出预防及治疗。

2. 营养均衡、防止便秘

通常情况下，老龄獒所需热量是成年藏獒的75%～90%。因此，饲喂的食物，应以高质蛋白质为主，还要适当减少盐分，减少肾脏的负担；老龄獒活动量日渐减少，食物亦要调低卡路里，以免他们体重增加，影响身体健康，所以要减少脂肪的摄入，搭配适量的矿物质。因为老龄獒的牙齿和消化系统已比较衰弱了，因此食物要柔软，易于消化，粗纤维等难于消化的饲料要少，流食或半流食的食物可以预防便秘。老龄獒一般因嗅觉减退而食欲不佳，消化力降低，因此，应采取多餐少喂的饲养方式，每天最好喂3～4次。冬天可适当增加喂养次数，以保证老龄獒必要的热量。

3. 适度运动，养成良好的生活习惯及规律

老龄獒的肌肉和关节的配合及神经的控制协调功能都远不如成年

老年的尼玛去世前 1 年的照片，弥足珍贵。

獒，由于骨骼钙质减少，骨骼也变得脆弱，容易发生骨折和肌肉拉伤，因此，要多晒太阳，防止快速奔跑、跳跃等剧烈运动。老龄獒睡觉的时候，不要打搅和惊吓它，让它充分地休息，不要轻易改变它的作息时间。

4. 搞好卫生、保健、防疫等工作

由于免疫力降低，老龄獒较易感染诸如瘟热的传染病，所以要定期为它进行防疫注射。老龄獒肠胃免疫力已不复当年，容易生有寄生虫，有些寄生虫更会破坏老龄獒的心和肾功能，故须定期驱虫。

由于年纪老迈，老龄獒的披毛会变得干燥和脆弱，皮肤亦会变得干燥，较易受感染且敏感，还有可能生蚤。因此，要经常为它梳毛，夏天洗澡，并要定期检查皮肤上有没有肿块，如有问题，要及早处理。另外，要加强与老龄獒的情感交流，抽时间陪它玩耍，给它更多关爱，这样可以排解它的晚年孤独，让它安享晚年。

第五章 藏獒的营养与饲料

藏獒在生长、繁殖和生育的过程中，必须从饲料中获得各种营养物质，以维持生命健康活动如体温、呼吸、心跳、血液循环等和正常的生命活动中如增加体重、妊娠、泌乳等基本的能量消耗。饲料中的各种营养物质对藏獒有各自不同的生理作用和生物学意义。

营养物质的种类很多，概括起来可分为碳水化合物、脂肪、蛋白质、矿物质、维生素和水6种，其基本功能见下表。这些营养物质进入藏獒体内后，有的可以相互转化，所以在供给时可以相互替代，如碳水化合物和脂肪；而有的则完全不能转化，所以在食物中必须保证供给，如矿物质和维生素。任何一种营养物质长期供给不足都会使藏獒出现异常反应，以致患病死亡；同样，任何一种营养物质的过量供给也对藏獒有害，甚至出现急性中毒死亡。合理的獒食应保证各种营养物质的全面和平衡。

不同营养物质的基本功能

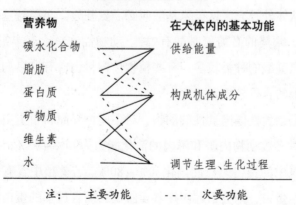

注：——主要功能 - - - - 次要功能

一、蛋白质

蛋白质是构成藏獒机体的结构物质，是藏獒体内除水以外含量最多的物质。藏獒的皮毛、爪以及妊娠、泌乳等生理过程，都是以特定的蛋白质为物质基础的；况且蛋白质还是机体内氮的唯一来源，脂肪和碳水化合物都不能替代它。

蛋白质是机体组织更新的必需物质，以更新、修补衰老和被破坏的组织。如蛋白质或某些必需氨基酸供给不足，会导致藏獒生长发育缓慢，体重减轻，抵抗力下降，容易患病；公藏獒精液品质下降，精子数量减少，性欲降低；母藏獒发情异常，不孕，即使怀孕，胎儿也常发育不良而发生死胎或畸胎。当然，过量饲喂蛋白质不但造成浪费，也会引起藏獒体内代谢紊乱，使心脏、肝脏、消化道、中枢神经系统功能失调，性功能下降，严重时还会发生酸中毒。一般情况下，成年藏獒每天每kg体重约需48g蛋白质，而生长发育时期的幼犬约需9.6g。

另外，蛋白质在必要时也会被氧化而释放能量；机体的许多功能物质，如能催化和控制新陈代谢的酶，能增强防御机能和提高抗病能力的免疫物质等，都是以蛋白质为主体而构成的。

蛋白质由20多种氨基酸组成。其中一些氨基酸在藏獒的体内能自己合成，而另一些氨基酸在体内则不能合成或合成速度很慢，数量很少，因此需要从体外补充，这类氨基酸叫必需氨基酸。必需氨基酸只能从食物中摄取。藏獒的必需氨基酸有9种。动物性饲料含有丰富的蛋白质，而且必需氨基酸的种类较多。有些植物性饲料也含有较多的蛋白质，但必需氨基酸的含量较少。

藏獒是杂食性偏肉食性的动物，对不同饲料原料中蛋白质的消化能力不同。对多数动物内脏和鲜肉的消化能力为90%～95%，而对植物性饲料如大豆中的蛋白质只能消化60%～80%。若獒粮中含有过多不易消化的植物性蛋白，则会引起腹疼甚至腹泻；而且过多的蛋白质需要肝脏降解和肾脏排泄，因此会加重肝脏和肾脏的负担。

　　为了保证藏獒的营养健康，在藏獒每天的饲料中，必须供给充足的蛋白质，特别是动物性蛋白质。有资料表明，按蛋白质占饲料干物质的含量计算，藏獒饲料中的蛋白质含量必须保持在30%以上，处于哺乳期、断奶期、配种期和生长期时，饲料蛋白质的水平必须达到40%左右。其中动物性蛋白质饲料应当超过饲料总蛋白质的1/3以上。

二、碳水化合物

　　在藏獒的饲料营养物质中，碳水化合物是一大类仅次于蛋白质的非常重要的营养物质。首先，碳水化合物是构成藏獒犬体组织不可缺少的成分。已经证明，五碳糖是细胞核酸的组成成分，半乳糖与类脂肪是神经组织的必需物质，许多糖类与蛋白质化合形成糖蛋白，而低级羧酸与氨基化合形成了氨基酸。其次，碳水化合物又可以转变为体脂肪、乳脂肪、肝糖元或肌糖元在藏獒体内储存，为正常的生理活动如心跳、呼吸、消化、吸收及排泄提供能量保障。

　　碳水化合物分为单糖、低聚糖和多糖。葡萄糖是淀粉、糖原和纤维素等构成。在机体的消化道中，碳水化合物分解成葡萄糖才能被吸收。半乳糖在机体内合成乳糖。核糖广泛分布于各组织细胞中，是在代谢中起重要作用的化合物，如核黄素和RNA中都含有核糖。2-脱氧核糖存在于DNA中。阿拉伯糖是半纤维素的主要成分。低聚糖主要有蔗糖、乳糖和麦芽糖。乳糖在幼獒营养中非常重要，植物中不含乳糖，只有乳腺中能合成乳糖。如果突然给藏獒饲喂大量蔗糖或乳糖，就可能引起腹泻。其原因可能是未消化的碳水化合物产生渗透压改变或大肠内细菌发酵所引起的。牛奶中含有大量乳糖，会引起肠道内一些不良细菌的发酵，从而引起腹泻，因此不适宜给藏獒喂食大量牛奶。多糖是由10个以上的单糖经脱水结合而成的，其主要功能是作为储备物质，如植物体内的淀粉、动物体内的糖原。另一主要功能是作为植物体内的结构物质，如纤维素、半纤维素等。一般来说，在成年藏獒的饲料中，一般碳水化合物的比例可以达到60%，而处于生长发育阶段的藏獒育成犬每天碳水化合物的饲喂量为每千克体重21克。

由于藏獒的胃中不含有消化纤维素的酶，藏獒又具有摄食粗糙、狼吞虎咽、咀嚼不充分等特点，加之肠管短，吃进的食物在消化道中停留的时间仅3小时左右，因而藏獒对饲料粗纤维的消化利用能力极差。纤维不能被藏獒消化，也不能提供能量，但它能够加快消化和排泄的速度减少腹泻或肠胃胀气。食物中纤维过少会导致便秘。纤维还能吸收一些有毒物质，减轻肝脏压力，帮助胖狗减肥，减少能量摄入，帮患糖尿病的藏獒控制饮食，减少葡萄糖的摄入。粗纤维摄入量宜占总食物量的5%左右，过多不仅不能被利用，反而会影响饲料中其他营养物质的消化率，影响其他营养成分的吸收和利用。

藏獒的饲料中，糖类物质供应不足，藏獒会出现消瘦、乏弱，生长迟缓、发育停滞。成年藏獒的繁殖机能会受到严重影响，母獒停止发情，或不育、流产、死胎，公獒睾丸萎缩，精液品质差，无性欲等，都与饲料能量供给不足有直接的关系。反之，如果饲料中糖类物质或能量物质供给过多，因藏獒具有极强的积累和贮备饲料能量的能力，很快就会发胖，过度肥胖同样不利于藏獒的生长和繁殖。母獒在妊娠期采食高脂肪低糖的饲料，仔獒出生后的成活率会降低，应适当提高碳水化合物的比例。

三、脂　肪

脂肪又称甘油三酯或三酸甘油酯，它是三个脂肪酸和一个甘油的化合物，属于高能营养物质，同质量脂肪对藏獒的能量价值约为碳水化合物和蛋白质2.25倍，所以是良好的能量来源。此外，脂肪有利于脂溶性维生素A、D、E、K的吸收和利用，还可以增加食物的适口性。缺乏脂肪会令皮肤发痒，皮屑增多，皮毛粗糙干燥和耳部感染，使藏獒犬变得迟钝与神经质；藏獒犬对脂肪的消化率几乎可达100%。由于生活条件的陶冶和对环境的适应,藏獒犬形成了极强的恋膘性,是世界上贮备能量物质最强的犬品种。通常藏獒犬体内脂肪的含量约为其体重的11.3%～12.7%。

藏獒体内脂肪的来源

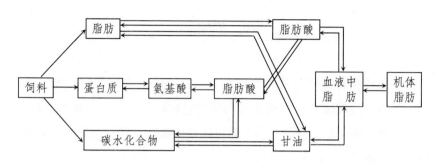

构成脂肪的脂肪酸种类很多,可分为饱和脂肪酸和不饱和脂肪酸。饱和脂肪酸多含于动物性脂肪中(如猪、牛、羊),不饱和脂肪酸多含于植物性脂肪中(如大豆、花生、亚麻籽)和深海鱼油中。食用过多饱和脂肪酸容易导致肥胖和心脑血管疾病,不利于藏獒的健康;而不饱和脂肪酸则反过来对预防肥胖和心脑血管疾病有积极作用,可令藏獒毛色更光滑,眼睛更有神。脂肪酸是犬体细胞膜及生殖器官和激素的重要成分,但亚麻油酸和花生油酸等,藏獒体内不能自己合成,而要从饲料中获得。藏獒易于吸收动物性饲料中的饱和脂肪酸,而对植物性饲料中的不饱和脂肪酸则较难吸收,因此如果长期喂食植物性饲料,会导致藏獒营养不良,出现倦怠无力,披毛粗乱,性欲降低,或母犬繁殖力降低,发情异常,流产,死胎率升高等一系列不良反应。

但在我国内地的圈养条件下,如果藏獒从饲料中摄入过多的脂肪,獒体过于肥胖,也会影响藏獒犬正常的生理机能,特别是影响繁殖机能。母獒过肥,卵巢被脂肪覆盖,影响卵泡发育,母獒不能正常发情、配种,或出现空怀的母獒增多,产仔数降低。公獒则性欲差,精液品质不良。饲料中脂肪摄入量过高,还会引起藏獒的食物摄入量减少,导致对蛋白质、矿物质、维生素等其他营养物质摄入量的相应减少而影响藏獒的营养平衡。对于幼獒,食用过多的肉类还会造成钙、磷比例平衡失调，即钙少磷多，产生软骨病。通常藏獒对脂肪的需要量以每kg体重计，幼獒的需要量为每日1.3g/kg体重，成年犬为1.2g/kg体重。以饲料干物质计算，应达到8%～10%为宜。

四、矿物质

矿物质营养是指矿物元素的营养。任何一种矿物元素的缺乏或不足，都会导致藏獒特定的机能或物质代谢障碍，甚至导致死亡；相反，任何一种矿物元素的过量又会引起机体代谢紊乱，甚至中毒死亡。藏獒对微量矿物元素的需要量见下表：

藏獒对微量矿物元素的需要量

微量矿物元素	生长犬	成年犬	最大值
钙(%)	1.0	0.6	2.5
磷(%)	0.8	0.5	1.6
钾(%)	0.6	0.6	
钠(%)	0.3	0.06	
氯(%)	0.45	0.09	
氯化钠(%)	0.76	0.15	
镁(%)	0.04	0.04	0.3
铁(mg/kg)	80	80	3000
铜(mg/kg)	7.30	7.30	250
碘(mg/kg)	1.50	1.50	50
锌(mg/kg)	120	120	1000
锰(mg/kg)	5.00	5.00	
硒(mg/kg)	0.11	0.11	2.00

内地养殖的藏獒最容易缺乏的是钙。钙和磷主要构成骨骼和牙齿。此外，钙还是血凝和维持神经、肌肉正常兴奋性的必需物质；磷还是许多酶系统的成分，参与多种代谢，同时参与能量的贮存和传递。缺乏钙

会导致许多骨骼疾病，如佝偻病、软骨症（幼獒）、骨质疏松（成獒）、产后母獒的瘫痪等，一般饲料中钙含量为0.8%最为合适。藏獒缺磷的症状一般很少出现，青年獒缺乏磷会患佝偻病，食欲减退，生长缓慢；成年獒则会骨质疏松。钙磷比例失衡也会导致腿病（腿跛等）。一般需保证饲料中钙、磷的比例为1.5∶1～2.0∶1。

钠和氯主要存在于犬体的细胞外液，维持酸碱平衡、渗透压和水的代谢等。此外，钠参与维持神经的兴奋性，氯参与胃液的分泌。钠和氯缺乏时，藏獒容易出现疲乏无力，饮水量减少，皮肤干燥，同时蛋白质利用率降低。动物性食物中钠和氯的含量一般较高，尤其是鱼粉。而植物性食物中钠和氯的含量一般都很少，因此，一般獒粮中都需添加少量食盐。

镁是体内骨骼和牙齿的重要组成成分，也是体内许多酶的活化剂，并参与维持神经和肌肉的兴奋性，缺镁时藏獒表现为肌肉无力，易惊厥。过量镁可引起腹泻。

钾主要存在于藏獒的细胞内液，与细胞容积、体液平衡及神经和肌肉的兴奋性有关。藏獒缺钾时肌肉无力，生长缓慢，心脏和肾脏损伤。

硫是含硫氨基酸（胱氨酸、半胱氨酸和蛋氨酸）及硫胺素、生物素和胰岛素的成分，通过这些维生素和激素参与机体各种代谢。缺硫时藏獒食欲减退，幼獒的生长发育受阻，成年獒易发生脱毛、流涎和多泪现象。缺硫的实质是蛋白质不足，应添加蛋氨酸或提高饲料的蛋白质水平。

其他微量元素也不可少。缺铁会贫血；缺锌会使皮毛发育不良，产生皮炎；缺锰骨骼发育不良，腿粗；缺硒肌无力；缺碘会影响甲状腺素的合成。

五、维生素

一般分为维生素脂溶性维生素和水溶性维生素两类。脂溶性维生素有维生素A（视黄素）、维生素D（骨化醇、抗佝偻素）、维生素E（生育酚）和维生素K（抗出血维生素）；水溶性维生素包括所有B族维生素（B_1、B_2、B_3、B_4、B_5、B_6、B_7、B_{11}、B_{12}）和维生素C。脂溶性维生素可在动物体内大量贮存，短期供给不足一般不会对藏獒的健康产生不良影响。而水溶性维生素则不然，除维生素B_{12}外，很少或几乎不在体内贮存。即使短期缺乏或不足也会降低一些酶的活性，阻抑相应的代谢过程，影响藏獒的生长和健康。

缺乏维生素A时，藏獒可出现干眼病、共济失调、结膜炎、角膜浑浊和溃疡，皮肤及上皮表层损伤而抵抗力降低，易患疾病，呼吸道、唾液腺和输精管上皮等处较多发疾病。但维生素A过量时，也会引起中毒。动物性饲料中含有维生素A，而植物性饲料中不含维生素A，只含有维生素A的先体胡萝卜素。

缺乏维生素D时，由于不能维持机体的钙磷平衡而发生骨骼病症，表现为骨骼的畸形发育，如背部和四肢弯曲似弓状，软骨连接处增大，行走步态僵硬。幼獒和生长獒易患佝偻病，生长缓慢或发育停滞。成年獒则发生骨质疏松。维生素D过量时，同样会引起中毒。经常在户外活动的藏獒，由于太阳光或紫外线的照射，皮下可合成维生素D而被充分利用，因而对饲料中维生素D的需要量就低；缺乏日光照射的藏獒，只能从饲料中获得维生素D，因而对饲料中维生素D的需要量就高。

维生素E主要存在于植物油、谷物籽实、豆科植物，特别是一些谷物的芽中。动物性饲料中维生素E含量极少，只有在活鱼中含量丰富。维生素E能维持藏獒的正常繁殖和泌乳机能。维生素E缺乏时，会使公獒睾丸上皮变形，精子形成异常，母獒的胎盘和胚胎受损，并且肌肉耗氧量增加，使骨骼肌、心肌和平滑肌的营养不良，影响肌肉的构造和功能。

正常的健康藏獒体内的肠道细菌可以合成维生素K，一般不会缺乏。若过食抗生素或抗菌药物，抑制了肠道的微生物合成维生素K，会引起维生素K的缺乏，从而降低了血液凝固速度，引发出血，严重时导致死亡。相反，长期过量采食维生素K会引起青年犬贫血或血液异常。一般不会严重中毒。

维生素B_1又称硫胺素、抗神经炎素。硫胺素在自然界中分布很广，主要存在于谷物种子中的胚芽和种皮中，米糠、麦麸、饼粕中含量很高。因在生鱼中含有硫胺素酶，长期多量喂食生鱼时，易产生硫胺素缺乏症。临床表现为厌食、呕吐、平衡失调，头向腹侧弯，感光过敏、瞳孔扩大，运动神经麻痹，四肢呈进行性瘫痪，惊厥，直至患高度昏迷，四肢强直，心脏衰竭死亡。

维生素B_2又称核黄素，绿叶蔬菜中含量较高，动物性饲料如肉、蛋、肝和鱼类中含量也较高。同其他犬一样，藏獒的小肠内细菌也能合成部分核黄素。高碳水化合物低脂肪的饲料，更有利于肠道内的细菌合成核黄素。当其缺乏时，藏獒表现出厌食、腹泻、贫血、生长缓慢或失重，皮屑增多，睾丸发育不全，后躯皮肤红斑、水肿，后退肌肉萎缩，胸和脊神经变性，神经痛性痉挛，平衡失调，出现口、舌和唇的黏膜炎。

维生素B_3又称泛酸，在各种饲料中广泛存在，小麦、糠麸中含量最丰富，一般情况下不会缺泛酸。泛酸缺乏时，犬的生长发育迟缓，还会影响到抗体形成，因而抗病能力下降，藏獒会表现出厌食、代谢紊乱、披毛粗糙、运动失调、胃肠溃疡，发生低血糖症、低氯血症；有时出现惊厥、昏迷和死亡

维生素B_4又称胆碱，其广泛存在于动植物中，藏獒的肝脏中也能合成部分胆碱。所以在正常的条件下，不会发生胆碱的缺乏。由于胆碱是乙酰胆碱的前体，后者是机体神经传递化学物质的一种，是甲基的供体。缺乏胆碱的藏獒，易发生严重的肝和肾功能障碍，如厌食、生长停滞、脂肪代谢失常，肝内大量沉积脂肪，肝脏脂肪变性，肾脏出血等。

维生素B_5又称烟酸、尼克酸、维生素PP。烟酸也广泛存在于各种动植物中，藏獒可利用色氨酸在体内合成烟酸。缺乏维生素B_5时，藏獒的口腔黏膜发炎和溃疡，从口中流出大量黏稠而带血的唾液，呼出的气恶

臭，称之为黑舌病，有时患糙皮病。但过量服用时会引起中毒，表现为皮肤发红。

维生素B_6包括吡哆醇、吡哆醛和吡哆胺。维生素B_6在动植物饲料中含量丰富，一般不会缺乏。缺乏维生素B_6时，藏獒表现为厌食、生长缓慢、体重减轻、小红细胞低色素性贫血，皮肤发炎和脱毛。

维生素B_7又称生物素、维生素H。藏獒肠道内的细菌可以合成生物素，而且生物素广泛存在于各种动植物饲料中，一般情况下不会发生缺乏症。在饲喂抗生素时，可抑制肠道细菌合成生物素。当饲喂藏獒大量生鸡蛋时，因鸡蛋中含有抗生物素蛋白，能与生物素结合使其失去活性，引起生物素缺乏。但是抗生物素蛋白对热敏感，可以将鸡蛋煮熟后饲喂藏獒。缺乏生物素时，藏獒易发生皮肤炎症、脱毛、皮肤角化和神经敏感等。

维生素B_{11}又称叶酸。肠道内的细菌可以合成叶酸，所以正常情况下藏獒不会发生叶酸缺乏。当藏獒服用了大量的抗生素或抗菌药物后，会抑制肠道内细菌的生长，使合成受阻，从而表现出大红细胞性贫血、白细胞总数减少、血凝时间延长等症状。

维生素B_{12}又称钴胺素、氰钴素、抗恶性贫血维生素。维生素B_{12}的缺乏对体内所有细胞都会产生影响，尤其对骨髓的造血细胞影响最大，从而引起恶性贫血。神经组织也可受到影响而引起神经纤维变性。植物性饲料中不含维生素B_{12}，动物性饲料如肉、蛋、奶和内脏中含量丰富。肠道内细菌也可以合成维生素B_{12}。素食，恶性贫血，部分或全部切除胃手术以及寄生虫传染等都有可能出现缺乏维生素B_{12}的现象。

维生素C又称抗坏血酸或抗坏血维生素，因能防治坏血病而得名。维生素C含于新鲜蔬菜、果类，动物的肝、肾等食物中。藏獒不像人类，通常不需要在饮食中补充维生素C。因为他们可以通过葡萄糖合成，一般情况下不会发生缺乏。但由于妊娠、泌乳对维生素C需要量增加；或有慢性消耗性疾病时，也会对维生素C消耗增多；胃肠疾病和肝脏疾病时对维生素C吸收和合成会减少；烹煮过久以致维生素C破坏过多等因素，都可造成维生素C缺乏。缺少维生素C，能使叶酸和维生素B_{12}的利用率降低而引起贫血，也能引起阵发性剧烈疼痛，如藏獒在睡醒时，脚在数分钟内难以伸展，然后恢复正常。一般症状为生长缓慢，体重下降，心搏过速，粘膜和皮肤出血，粪便及尿液中常混有血液。齿龈紫红、肿胀、光滑而脆弱，常继发感染，形成溃疡、四肢疼痛，长骨骨骺端肿胀。

藏獒对维生素的需要量见下表（每日）：

藏獒对维生素的需求量

维生素 A	220IU	维生素 D	22IU
维生素 E	2.2IU	维生素 B_1	44μg
维生素 B_2	96	维生素 B_3	440μg
维生素 B_4	52mg	维生素 B_5	500μg
维生素 B_6	44μg	维生素 B_7	4.4μg
维生素 B_{11}	8.0μg	维生素 B_{12}	1.0μg

六、水

水是生命不可缺少的物质，是仅次于氧气的重要养分。它参与体内所有生理活动和新陈代谢，是体内各种化学反应的介质；能把营养物质、代谢物、酶和激素从一个器官运送到另一个器官，将代谢终产物排出体外；体内的水分大部分能与蛋白质结合成胶体状态，维持器官的正常形态、硬度和弹性；水可作为关节腔内的润滑液，使骨骼的关节面保持润滑和活动自如。水对体温调节有重要作用，通过排尿、呼吸、出汗等，将体内代谢过程中产生的热量排出体外，维持体温的恒定。

在藏獒体内，水约占体重的60%~75%。一般幼龄时含水量高，随着年龄的增长和体脂肪的增加而逐渐减少。水是最廉价也是最易被忽视的营养物质，藏獒生活过程中若缺水，带来的后果往往超过饲料缺乏所引起的后果。当藏獒体内水分损失达到8%时，就会出现严重的干渴感觉，丧失食欲，消化作用减缓，并因黏膜干燥而降低对传染病的抵抗力。藏獒体内的水分减少达到10%时，就会造成循环障碍并导致严重的代谢紊乱，失水达20%以上，就会引起藏獒死亡。由于藏獒喜欢凉爽而害怕高热，因此在高温季节的缺水后果要比低温时更为严重。

正常情况下，成年藏獒每公斤体重每天需水100～120mL以上，幼年獒甚至达到100～180mL，高温季节，配种期，哺乳期或饲以较干的食料时，必须增加饮水量。

七、常用饲料及营养特性

1. 能量饲料

能量饲料是指干物质中粗纤维含量在18%以下，而粗蛋白质含量在20%以下的各种饲料，其营养特性是含有丰富的易于消化的淀粉，主要包括：玉米、高粱、大麦、小麦、燕麦、甘薯、马铃薯、稻谷、糙米、碎米、麦麸、米糠等。谷实类、块根块茎类饲料的主要成分是淀粉，能量价值较高，适口性好，消化利用率较高，但所含蛋白质和必需氨基酸不足，而且缺乏维生素A、维生素D，加工后的米和面粉同时还缺乏维生素E和多种B族维生素。糠麸类饲料含有较多的维生素E和多种B族维生素，但仍然缺钙，蛋白质含量虽高于谷实类，但品质较差，能量价值低于谷实类。一般人认为藏獒价值昂贵，只用肉来喂养，可以使它长得强壮、结实。其实，这种喂法，不但花费大，而且会使大部分藏獒腹泻，形成消化不良，难于吸收。此外，肉类中也缺少维生素A、D、E。一般情况下，凡是肉类喂得过量，或是只用肉喂的幼獒（特别是从3个月大到12个月大的），骨骼的形成一定有毛病，因为钙和磷的比例失调，即钙少而磷多，造成幼獒的营养不良，产生软骨病。还有些人长期大量地给藏獒饲喂鸡肝，认为是一种好的补品。鸡肝主要含有蛋白质、脂肪、碳水化合物、维生素A、维生素D、磷等成分，营养价值高，适口性好，且有独特的腥味，为藏獒所喜爱。普通食品中正确的钙磷比接近于1:1，而新鲜肝脏中的钙磷比为1:36，若长期、单一吃肝则会出现钙和磷的比例失调，除了影响钙的吸收造成缺钙外，还有其他疾病，如：肥胖、皮肤瘙痒、维生素A中毒、出血、产后抽搐等，所以应适量补给。

不同体重的藏獒所需的热量表

体重	热量（kcal）	体重	热量（kcal）	体重	热量（kcal）	体重	热量（kcal）	体重	热量（kcal）
1 kg	125	11 kg	720	21 kg	1206	31 kg	1650	41 kg	2015
2 kg	234	12 kg	774	22 kg	1241	32 kg	1699	42 kg	2061
3 kg	288	13 kg	828	23 kg	1292	33 kg	1749	43 kg	2080
4 kg	342	14 kg	882	24 kg	1343	34 kg	1776	44 kg	2126
5 kg	396	15 kg	936	25 kg	1394	35 kg	1792	45 kg	2130
6 kg	450	16 kg	990	26 kg	1445	36 kg	1840	46 kg	2175
7 kg	504	17 kg	1044	27 kg	1496	37 kg	1888	47 kg	2220
8 kg	558	18 kg	1098	28 kg	1547	38 kg	1936	48 kg	2265
9 kg	612	19 kg	1152	29 kg	1598	39 kg	1984	49 kg	2310
10 kg	666	20 kg	1190	30 kg	1600	40 kg	2006	50 kg	2355

2. 蛋白质饲料

蛋白质饲料是指干物质中粗纤维含量在18%以下，而粗蛋白质含量不低于20%的各种饲料，主要包括大豆饼（粕）、花生饼（粕）、棉籽饼（粕）、菜籽饼（粕）、葵花仁饼（粕）、豆腐渣、畜禽肉、下水、肉粉、鲜鸡蛋、蛋粉、鲜鱼、鱼粉、血粉、酵母粉等。植物蛋白饲料中豆粕的赖氨酸含量相对较高，而菜籽粕和葵花仁粕的蛋氨酸含量相对较高，可互相搭配后饲喂。动物性蛋白饲料的蛋白质含量都较高，一般占干物质的50%以上，赖氨酸和蛋氨酸的含量也较高，而且含有植物饲料中普遍缺乏的维生素B_{12}，矿物元素的含量也较合理。

3. 青饲料

青饲料是指天然水分含量在60%以上的饲料，主要是一些水果和蔬菜，常作为维生素和矿物质的补充。但是洋葱（葱头、圆葱）和葱不能喂藏獒，它们能溶解藏獒血液中红血球的组成成分，食后尿中有血，过量食用会造成藏獒严重贫血而死亡。

4. 饲料添加剂

饲料添加剂是指掺入饲料中的微量成分，分为营养性添加剂和非营养性添加剂。营养性添加剂主要用于平衡饲料养分，包括氨基酸、各种维生素和微量元素添加剂，如：铁、铜、锌、锰、碘、硒等无机矿物盐；非营养性添加剂包括抗生素、驱虫剂、调味剂等。

常用饲料营养成分表

饲　料	粗蛋白质（%）	粗脂肪（%）	粗纤维（%）	钙（%）	磷（%）	可消化粗蛋白质（g/kg）
玉　米	9.6	4.0	2.2	0.03	0.18	73.0
小　麦	11.1	2.0	1.8	0.05	0.79	87.7
大　麦	11.3	2.0	5.2	0.13	0.24	83.6
高　粱	9.7	3.3	5.5	－	0.12	81.5
稻　谷	9.3	1.4	10.8	0.55	0.33	55.8
大　米	8.2	1.5	1.6	0.02	0.10	60.7
小麦麸	14.2	2.5	5.2	0.12	0.85	86.6
米　糠	11.0	12.2	8.20	0.14	1.33	84.9
玉米皮	9.8	3.1	1.5	0.08	0.48	90.3
大　豆	44.3	12.9	8.4	－	0.56	90.3
豆　饼	40.1	3.6	5.5	0.44	0.65	32.5
花生饼	54.2	4.8	3.7	0.23	0.63	43.4
菜籽饼	31.2	8.0	9.8	0.27	1.08	193.4
豆腐饼	25.6	13.7	16.3	0.52	0.33	103
鱼　粉	61.0	7.7	0.7	5.5	2.8	103
肉　粉	53.4	9.9	2.4	3.94	4.03	326
骨肉粉	50.6	9.5	2.2	10.07	5.07	326
血　粉	80.7	0.2	2.2	0.11	0.24	726
酵母粉	47.6	1.6	1.0	0.10	1.5	159
骨　粉	20.4	8.3	10.4	38.3	10.8	64.2

八、饲料配制的原则

1. 原则

①饲料所含营养物质必须达到藏獒的营养需要标准，同时还要根据不同个体差异进行适当的调整。

②以能量饲料为主，然后补充以蛋白质饲料及各种维生素和微量元素。

③饲料组成应多样化，使蛋白质（动物蛋白、植物蛋白）、矿物质、维生素等营养成分全面，以提高饲料的适口性和转化率。

④饲料的营养浓度要适中，除满足营养需要外，还应使藏獒能吃饱而不剩食，又不至于因重量、容积过大吃不进去。

⑤饲料中不应有含毒、有害物质。

⑥饲料来源丰富，价格便宜。

⑦要讲究卫生，饲料要新鲜、清洁，易于消化。发霉变质的饲料不能用。

藏獒饲料组成参考配方表

单位:g

类 别	工作獒	休产獒	种公獒	妊娠母獒	哺乳母獒	3月龄内幼獒	4~8月龄獒
谷物饲料	400~600	400~600	400~600	500~600	600~700	100~300	400~600
蛋白质饲料	300~500	350~500	450~600	600~800	800~1000	300~500	400~700
蔬 菜	200~300	300~400	250~400	300~500	300~500	100~150	200~300
骨 粉	20~30	20~30	20~30	30~50	40~60	10~15	10~30
植物油	0~49	0~52	0~55	0~61	0~73	0~34	0~56
加碘盐	10~15	10~15	10~15	15~20	15~20	10~15	15~20

九、饲料配方设计

1. 常用的饲料配方

(1) 幼獒哺乳期饲料配方

①人工乳配方：鸡蛋1个，浓缩骨肉汤300g，婴儿糕粉50g，鲜牛奶200mL，后煮熟，待凉后加入赖氨酸1g、蛋氨酸0.6g、快大肥2g、食盐0.5%，过滤后使用。

②饲料配方：动物肉500g（绞碎）、鸡蛋3个、玉米面300g、豆粉300g、蔬菜50g（绞碎），生长素适量，盐4g，混匀加入蒸窝头或煮熟，凉后加入赖氨酸5g、蛋氨酸3g、快大肥10g，再将维生素和微量元素适量撒在窝头上或拌在粥中。

(2) 幼獒断奶期饲料配方

①玉米面20%、碎米15%、小麦麸15%、米糠饼15%、次粉5%、花生饼14%、菜子饼5%、肉6%、食盐0.5%、骨粉4%。

②玉米面40%（可用碎米代替15%）、小麦麸20%、米糠10%、豆饼19%（可用菜子饼代替5%）、鱼粉7%、骨粉3%、食盐0.5%、生长素0.5%。

③牛肉或猪肉100g，牛奶100mL，鸡蛋1个、大米（玉米面）100g、蔬菜100g、食盐5~10g。饲喂时加鱼肝油和骨粉适量。

④玉米面20%、碎米15%、糠皮15%、面粉5%、鱼粉8%、豆饼14%、麦麸4%、蔬菜5%、生长素和食盐各0.5%、骨粉3%。最好用肉汤拌料饲喂。

(3) 青年獒饲料配方

①玉米面25%、糠饼20%、小麦麸10%、花生饼10%、菜籽饼5%、肉25%、骨粉4%、（维生素/矿物质）添加剂0.5%、食盐0.5%。

②玉米面20%、肉20%、麦麸20%、米糠5%、豆饼15%（可用菜籽饼代替5%）、鱼粉5%、骨粉4%、食盐0.5%、生长素0.5%。

③瘦肉150～250克，牛奶100～200g、鸡蛋1个、大米150～200g，蔬菜150～250g，食盐5～10g，鱼肝油或骨粉适量。

（4）成年獒饲料配方

①玉米面52%、小麦麸20%、米糠10%、豆饼10%（可用菜籽饼代替5%）、鱼粉5%、骨粉2%、食盐0.5%、生长素0.5%。青饲料每只犬每日150g。

②玉米面40%、大米30%、小麦麸或米糠17%、肉类或内脏10%、骨粉2%、食盐1%、青饲料每只獒每日150g。

③玉米面30%、碎米20%、米糠饼20%、花生饼8%、小麦麸10%、菜籽饼5%、肉粉（血粉、羽毛粉）3%、骨粉3%、添加剂0.5%、食盐0.5%。

④玉米面25%、碎米15%、米糠18%、小麦麸20%、豆饼10%、鱼粉9%、骨粉2%、食盐0.5%～1%、青饲料每只獒每日150g。

⑤玉米面20%、碎米15%、米糠饼14%、面粉5%、豆饼14%、小麦麸14%、菜籽饼5%、鱼粉9%、生长素0.5%、食盐0.5%、骨粉3%。

⑥大米26%、玉米面35%、高粱面10%、豆饼10%、小麦麸10%、食盐1%、骨粉2%、鱼粉6%、每只犬每日肉250g、蔬菜150g。

⑦肉400g、谷类400g、蔬菜100g、盐5～10g。

⑧肉350g、大米250g、面粉300g、奶渣100g、动物脂肪10g、鱼肝油8g、酵母6g、胡萝卜60g、蔬菜100g、骨粉14g、食盐10g。

注：在以上各饲料配方中加入1.5%～2%的植物油或大豆均衡乳化油粉，可提高藏獒采食量，有助于毛色光亮。

十、制定饲料配方的步骤

1.首先弄清藏獒的年龄、体重、生理状态和生产水平，选用相应的饲养标准。饲养标准需要适当调整时，先确定能量指标，然后根据饲养标准中能量和其他营养素的比例关系，再调整其他营养物质的需要量。

幼獒正处在生长发育阶段，所需的营养和能量比停止在生长发育的成年獒要多一些，幼獒在生长发育的前半期，相对与其体重来说，所需的能量是成年獒犬的2倍多，然后逐渐减少，当幼獒体重达到成年獒的80%时，它消耗的能量仍比成年獒多20%，因此幼獒采食高能量食品可减轻其消化系统的负担。幼獒需要大量的蛋白质和氨基酸，但对蛋白质的消化能力却不如成年獒，为弥补这一缺陷，幼獒食物中的蛋白质含量要高25%～30%；幼獒与成年獒相比需要更高的钙含量；幼獒分泌的淀粉酶少，消化吸收淀粉的能力差，发育成年后才具有较好的消化吸收淀粉的能力。用成年獒食品喂幼獒食品导致生长发育缓慢，免疫功能降低，贫血，佝偻病，粪便软甚至腹泻，甚至出现采食粪便。

藏獒各个发育阶段粗蛋白比与消化能比的对照表

各个发育阶段	粗蛋白比	消化能比
乳 獒	22%~23%	3.1~3.2
断奶幼獒	18%~20%	3.1
青年獒	15%~17%	3~3.1
空怀母獒	14%~15%	3.1
妊娠母獒	15%~16%	3~3.1
休闲獒	15%	3
配种公獒	16%~18%	3.1

2. 根据当地的饲料资源确定参配饲料种类。

3. 查阅饲料营养价值表，并记下饲料中与需要量相应的重要养分的含量。

4. 采用适当的计算方法初拟配方。

5. 在初拟配方的基础上，进一步调整钙、磷、氨基酸的含量。首先用含磷高的饲料（骨粉、磷酸氢钙、磷酸钙）调整磷的含量，再用碳酸钙（石粉、贝壳粉）调整钙的含量，用人工合成的氨基酸调整氨基酸的含量。

6. 主要矿物质饲料的用量确定后，再调整初拟配方营养成分（百分含量）。

7. 最后补加微量元素和多种维生素。

配方中营养成分的计算种类和顺序是：能量→粗蛋白质→磷→钙→食盐→氨基酸→其他矿物质→维生素。

制定饲料配方，至少需要两方面的资料：藏獒的营养需要量和常用饲料营养成分含量。为了使配方更合理和更科学，除了上述两种资料外，最好要了解最新的研究文献。

第六章　藏獒獒舍规划与建设

獒场实例图

（中间有一水池，在夏季藏獒可以在里面游泳、嬉戏、祛暑降温，游泳对藏獒四肢的健康非常好）

　　藏獒属名贵的犬种，价值极大。所以獒舍的规划与建设一定要科学合理。这是藏獒养殖开始的第一步。就家庭养殖或规模化专业养殖者来讲，科学的獒舍规划对藏獒生长的更健康、藏獒疾病的预防都会起到积极的作用，它关系到养殖成功与失败，这是必须高度重视的第一步。

　　獒舍的规划要从以下几个角度去考虑：

1.利于獒舍内空气环境的控制，通风性要好；

2.有利于场区各项卫生防疫工作的制度和措施的执行；

3.布局合理使工作人员方便省事，避免无效或重复劳动；

4.避免排泄物对环境的污染；

5.藏獒属于大型犬，具有体型大、凶猛、暴烈的特点。所以在獒舍建设与规划的过程中要充分考虑到这些因素。

一、选 址

地址的选择需要考虑以下几个因素：

1.地形地势

开阔的地形地势有利于獒舍的场地通风、采光、施工、管理。因藏獒属于大型犬种，所以尽可能将场地选择在面积较大且开阔、通风好、采光充分的地方。獒场要求地势较高、干燥、平坦、背风向阳。地势低洼的场地易积水潮湿，夏季通风不好，空气闷热，易滋生细菌蚊蝇等微生物，而冬季则阴冷。缓坡的场地便于排水，但坡度不宜过大。要以避开风口，向阳的东南或南向缓坡地带为首选。最理想的地点应该是距离城市不远的郊区，这样交通便利，参观者或购买者可以方便地抵达。

2.水源考虑

水是生命的源泉，獒舍的建设离不开水源、水质的考虑。(1)水量要充足。在盛夏藏獒主要靠饮水、排尿来调节身体的温度。散发身体内的热量，水不可以缺少，必须充足供应，否则就会出问题。给獒舍泼水降温也是必不可少的降温手段。所以水的供应一定要充足。(2)水质要好。饮用污染水会给人与獒带来可怕的健康问题，会使人与獒患肠道或其他疾病。

3.周围环境的考虑

獒舍应该建在安静，离居民区较远的地方。因为藏獒是警戒性很高的动物，稍有动静就会吠叫，离居民区较近，可能会引起居民的反感，引发矛盾。在母獒生产期间，周边环境要安静，当母獒受到外部的惊吓时，出于保护幼崽的本能，经常会发生食崽现象。

二、獒舍的建筑规划

场地选定后，根据有利于防疫、营造场区小环境、方便饲养管理、节约用地的原则，综合考虑当地气候、风向、场地、地形、地势、獒舍建筑与相关设施的关系，规划好全场的道路交通系统、排水系统、场地的绿化等，安排好各种功能区的位置及各种建筑物和设施的位置与朝向。

1. 獒场的总体规划

（1）功能区

獒舍一般应该分为多个功能区：獒友接待区、人的生活及办公区、管理区、藏獒的生活区、母獒的生产区、隔离区等。

①獒友接待区　设一个接待室，用来接待来访的獒友。当獒友从远方来找你的种獒配种的时候，你应该在你的獒场给人家提供住宿，因为獒场一般离市区很远，附近常缺少可供住宿的旅馆，或者獒友不放心或不愿意离开自己的爱獒。所以，建造两间客房是很必要的。

②人的生活及办公区　这里就要区分獒园主人及辅助人员与喂养员的关系。獒园主人要有一个独立的办公或休息区，辅助人员的办公区应该靠近獒园主人，喂养人员的生活区就应该离獒舍近些以方便工作。

③功能性管理区　这里有獒用物质的储备库（存放制作獒食的原料、药品、消毒剂等），獒食加工室等，要靠近獒的圈舍，方便拿取。

④獒的生活区　藏獒的生活区包括：獒的圈舍、獒的活动场、训练场等。

⑤母獒的生产区　供母獒生产幼獒及断奶后的幼獒使用。应该保持安静、干燥、通风、阳光充足。

⑥病獒隔离区　病獒将在隔离区进行隔离观察。该区是卫生防疫和环境保护的重点，应该设在整个獒舍的下风或偏下风位置，地势最低以

避免疫病传播和环境污染。

獒场各功能区依据地势、风向配置示意图

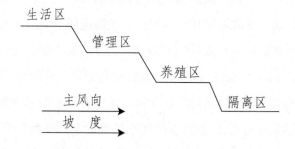

（2）场内道路及排水

道路是獒舍总体规划布局中的一个很重要的组成部分，场内道路应分设净道、污道，互不交叉。净道用于运送饲料等健康犬的喂养；污道是通往病獒隔离区的道路，运送污物专用道，最好隔离区与健康獒舍分设道路，这样更有利于卫生防疫。场区排水设施是为排除雨水、雪水而设的。一般是在道路一侧或两侧设明排水渠、也可以设暗渠排水，但场区排水管道不可与獒舍内排水管道共用，以防雨季使污水池灌满，污水溢出漫灌獒舍，形成环境污染，导致藏獒疾病。

（3）场内的环境绿化

植树、种草绿化环境，建造水池，对改善獒舍的小环境有着重要意义。植树种草不仅可以美化环境，更重要的是可以调节环境温度、吸尘灭菌、净化空气，在每个獒舍圈内或獒舍之间种植一棵树干大、树冠大的大树可以在炎热的夏季为藏獒创造一个遮阳避暑的好环境，帮助藏獒安全地度过炎热的夏季。低干树木会影响獒舍的夏季通风，要有选择性地种植，建议种植在獒圈的外围，这样可以阻止风沙对獒舍的侵袭。

2. 獒舍建筑物的合理布局

獒舍建筑物的合理布局重点在于合理安排各个功能建筑物的位置、布局、间距朝向，认真考虑各建筑物间的功能关系，充分考虑卫生防疫、采光、通风、节约用地等因素。

(1) 獒舍建筑物的位置关系 根据现场的条件、地理特征、气候条件和分区的要求，各功能区内的建筑物应该相对集中，整齐排列。生活区与管理区场外的联系密切，为确保卫生防疫应该建造在獒舍的大门附近；健康藏獒的圈舍与成年獒的活动区、母獒生产区、幼獒圈舍与活动区、病狗隔离区，应该依据地形地势由高到低与全年的风向依顺序排列。母獒的生产区应该安静，无干扰、无噪音。大的和突然的响动可能会诱发母獒出于保护幼崽的本能而吃掉自己刚出生的幼崽。储粪场应该设在距离獒舍较远的下风向位置，同时要考虑运出、堆放、处理方便。

(2) 獒舍的朝向 确定獒舍方向时，必须调查分析现场自然环境和气候特点，以最有利于采光、通风、防暑或保温等环境决定环境朝向的依据。一般要求獒舍在夏季少接受太阳光的辐射、舍内通风好。冬季要多接受太阳光照射，冷风渗透少，保暖好。因此南方炎热地区，应根据当地夏季主风向安排獒舍的朝向，以加强通风效果，避免强阳光辐射。寒冷的北方地区，应该根据当地冬季主风向以确定獒舍朝向，减少冷风的渗透量，增强太阳光的照射，要避免主风向与獒舍垂直或平行，以冬季或夏季主风向与獒舍有30℃～60℃夹角为好。獒舍应建在坐北朝南或东偏南、南偏西为好。

科学合理的布局是獒舍建设非常重要的第一步，各建筑物的排列既要有利于道路、供水、排水管道、绿化、电线等的布置，又要方便饲养人员的生产、生活，及獒舍管理工作。獒舍之间的距离以能满足光照、通风、卫生防疫的需要。獒舍间距太小，会影响太阳光对藏獒的照射，影响到藏獒钙的吸收。间距太小还会使每个圈舍的通风不畅，空气污浊，不易控制传染疾病的扩散。在夏季，圈舍通风不畅还会使藏獒中暑。

有窝，小獒就会觉得很安全，一有动静，就会往里面跑（门口一定要有个门槛，防止刚会爬行的幼崽跑出来被冻死）。

三、獒舍建造

1. 圈舍的结构

关于獒舍的建造，形状结构可以根据自己的喜好来进行规划，这是没有一定之规的，要考虑方便进行群獒的日常看护，必须保证工作人员、獒、送货员、兽医和参观者来去的活动空间，同时将互相污染的可能性降到最低。在紧急情况下如寄生虫或传染病发作时，应能采取紧急措施，应考虑主风向的因素。獒舍应方便维护且经济实惠，将干扰控制到最低。增加其他活动空间，遇到火灾时，应能执行撤退计划。你可以做一个设想，比如獒舍的外观大致是什么样子，但具体建筑的设计和规划的细节，必须要注意藏獒的一些特点。

藏獒虽然属犬科动物，具有狗的共性，但也具有自身的一些特点：体型较大，怕热，耐寒，凶猛，暴烈，身价极高。作为繁殖专用种獒，无论大型专业獒场或家庭养殖场，不可能也没有条件将其散养散放，大多都是采取圈养的方式。圈养限制了藏獒的活动空间，运动量的减少，对藏獒的身体健康非常不利，因为藏獒原本就是野性极强的狗。所以，我们在建造藏獒圈舍的时候一定要充分考虑到这些因素。

　　因为藏獒体型较大，需要的活动空间就应该也大，应该将圈舍建造的大些，使它有较大的活动空间；藏獒野性较强，性格暴烈，所以，一定要将笼子建造牢固，高度要适当，防止意外情况的发生；藏獒怕热，不怕冷，可在冰天雪地酣然入睡，所以，在建造藏獒圈舍的时候一定要做到夏天要开阔，保持好的通风，避免藏獒夏天中暑；冬季挡风保温（产崽母獒圈舍另行规划）。藏獒可以不像其他犬种那样建造单独的封闭性的卧室，将活动场所（露天）与休息室（搭建顶棚能避风、避雨，铺木板防潮即可）连在一起，既可以增加藏獒的活动空间，又可以节省占地面积，减少建造费用。这是最经济实惠的常用做法。常见的四种样式：

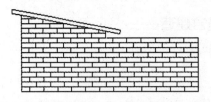 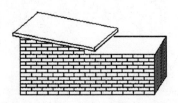

图1　半顶砖砌式

　　图1的优点是防风、保温性较好，当发生疫情的时候可以有效地预防疾病的传播。缺点：夏季圈舍的通风不好。

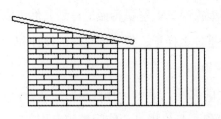 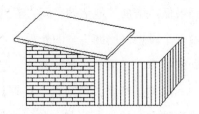

图2　半顶栅栏式

　　图2的优点是通风性好，夏季可有效防暑降温。缺点：保温性较差，当发生疫情的时候，很难有效的预防疾病的传播。

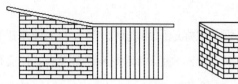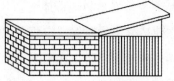

图3　全顶栅栏式

图3优点：防风、防雪、防雨、保温，空气流通性较好。缺点：藏獒不能选择自己的生活环境，远离大自然，如：风、雨、雪、阳光，压抑藏獒的野性，光照时间短，不利于幼獒的快速度成长，容易缺钙，当发生疫情的时候，很难有效的预防疾病地传播。

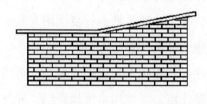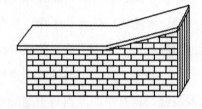

图4　全顶砖砌式

图4优点：防风、防雪、防雨、保温。当发生疫情的时候可以有效地防止传染疾病的传播。缺点：通风性很不好，夏季圈舍的散热性不好，温度高，藏獒易中暑。

养殖者可以根据地域气候的不同，选择不同的样式，南方地区气候炎热，应该选择通风性好的样式，如图2、图3；北方地区气候寒冷、风大，可以选择图1、图4；规模养殖可以根据图5建造。

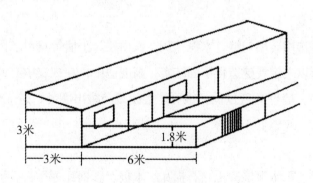

图5　规模养殖獒舍图示

2. 獒舍的基础和地面铺设

在建造獒舍的时候一定要考虑好地面的规划，圈舍的地面基础应该高于圈外的地面，防止在雨季，大雨来临时雨水倒灌圈舍内。圈舍的地面一般应该保持3%的坡度，以利于冲洗圈舍时的排水，保持地面的干燥。

圈舍的地板可以是土地、水泥地、砖地、木地板等多种材料。这些材料各有优缺点。

（1）土地　优点：直通地脉，在夏季凉爽，利于夏季藏獒降温。缺点：不便于圈舍的冲洗，易被藏獒的排泄物污染，卫生性能差。

（2）水泥地　优点：干净、卫生、易于冲洗。缺点：夏季阳光照晒后地面温度高，冬季阴冷。使藏獒易患关节炎、感冒等疾病。

（3）砖地　优点：砖的渗水透气性好，用砖来铺设圈舍地面，再用水泥勾缝。具有水泥地面与土地的双重优点，夏季用水泼地降温，冲洗方便，冬季也不像水泥地寒冷，是一个很好的选择。缺点：砖的吸附性好，容易滋生细菌，不易于消毒。

（4）木地板　是一个很好的选择。优点：干燥保温。缺点：造价高。冬季见水后不容易干燥，使用寿命短。

总之，獒舍建造没有一定之规，养殖者要根据自己的地域特征，气候环境与经济条件，来选择适合自己的圈舍，不同的地区可以选择不同的样式。

3. 墙壁

通常选用砖墙勾缝，水泥抹灰，铁栅栏、土墙等材料。因藏獒凶猛暴烈，所以一定要建造得牢固结实，高度适中，在现实中有的藏獒跳跃能力很强，墙壁高度过低，很可能会使藏獒跳出圈外，造成伤人事件。墙壁一般不应该低于1.8米。

4. 屋顶

通常选用水泥混凝土、石棉瓦、木板、彩钢瓦等材料。不管使用什么材料，屋顶的功能考虑主要是：保温、防晒、避风、避雨、避雪。从经济实用的角度来讲，我们推荐：石棉瓦与泡沫保温板结合使用，就是将石棉瓦下面加垫一层泡沫保温板。

四、各类獒舍的建筑特点及功能考虑

1. 成年种獒圈舍

藏獒属大型犬，具有体型大、凶猛暴烈、怕热、不怕冷的特点，在炎热的地区，多采用开放式或半开放式的圈舍结构，在寒冷地区，在圈舍内还应该建造封闭的房间，空间不需要大，能容身即可，供其御寒。藏獒的跨越能力很强，为了安全，圈墙高度不应该低于1.8米。圈舍空间应尽可能的大一些，便于活动。

2. 产房与保育室

幼獒刚出生怕冷，尤其在一胎多崽的情况下，母獒无法使每只幼獒保温，为保持成活率，我们一定要重点考虑产房的保温问题。产房应该采取密封设计，做好屋顶、墙壁、地面、门窗的保温。屋顶净高度要降低，减少室内的热量损失。窗户要低，幼獒能够享受到阳光的照射，阳光可以杀灭细菌，有利于幼獒的健康成长。寒冷的地区，在经济条件许可的条件下可以为产房增设取暖设备，如暖气、暖墙。

3. 幼獒活动场

满月的幼獒要及时断奶。断奶的幼獒，在注射完疫苗后，就有两个月龄大了，天气也变得逐渐暖和起来，我们应该为它们建造一个较大空

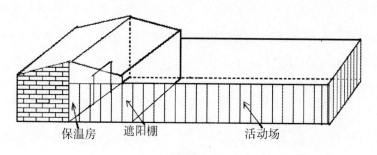

保温房   遮阳棚   活动场

幼獒活动场

间的活动场，这样有利于它们的健康成长，以及提高抗病能力。幼獒活动场应该建得尽可能大一些，幼獒在嬉戏中成长。具体的面积可以根据獒舍的占地情况来具体设计。幼獒的生长期正是冬春季节，天气还冷，所以在活动场还应该建造一个保温房作为幼獒的休息室，在夏季还要为留种的幼獒搭建遮阳棚，供幼獒避暑、避雨。

第七章　藏獒常见的疾病与诊治

一、传染病防治

犬瘟热 （Canine Distemper, CD）

犬瘟热是由犬瘟病毒引起的一种发病急、传播快、病程较长的传染性疾病，也是狗最严重的病毒性传染病，有高度的接触传染性。多发于3～12月龄的幼犬，即这个阶段幼獒失去了母源抗体的保护，最易感染，其他年龄也可感染。在藏獒比较集中的地方，尤其是獒场，多由一只獒自然发病而引起大面积流行。由于犬瘟热早期的症状和重感冒类似，故畜主常无察觉。多数病獒病程2个月以上。一般死亡率在70%～90%，痊愈犬能终身免疫。

〔流行特点〕

本病主要通过呼吸道传染，最重要的传染源是鼻、眼分泌物和尿液。感染犬瘟病毒的獒60～90天后，尿液中仍有病毒排出，所以尿液是很危险的传染源。犬瘟热主要传播途径是病獒与健康獒直接接触，也可通过空气飞沫经呼吸道感染。同室獒一旦有犬瘟发现，无论采取怎样严密防护措施，都不能避免同居一室的獒感染。

本病毒在pH4.5～9.0条件下均能存活。而pH7.0有利于病毒的保存。本病毒在零下70℃或冻干条件下可长期存活，对热和干燥敏感，50℃～60℃时30分钟失去活性。

病毒首先在上呼吸道及结膜上皮细胞复制，继而在局部淋巴复制，其后被淋巴细胞携带进入血流,产生初始毒血症,同时伴有第一次发热,此时病毒散播到网状内皮系统。在淋巴器官增殖的病毒被淋巴细胞及单核细胞再次携带进入血流,产生二次病毒血症,并伴有第二次体温升高。

〔症状〕

1. 前期:患獒表现眼鼻水样分泌物,体温高达40℃以上,持续2天左右,病犬似有好转,稍进食,接近常温。接着又第二次体温升高,持续数周,这时呼吸道、消化道表现卡化性炎症更明显。该期一般1~2周病程。

2. 中期:随着第二次体温的升高稽留,患獒病情进一步恶化,各类细菌继发感染更为严重,畏寒颤抖,精神时好时坏,鼻眼分泌物增多转为脓性,口角糜烂,咳、气管炎、肺炎症状多有发生,吐、泻等时有发生,食欲减退或废绝,机体逐渐消瘦。病程一般持续1个月以上。

3. 晚期:以神经症状出现标志。患獒除中期所表现症状外,还出现神经症状,表现萎顿、肌疼,肌肉阵发性痉挛,共济失调,圆圈运动,癫痫状惊厥和昏迷等,一般维持1~2周死亡。

有的病獒中后期在腹下或股内侧等处皮肤出现丘疹、疱疹等,有的形成硬肉趾。

〔预防与控制〕

1. 检疫隔离:新购入的獒,必须与原獒群隔有一定距离,在易消毒的检疫獒舍隔离至少30天,在此期间,需注射至少两次犬瘟热弱毒疫苗

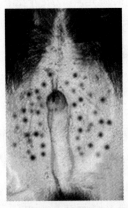

犬瘟热患獒腹部丘疹

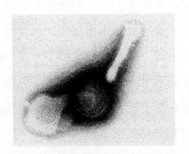

犬瘟热病毒流行株 CDV-XN$_{112}$ 粒子

和其他疫苗。经过检疫后,若身体基本健康,可就近与原獒群一起饲养。

2. 隔离病獒：对有典型临床症状的病獒, 应立即与健康獒群隔离治疗。并及时采取严格的消毒措施。同时治疗人员与饲养人员也要进行严格的消毒。

3. 消毒：对獒舍可用3%甲醛溶液、0.5%过氧乙酸溶液或3%苛性钠溶液（NaOH）进行彻底消毒。

4. 预防接种：犬瘟热预防的关键是接种犬瘟热疫苗。目前我国常用疫苗较多, 有灭活苗、弱毒苗; 有单苗和联苗等, 免疫接种后一般在 $1 \sim 2$ 周产生中和抗体, 4周后达到高峰, 免疫期可达1年。免疫持续期的长短主要受免疫方法、疫苗性状和个体因素等影响, 一般在6个月内免疫保护能力较强。

〔治疗〕

1. 应用抗生素防治继发感染。单一犬瘟热病毒所造成的危害并非十分严重, 临床常用抗生素如青霉素、氨苄青霉素、洁霉素、头孢菌素、丁胺卡那、氟哌酸、环丙沙星等防治继发感染。足量青霉素和氨基甙类联合使用不仅具有疗效很好, 而且药物价廉, 宜作临床首选药物。

2. 配合止吐、止血、镇咳化痰药缓解症状。

（1）止吐药：胃复安、吗叮啉等可治肚腹胀满呕吐; 胃肠空虚止吐, 可选爱茂尔、阿托品、氯丙嗪等。

（2）血痢用药：可补充适当剂量葡萄糖酸钙和维生素C, 同时配合注射维生素K和止血敏。

（3）镇咳化痰药：如咳必清、咳特灵、必嗽平等, 服用后症状一般很快会得到缓解。

3. 输糖补液增强机体抗病能力。由于长期食欲不振或废绝, 病獒会发生不同程度的脱水, 因此, 需要适时输糖补液, 增强机体抗病能力。脱水不严重的情况下, 常按5% ~ 10%葡萄糖溶液（GS）和生理盐水1:1比例输入, 输液量幼獒在200mL左右, 成獒500 ~ 1000mL。在输液结束或快要结束时, 病獒有尿出现则显示补液基本满足, 否则可酌情加大输液量。腹泻病若要超过3天需要补钾，以补充长期吐泻造成的钾损失。常用10%KCl 5～10mL加入500mL输液中滴注。

4. 特异性疗法增强足够的抗体。在犬温热早中期注射大剂量抗犬瘟热高免血清，疗效较好。用量一般每天每次10～15mL，连用3～5天，同时酌情使用免疫增强剂加左旋咪唑、转移因子、干扰素等，疗效更好。对中晚期獒，即使注射犬瘟热高免血清也大多很难治愈。

5. 护理。犬瘟热病程长，患獒体质较差，所以要保持患獒生活在干燥舒适的环境中，少吃多餐易消化食物，减少应激因素影响。

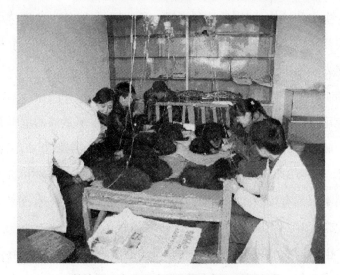

基地员工在为患病的幼獒进行及时的治疗

犬细小病毒肠炎（Canine parvovirus infection）

犬细小病毒感染（Canine parvovirus infection）是由犬细小病毒（CPV）引起的犬的一种急性传染病，此病毒会攻击肠道、白血球及心肌。由于病毒很难被杀死，所以很容易蔓延，引起大面积的流行。发病率20%～100%，致死率10%～50%，各种年龄、性别的犬均易感染，但小獒的易感性高，断乳前后的子獒易感性最高，往往以同窝暴发为特征，4周龄以内死亡率最高。感染过犬细小病毒的藏獒不能终生免疫，必须注射疫苗，否则，有再感染的危险。

〔流行特点〕

病獒的粪、尿、呕吐物和唾液中都含有病毒。健康獒通过直接和间接接触这些污染物，都可以感染病毒。犬细小病毒对外界因素的抵抗力较强，在粪便和固体污染物上可存活数月至数年，在低温环境中其感染性可长期保存，即使在60℃环境下亦可存活1小时，在偏酸偏

犬细小病毒病胃黏膜出血

碱环境中仍具一定感染性，康复獒的粪尿中都可长期带毒。本病一年四季均可发生，但以天气寒冷的冬春季多发。

〔症状〕

被细小病毒感染后的藏獒，在临床上可分为肠炎型和心肌炎型。

1. 肠炎型：自然感染的潜伏期为7～14天，病初表现发热（40℃以上）、精神沉郁、不食、呕吐。初期呕吐物为食物，随后为黏液状、黄绿色或有血液。发病一天左右开始腹泻。病初粪便呈稀状，随病状发展，粪便呈咖啡色或番茄酱色样的血便。以后次数增加，血便带有特殊难闻的腥臭气味。血便数小时后病獒表现严重脱水症状。有的病例呈现间歇性腹泻，也有的病例口腔内出现小水泡，形成溃疡。病犬眼球下陷、鼻境干燥、皮肤弹力高度下降、体重明显减轻。对于肠道出血严重的病例，由于肠内容物腐败可造成内毒素中毒和弥散性血管内凝血，使机体休克、昏迷死亡。血相变化，病獒的白细胞数可少至60%～90%(由正常獒的1.2万/立方毫米减至4000个以下)。

2. 心肌炎型：此类多见于刚断乳的幼獒，病獒原来食欲、精神良好，不见明显的肠炎症状。有的突然呼吸困难，心力衰弱，短时间内死亡；有的幼獒可见有轻度腹泻后而死亡。

〔预防与控制〕

1. 隔离消毒。发现病獒及时隔离饲养，防止病獒和病獒饲养人员与

健康獒接触，对病獒圈舍、运动场、饲喂用具应高效消毒，并用1%福尔马林、2%～4%火碱、10%～20%漂白粉反复多次消毒，防止扩大传播及愈后再次感染。对病死獒应焚烧或深埋。

2. 应用免疫增强剂。作为疾病治疗辅助用药,可增强动物肌体免疫力，提高药物的疗效。如：可以口服盐酸左旋咪唑片25mg/日，分两次口服，连用3日。

3. 发现本病时，对假定健康獒肌肉注射犬五联血清。

4. 定期肌肉注射犬细小病毒单位疫苗，可预防本病。目前犬细小病毒肠炎单苗少见，大多和其他病毒性传染病联合在一起，所以免疫程序同犬瘟热疫苗。

〔治疗〕

本病无特殊的治疗方法。一般采用对症疗法和支持疗法。

1. 早期应用犬细小病毒高免血清治疗。应用免疫血清：从本病康复獒的胫背外侧静脉采全血，取血清或血浆30～50mL，对病獒进行腹腔注射，隔日一次，连用1～3次。可用犬五联血清：幼獒2mL/次/日，6～8月龄獒5～8 mL/次/日，8～12月龄獒8～10mL/次/日，连用3日。

2. 对症治疗：补液疗法。病獒常因脱水而死，因此补液是治疗本病的主要措施。可根据脱水的程度决定补液量的多少，一般静脉补液量为60mL/kg体重。

（1）静脉补液：25%葡萄糖液5～40mL，维生素C 2～10mL，能量合剂5～20 mL，一次缓慢静脉滴注，1～2次/日。

（2）口服补液：氯化钠3.5g、碳酸氢钠2.5g、氯化钾1.5g、葡萄糖20g，加水1000mL。任病獒自由饮用或深部灌肠。

3. 支持疗法：与抗病毒、消炎、止血、止吐、止泻药同用，防止继发感染抗病毒药如常用病毒唑、甲硝唑、双黄连等。

（1）抗菌消炎药：可用磷霉素钠、氯霉素、庆大霉素；

（2）止吐药：选用溴米因注射液0.5mL/kg/日，肌注，不吐为止；也可口服止吐灵，胃复安。

（3）止血药：便血严重时，可肌肉注射VK34mL，1～2次/日，连用2～3日，或用止血敏4～6mL/次/日，连用2～3日。

（4）止泻药：根据病情，可注射止泻灵0.5mL/kg体重/日，剂量可适当加减，不泻为止。也可用精制动物口服利凡诺（1kg体重口服1/3粒），磷霉素钙、磺胺咪，痢特灵等。

（5）灌肠：次硝酸铋2片（粉剂）溶于0.1%高锰酸钾30mL，一次灌肠。高锰酸钾产生的原子氧可以灭活毒素，次硝酸铋粉剂多不被吸收而覆盖在胃肠黏膜表面而对胃肠黏膜进行机械性的保护。

4. 辅助疗法：注意饮食，及时补盐

对于出血性胃肠炎治疗期间应特别注意禁食禁水，停喂牛奶、鸡蛋、肉类等一切高蛋白、高脂肪性饲料，防止胃肠因进食（水）后蠕动引起的进一步损害。治愈初期只给予适量易消化的饲料，如玉米粥等流食，切忌过饱。治疗过程中每天给病獒饮用补液盐，即氯化钠3.5g、碳酸氢钠2.5g、氯化钾1.5g、葡萄糖20g加水1000mL，任病獒自由饮用。

犬冠状病毒肠炎（Canine Coronavirus Enteritis）

本病是由犬冠状病毒引起的一种犬急性胃肠道传染病，多发于寒冷的冬季，常成窝暴发。犬冠状病毒可感染各个年龄阶段的藏獒（以幼獒受害严重），经消化道感染，引起腹泻。獒群中一旦发生本病，很难在短时间内控制其流行和传播。

〔流行特点〕

经呼吸道、消化道随口涎、鼻液和粪便向外排毒，污染饲料、饮水、用具或场地。病毒可在粪便里存活6～9天，污染物在水中可保持数天的传染性。

〔症状〕

潜伏期1～3天。一般先表现为嗜眠、衰弱、反复呕吐，以后，粪便由糊状、半糊状至水样，橙色或绿色，含黏液或血液，发烧或不发烧，白细胞减少，迅速脱水，死亡。随着日龄的增长，死亡率降低。多数病獒不发热，体温正常，血便不多见。但具有间歇性，可反复发作，是本病的一个特点。

犬冠状病毒常和细小病毒一起混合感染，构成藏獒腹泻大流行。

〔预防与控制〕

1. 健康獒注射犬冠状病毒肠炎疫苗。

2. 采取综合卫生防疫措施。及时隔离病獒，及时清除病獒粪尿，并集中用10%～20%的漂白粉乳液喷洒消毒，堆积发酵处理。獒舍可用紫外线消毒，或用0.2%～0.5%的过氧乙酸喷洒消毒。

〔治疗〕

防治：目前尚无特效疗法，多采用对症疗法。如用5%～10%葡萄糖注射液和5%碳酸氢钠注射液500～1000mL、炎克星注射液按病獒体重每千克用0.1～0.2mL，静脉滴注，每天1次，连注2～3天，以防脱水自身酸中毒，引起死亡。配合止吐、止泻、补液，用抗生素防止继发感染（可参见犬细小病毒肠炎的防治）。

犬传染性肝炎 (Infectious Canine Hepatitis, ICH)

犬传染性肝炎是由犬腺病毒I型引起的藏獒的一种急性败血性传染病。病毒侵入獒体后很快进入血流，出现体温升高等病毒血症，然后定位于特别嗜好的肝细胞和肝、眼等多种组织器官的血管内皮细胞，引起急性实质性肝炎、间质性肾炎、虹膜睫状体炎等变化。2～3月龄的小狗特别易感。本病常与犬瘟热并发感染。病獒康复后可获终身免疫，但病毒能在肾脏内生存，经尿长期排毒达6～9个月。

〔流行特点〕

病獒和带毒獒，通过眼泪、唾液、粪尿等分泌物和排泄物排毒，污染周围的环境、饲料和用

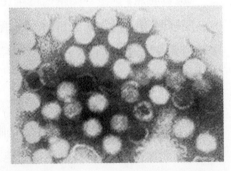

犬腺病毒Ⅰ型(CAV$_1$-XN$_3$)病毒流行株的结构

具等。该病的传播途径主要是直接接触性传染。该病毒抵抗力相当强，低温条件下可长期存活，在土壤中经10～14天仍有致病力，在犬窝中也能存活较长时间。但加热能很快将病毒杀死。

〔症状〕

潜伏期7天左右。本病初期症状与犬瘟热很相似。病獒精神沉郁，食欲不振，渴欲明显增加，体温升高达40℃以上，并持续4～6天。呕吐与腹泻较常见，若呕吐物和粪便中带有血液，多预后不良。急性症状消失后7～10天，部分犬角膜水肿、混浊，呈白色乃至蓝白色角膜翳，称此为"肝炎性蓝眼"，数日后即可消失。齿龈有出血点。该病虽叫肝炎，但很少出现黄疸。若无继发感染，常于数日内恢复正常。

〔预防与控制〕

1. 预防：防止本病发生的最好办法是定期给藏獒做健康免疫。免疫程序同犬瘟热疫苗，目前大多是多联苗联合免疫的方法。

2. 隔离：病獒及时隔离，场地用3%氢氧化钠液消毒。新进獒要隔离检疫。疫病流行期间小獒要皮下注射健康狗血清，每周一次，每次3mL，注射二次。患病后康复的獒一定要单独饲养，最少隔离半年以上。

〔治疗〕

1. 病初可用成年獒血清10mL皮下注射，隔日一次，共2～3次。静注50%葡萄糖液（加维生素C 250毫克）20～40mL，或ATP（三磷酸腺苷）连用3天。每日口服肝太乐3次，每次2～3片。

2. 对症治疗：全身应用抗菌素及磺胺类药物可防止继发感染。对患有角膜炎的犬可用0.5%利多卡因和氯霉素眼药水交替点眼。

犬传染性支气管炎 (Infectious Tracheobroncheitis)

也称犬窝咳。本病为犬呼吸道疾病之总称，主要为犬腺状病毒第二型（canine type Ⅱ ademovirus，CAV-2）造成，最常与副流行性感冒病毒一同感染。然而，其他环境因素如寒流、湿度过高及气候变化等，都是本病的引发因素，此外，剧烈的运动或兴奋也会使病情恶化。

〔流行特点〕

该病的传染性极强，传播快、危害严重，同窝只要有1只发病，其他獒几乎难以幸免。此病能侵害任何年龄段的獒，但是致死率不是很高，初生幼獒最容易被感染。

〔症状〕

本病潜伏期为5～10天。患獒突出的症状是粗粝阵发性干咳，接着表现为湿咳并有黏液。运动时咳嗽加重。有些獒表现为阵发性吸气性呼吸困难，轻轻加压喉或气管容易诱发咳嗽。咽部检查可见扁桃体肿大，听诊有气管啰音，咽部红肿。患獒体温大多呈现正常，但后期若有细菌感染时，则会微微升高。病情一般持续10～20天。

〔预防与控制〕

1. 预防：注意工作人员的卫生，减少獒的密度，减少在其他獒舍、宠物店、寄养狗场、兽医院等地逗留的机会。

2. 免疫：定期免疫接种，多采用六联苗接种，接种程序参见犬瘟热。

3. 隔离：隔离病獒，使用次氯酸钠，洗必泰或苯甲羟胺彻底清洁消毒獒舍及设备，保持最大通风。

〔治疗〕

与抗病毒、消炎、止咳、祛痰药同用，防止继发感染

1. 抗菌药：阿莫西林（20～25mg/kg q8h）；氯霉素（50 mg/kg q8h）；强力霉素（5～10 mg/kg q8h）；蒽诺沙星（2.5～5 mg/kg q12h）；甲氧苄氨嘧啶—磺胺类药物（15～30 mg/kg q12h）。治疗至少7～10天或症状消失后5天。

2. 抗病毒药：病毒唑、甲硝唑、双黄连等。

3. 止咳药：美沙芬1～2 mg/kg q6～8h PO；环丁甲二羟吗喃0.5 mg/kg q6-12h PO；重酒石酸二氢可待因酮0.25 mg/kg q8～12h PO。

4. 祛痰药：如水合荫二酯可待因，每3小时服一茶匙，或10%～20%乙酰半胱氨酸（痰易净）液，气管内滴注或咳雾剂给药。

注：PO为口服；q8h为每8小时1次，依此类推。

犬副流感（Canine parainfluenza virus,CPIV）

犬副流感是由犬副流感病毒（Canine parainfluenza virus,CPIV）引起的，以急性呼吸道炎症：咳嗽、流涕、发热为特征的呼吸道病毒性传染病。病獒是主要传染源，以呼吸道为传播途径，通过病獒的咳嗽飞沫传染，幼獒感染率较高，死亡率可达60%。如果犬类疫苗的保护率较低，即使部分严格经过疫苗注射的藏獒也可发病。犬副流感病毒是崽獒咳嗽的病原之一，主要感染幼獒，发病急，传播快。该病在世界各地均有发生。

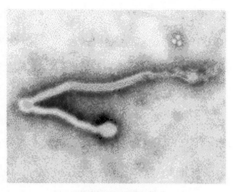
犬副流感病毒粒子

〔流行特点〕

各品种和年龄段的獒都可能患本病，以幼獒最为严重，常突然爆发，传播迅速，较短的时间里可有许多犬同时发病，病程在一周至数周不等。

〔症状〕

潜伏期与獒的抵抗力有关，一般为3～5天。病初症状与感冒极为相似，流大量浆液或黏液性鼻汁，后转为流脓性鼻汁，病犬打喷嚏、咳嗽，扁桃体红肿、呼吸急促，听诊支气管，可发现獒的呼吸音粗、心跳加快，严重时出现呼吸性心律不齐。结膜潮红、流泪，精神不振、四肢无力、食欲下降或厌食，也有表现出血性肠炎症状的症状。中后期出现犬瘟热症状，并且后肢瘫痪，运动失调，高热至40.5℃～41.5℃。

〔预防与控制〕

1.加强藏獒的饲养管理，严格圈舍消毒，搞好环境卫生，加强藏獒的活动锻炼，提高藏獒的抗病力。以预防为主，要及时接种犬流感弱毒疫苗，发现病獒要及时隔离治疗。

2.新购幼獒多因长途运输、环境改变、受凉感冒等原因发病。因此在饲养过程中，应加强管理，注意防寒保暖，避免环境突然改变等因素的刺激。要及时对健康獒采用高免血清进行预防性治疗。

〔治疗〕

犬副流感病毒感染目前尚无特异性疗法。可采用增强机体免疫机能，抗病毒感染、抗继发感染，补充体液等方法进行对症治疗。

1. 增强机体免疫机能：发病初期可用血清控制病情发展,采用胸腺肽5~10mg/次或转移因子3~6万单位/次，同时配合五联高免血清或犬副流感高免血清2mL/kg肌注，1次/天，连用3天~5天。

2. 抗病毒感染：病毒唑20~30mg/kg肌注，头孢唑啉钠或头孢曲松钠0.1/kg，双黄连1~3mL/kg静注；也可采用丁胺卡那霉素0.5mL/kg，鱼金注射液1~4mL，病毒唑20~30mg/kg肌注，1次/天，连用4天~5天。

3. 补充体液：对长期高热、厌食的病獒应及时补液，林格氏液，5%葡萄糖，氨苄西林，维生素B_1，维生素B_{12}，维生素C，三磷酸腺苷，肌苷。

4. 对症治疗：呼吸困难者采用氨茶碱1~2mL，地塞米松2~4mg肌注或静注；心力衰竭采用西地兰0.05mg/kg静注；咳嗽剧烈者采用必咳平、咳特灵或复方甘草片内服。

狂犬病 (rabies)

又称疯狗病、恐水症。是由狂犬病病毒引起的一种人和各种动物都可感染的一种直接接触性传染病。人一旦被含有狂犬病病毒的犬咬伤，死亡率是百分之百。狂犬病病毒主要存在于病獒的脑组织及脊髓中。病獒的唾液腺和唾液中也有大量病毒，并随唾液向体外排出。病犬出现临床症状前的10~15天，至症状消失后的6~7个月内，唾液中都可含有病毒。有些外表健康的獒，其唾液中也可含有病毒，当它们舔人或其他动物，或与人生活在一起时，也可使人感染发病。

〔流行特点〕

本病通常以散发的形式，即发生单个病例为多，大多数有被疯病动物咬伤的病史，一般春夏发病较多，这与藏獒的性活动有关。

〔症状〕

病獒表现狂暴不安和意识紊乱。病初主要表现精神沉郁，举动反常，如不听呼唤，喜藏暗处，出现异嗜，好食碎石、木块、泥土等物，病獒常以舌舐咬伤处。不久，即狂暴不安，攻击

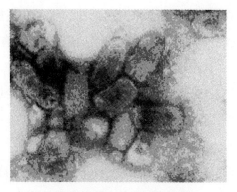

电子显微镜下的狂犬病病毒

人畜，常无目的地奔走。外观病獒逐渐消瘦，下颌下垂，尾下垂并夹于两后肢之间。声音嘶哑，流涎增多，吞咽困难。后期，病獒出现麻痹症状，行走困难，最后终因全身衰竭和呼吸麻痹而死。

〔预防与控制〕

1. 定期预防注射。活苗3～4月龄的獒首次免疫，一岁时再次免疫，然后每隔2～3年免疫一次。灭活苗在3～4月龄犬首免后，二免在首免后3～4周进行，二免后每隔一年免疫一次。

2. 检疫隔离：新购入的藏獒，必须及时补注疫苗。

3. 捕杀病獒，尸体深埋。对獒舍、用具进行紫外线照射，喷洒甲醛、50%～70%乙醇、升汞和季胺类化合物(新洁尔灭)等灭活。

4. 对咬伤的人，应迅速以20%肥皂水冲洗伤口，并用3%碘酒处理，还要及时接种狂犬病疫苗（国产精制VERO细胞狂犬病疫苗接种程序是：第一、三、七、十四、三十天各注射1次，至第四十天及五十天再加强注射1次），即可取得防治效果。

〔治疗〕

该病目前无任何药物可以治疗。

破伤风（Clostridium tetani）

破伤风是由破伤风梭菌侵入伤口，并在伤口内生长繁殖分泌毒素，

造成机能紊乱的一种急性、传染性疾病。破伤风梭菌在自然界分布很广。当藏獒在户外活动造成破伤后均有可能感染本病。

〔流行特点〕

藏獒破伤风比较少见，一般创伤感染为主要途径。本病无季节性，不同年龄的獒都可发病。

〔症状〕

病獒临床主要表现为骨骼肌持续痉挛和对刺激的反射兴奋性增高。痉挛先由头部开始，表现为肌肉强直痉挛。咬肌痉挛而牙关不同程度的关闭；咽肌痉挛而吞咽困难，导致流涎；耳肌痉挛而两耳竖立；第三眼睑脱出；颈肌强直而伸颈，肋间肌强直而呼吸困难；四肢肌痉挛而僵直，呈木马样姿势。患獒反射兴奋性增高，对声、光、触摸等刺激敏感。

〔预防与控制〕

1. 预防主要在于防止外伤，另外，每年定期地注射破伤风类毒素也可有效地预防此病，注射后免疫期可达6～12月。

2. 加强护理：将病獒置于光线幽暗处静养，要保持安静，避声避光，减少各种刺激。注意改换体位，防止褥疮。

〔治疗〕

1. 彻底清创：除去创口中的脓汁及坏死组织，用3%双氧水冲洗伤口，然后用2%～5%的碘酊局部处理伤口。伤口暴露、忌包扎。

2. 肌内或静脉注射破伤风抗血清3～5万单位/次，1次/日，连用三日。

3. 抗菌消炎，青霉素5万单位/kg体重，2～3次/日。连续注射一周。

4. 镇静解痉，氯丙嗪5mg/kg体重，肌肉注射，每天2次。或用25%硫酸镁2～5mL，静脉注射。

5. 对咬伤的人，及时大量注射破伤风抗毒素，并隔离病人，保持安静环境，必要时作气管切开，保证呼吸道通畅。

二、皮肤病防治

螨病（Sarcoptes scabiei canis）

又叫犬疥癣，俗称"癞皮狗病"。是由犬疥癣或犬耳痒螨寄生所致，它寄生于犬的表皮层，由于其爬行的机械刺激和排泄物、分泌物引起皮肤过敏而致痒。其全部发育过程都在藏獒身上度过。犬疥螨可发生于各种年龄、品种的犬，多见于犬的眼区、四肢等。

〔流行特点〕

多发于冬季，常发于皮肤卫生条件很差的藏獒身上。螨病主要由于健康獒与病獒直接接触或通过被螨及其卵污染的獒舍、用具等间接接触引起感染。也通过宠物爱好者或者兽医人员的衣服和手传播病原。

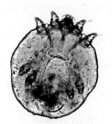 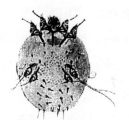

疥螨（腹面）　　　　疥螨（背面）

〔症状〕

1.疥螨病，幼獒症状严重，多先起于头部、鼻梁、眼眶、耳部及胸部，然后发展到躯干和四肢。起初皮肤发红，出现红色小结节,特别是在皮肤较薄之处，可见到小水疱甚至脓疱。表面有大量麸皮状皮屑，进而皮肤增厚、披毛脱落、表面覆盖痂皮、龟裂。病獒剧痒，不时用后肢搔抓、摩擦，当有皮肤抓破或痂皮破裂后可出血，有感染时患部可有脓性分泌物，并有臭味。

2.耳痒螨寄生于獒外耳部，耳道发炎、充血，耳道内有多量红褐色或灰白色分泌物，并有腥臭味，耳壳内侧潮红糜烂，獒不断抓耳挠腮，或用头磨蹭地面或笼壁，甚至引起外耳道出血。体表散布拇指盖大血痂并形成脱毛区。有时向病变较重的一侧做旋转运动，后期病变可能蔓延到额部及耳壳背面。

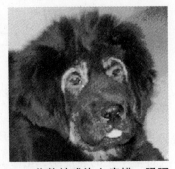

此獒被感染上疥螨，眼眶皮毛已经脱落。

〔预防与控制〕

1. 犬属疥螨生活周期为3个月，污染的草垫等物品可再度引起獒的感染，因此彻底的消除犬疥螨至少需4周的连续消毒。应去掉污染铺垫，以1%敌敌畏等杀虫剂消毒环境。

2. 隔离病獒，防止互相感染。

3. 将治疗后的病獒安置到已消毒过的獒舍内饲养。对于隔离治疗完毕的病犬，需再隔离看管3～4周，确实痊愈后方可同健康獒接触。

4. 獒舍要宽敞、干燥、透光、通风良好。应经常打扫，定期消毒（至少每两周1次），饲养管理用具也应定期消毒。

5. 定期给藏獒洗澡，洗澡时最好用獒专用洗澡剂，减少藏獒感染疥螨和蠕形螨病的机会。

6. 人的皮肤若感染了犬疥螨丘疹，涂以石硫合剂。

〔治疗〕

1. 将患部披毛剪掉，1%敌百虫1000mL每天药浴1～2min，重点洗患部。或3%过氧化氢液清洗后涂擦2%碘酊。

2. 打针：伊维菌素皮下注射，每次0.2mg/kg体重，间隔7～10天，连续治疗3～5次，直至痊愈。小心用量是关键！因为伊维菌素的治疗量和中毒量很接近，如果用量超过3倍，即可中毒死亡。

3. 外用：对耳痒螨病，局部涂擦2.5%结晶敌百虫水溶液，但应防舔食中毒（狗食入敌百虫有极强致死力）。

4. 病重者：继发细菌感染时，应用抗生素进行治疗。

蠕形螨病 （canine demodicidosis）

犬蠕形螨病又称毛囊虫病，是由犬蠕形螨寄生于皮脂腺或毛囊而引起的一种常见又顽固的皮肤病。多发于5～10月龄的幼獒。犬蠕形螨寄生在獒的皮肤，而且多寄生在皮肤的疱状突起内，并在此完成生活史，共需要24天。藏獒自然感染蠕形螨的比例很高。但发病率约为10%左右。

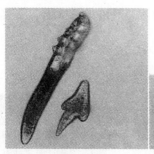

蠕形螨

〔流行特点〕

蠕形螨感染和机体的免疫机能不健全有一定关系，体质瘦弱的犬比较容易感染。蠕形螨病还可通过胎盘感染。患病母獒后代 80%～100% 发生蠕形螨病，崽獒一般出生2月后出现典型性症状。

〔症状〕

1.鳞屑型：多发于头部和四肢皮肤。患部脱毛、秃斑、界限明显，有大量麸皮样皮屑，皮肤显得略微粗糙而龟裂，或者带有小结节。后来皮肤呈蓝灰白色或红铜色，患部几乎不痒，有的长时间保持不变，有的转为脓疱型。

2.脓疱型：多发于颈、胸、股内侧，后期蔓延全身。体表大片脱毛，大片红斑，皮肤肥厚，往往形成皱褶。有弥漫性小米至麦粒大的脓疱疹，脓疱呈蓝红色，压挤时排出脓汁，内含大量蠕形螨的虫卵，脓疱破溃后形成溃疡、结痂，有难闻的恶臭。脓疱型几乎没有瘙痒。若有剧痒，则可能是混合感染。病獒最终死于衰竭、中毒或脓毒症。

〔预防与控制〕

同犬疥螨病。

〔治疗〕

同犬疥螨病。

蚤病（Ctenocephalidses canis）

蚤是一种吸血性体外寄生虫。蚤对藏獒的危害主要是除了能传播传染病和寄生虫病外，还叮咬皮肤、吸血液，分泌毒素，引起藏獒剧烈瘙痒，搔抓、啃咬，皮炎，贫血。

〔流行特点〕

蚤的生活可以离开獒体，从而散布于藏獒的活动区域。蚤从卵中孵出到成虫，大约需要21天的时间，在较冷的气候下，时间可能延长。新孵出的蚤可以在没有食物的情况下生活数周，静候獒的到来。

犬　蚤

〔症状〕

本病的临床症状主要是瘙痒。病獒表现为搔抓、摩擦和啃咬披毛，引起脱毛、断毛和擦伤，重症的皮肤磨损处有液体渗出，甚至形成化脓疮。有时可引起过敏反应，形成湿疹。

〔预防与控制〕

1. 平时注意搞好獒体卫生，常洗澡，勤梳理，多晒太阳，是防止蚤约有效办法。避免獒与猫接触。

2. 在杀灭獒体蚤的同时，必须对獒活动区域，特别是獒的用具进行彻底的消毒，0.5%～1%来苏儿水或滴滴涕，喷洒獒舍及獒尿。獒窝的铺垫物全部更换，更换下来的物品要烧毁。保持獒舍通风、干燥。

〔治疗〕

皮肤有擦伤的犬要清创、消毒和防感染。可用肤克新、福来恩，安全无毒副作用。剧痒不止的獒，可注射地塞米松和苯海拉明止痒。

犬虱病 (Trichodectes canis)

犬虱病是指由血虱科的犬长腭和啮毛虱科的犬啮毛虱寄生于体表引起的疾病。

〔流行特点〕

犬毛虱以毛和表皮鳞屑为食。犬长颚虱为吸血性寄生虫，它终生不离开獒的身体，从卵到成虱的发育过程需30~40天。

犬毛虱

〔症状〕

当藏獒有大量虱寄生时，患獒剧痒，搔抓，披毛脱落，皮肤脱屑，有时皮肤上出现小结节、小出血点，甚至坏死灶，严重时可引起化脓性皮炎，脱毛，披毛上沾有白色虱卵。病程较长的，则出现食欲不振，精神萎靡，体质衰弱。

〔预防与控制〕

预防本病主要是加强管理，保持獒舍及周围环境的干燥和清洁卫生，用来苏水冲洗或用敌敌畏定期对獒舍及运动场进行消毒，经常刷洗獒身，定期检查，发现患病，应及时隔离治疗。

〔治疗〕

0.5%~1%敌百虫水溶液喷洒或药浴，也可给犬身扑撒0.75%鱼藤粉。

犬蜱病 (canine ixodiasis)

蜱害常寄生于耳内侧及趾间、腹部、颈部皮肤。多见于春、秋蜱活动季节。发病无年龄、性别等差异。

〔流行特点〕

幼虫、成虫均在藏獒身上度过，吸食饱血液后，离开獒体蜕皮或产卵。

雄虫　　　　　雌虫

硬　蜱　　　　　　　　**软　蜱**

〔症状〕

只有少数蜱叮咬时，大多数藏獒不表现临床症状，但数量增多时病獒烦躁不安，经常摩擦、抓和舔咬蜱叮咬的部位，常导致局部出血、水肿和发炎。蜱寄生处疼痛，跛行，严重时，由于某些蜱含神经毒素会使两肢运行失调，反射消失，麻痹。即使将蜱除去，跛行也会持续1~3天。

〔预防与控制〕

注意藏獒及獒舍卫生：0.1%辛硫磷、0.05%蝇毒磷、1%敌百虫等农药喷洒獒舍。

〔治疗〕

1. 灭蜱：依维菌素（0.2mg/kg，皮下注射），氰戊菊酯（20%乳油，0.02%~0.04%溶液喷洒犬体）。

2. 对症治疗：在灭蜱后应给病獒以对症支持疗法，并补充大量维生素C，纠正水、电解质紊乱。

三、寄生虫病防治

犬蛔虫病

犬蛔虫病是由犬蛔虫和狮蛔虫引起的疾病。犬蛔虫主要致病于1~2个月的幼獒，狮蛔虫则寄生于6月龄以上的藏獒。

〔流行特点〕

这两种蛔虫都是通过病狗的粪便排出虫卵，在温度、湿度适当的情况下，经3至5天发育成侵袭性虫卵。藏獒吞食了被这种虫卵污染的饲料、饮水，在肠内孵出幼虫。前者，幼虫进入肠壁随血流入肺，再沿支

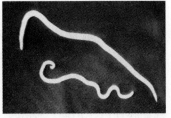

犬蛔虫

气管、气管上行至喉头、咽部被咽下，最后在小肠内发育成成虫；狮蛔虫幼虫只是钻至肠壁内发育，再回到小肠内成熟。虫卵对外界抵抗力很强。

〔症状〕

病獒出现消瘦、黏膜苍白、食欲减退、呕吐，发育迟缓。蛔虫大量寄生可引起肠梗阻或阻塞胆管。由于蛔虫毒素的作用还可引起癫痫样神经症状。蛔虫病是幼獒肠套迭的主要因素之一。

〔预防与控制〕

注意环境卫生，及时清除粪便，发现或怀疑本症的藏獒及时进行隔离饲养。对幼獒及健康成獒要定期进行驱虫。

〔治疗〕

(1) 左旋咪唑，8～10mg/kg体重，口服1次/日，连服3日。

(2) 丙硫苯咪唑，50mg/kg体重，口服1次/日，连服3日。

(3) 硫苯咪唑，20mg/kg体重，口服1次/日，连服2～3日。

犬钩虫病（Hookworm）

本病是由钩口科钩口属、弯口属的线虫寄生于藏獒的小肠，尤其是十二指肠中引起藏獒贫血、胃肠功能紊乱及营养不良的一种寄生虫病。

〔流行特点〕

多发生于夏季，适宜的条件下（20℃～30℃）经12～30小时孵化出幼虫；幼虫再经1周时间蜕化为感染性幼虫。大多以口感染，胎盘感染和乳汁感染很少。

〔症状〕

病獒出现食欲减退或不食、呕吐、下痢，典型症状排出的粪便带血，色呈黑色、咖啡色或柏油色。可视黏膜苍白、消瘦、脱水。患犬可因极度衰竭而死亡。由胎盘感染的仔獒，出生3周左右，食乳量减少或不食，精神沉郁，不时叫唤，严重贫血，昏迷死亡。

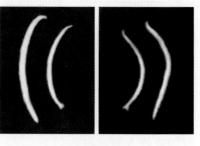

犬钩虫

〔预防与控制〕

注意环境卫生，及时清除粪便，发现或怀疑本症的藏獒及时进行隔离饲养。对幼獒及健康成獒要定期进行驱虫。

〔治疗〕

1. 丙硫苯咪唑：20～25mL/kg体重，1次/日，连服3日。

2. 甲苯咪唑：20mL/kg体重，1次/日，连服3日。

3. 左旋咪唑：10mL/kg体重，1次/日，连服3日。

4. 对症疗法：补液、补碱、强心、止血、消炎等对症治疗。

犬绦虫病（Canine tapeworm）

绦虫在獒的肠道寄生虫中是最长的一种寄生虫，种类很多，主要为假叶目和圆叶目的各种绦虫。

〔流行特点〕

藏獒体内的各种绦虫，其寄生寿命较长，可延续数年之后，同时其妊卵体节有自行爬出肛门的特性，以致极易散布虫卵，不但獒群间互相感染，同时也污染环境，造成人獒共患，严重危害身体健康。

〔症状〕

当虫体在体内大量寄生时，虫体头部的小钩和吸盘叮附在小肠黏膜上，引起肠黏膜损伤和肠炎，虫体吸取机体大量的营养，给藏獒生长发育造成障碍；使藏獒食欲反常(贪食、异嗜)，呕吐，慢性肠炎，腹泻、便秘交替发生，贫血，消瘦；虫体在代谢过程中，不断分泌毒素，刺激机体，可出现神经症状，容易激动或精神沉郁，有的发生痉挛或四肢麻痹。虫体在肠道中聚集成团，可造成肠阻塞、肠扭转、肠套迭及肠穿孔等症状。

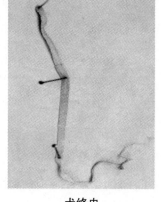

犬绦虫

〔预防与控制〕

（1）防止藏獒和中间宿主接触，不要让獒吃未煮熟的动物肉类和内脏。

（2）保持獒舍和獒体清洁，消灭跳蚤和虱子。

（3）注意环境卫生，及时清除粪便，防止散布病原。

（4）每季定期驱虫1次。繁殖獒应在配种前3～4周内进行1次驱虫。

〔治疗〕

1. 氢溴酸槟榔碱：1.5～2.5/kg体重，给药前应停食12小时以上，为了防止呕吐，给药前15分钟给予稀释的碘酊1～2滴（加入10mL水中）。

2. 吡喹酮：20mL/kg体重，1次口服，隔5日再服1次。

3. 丙硫苯咪唑：10～15mL/kg体重，1次/日，连服3日。

4. 灭绦灵：100mL/kg体重，1次口服。

5. 甲苯咪唑：20mL/kg体重，1次口服。

犬球虫病（Canine Coccidiosis）

犬球虫病由艾美耳科等孢子球虫及二联等孢子球虫感染引起的一种大小肠和大肠黏出血性炎症的疾病。藏獒摄取虫卵而感染，直接侵害肠黏膜细胞，感染初期为无性生殖，约2周后才进行有性生殖产下卵囊，因此初期不易确诊。1～6月龄的幼獒比成年獒易感且症状明显。

〔流行特点〕

球虫症的原虫经由某种途径由口入侵体内，而在小肠引起感染。本病广泛传播于獒群中，在环境卫生不好和饲养密度大的獒场可严重流行。

病獒和带菌的成年獒是本病的主要传染源。

〔症状〕

常见的病征为厌食、下痢、体重减轻；但幼獒发病较严重，常常引起卡他性或出血性肠炎，血样下痢而死亡。

〔预防与控制〕

搞好獒舍及环境卫生，定期消毒，彻底扫除獒的粪便。发现病獒单独隔离饲养。

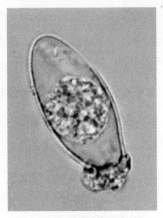

贝里等孢子球虫
(Isospora belli)的卵囊

〔治疗〕

呋喃类和磺胺类药是最有效的治疗药物。

1. 磺胺六甲氧嘧啶：100mL/kg体重，口服，2～3次/日，连用3～5天。

2. 磺胺二甲基嘧啶：60mL/kg体重，口服，3次/日，连用3～4天。

3. 氨丙啉：15～200mL/kg体重，混入食物中，连续喂7天。

4. 痢特灵：10mL/kg体重，口服，2次/日，连用3～5天。

5. 对症治疗：全身给予补糖、补液、补碱，止血疗法。

犬弓形虫病 （Canine Toxoplasmosis）

是由龚地弓形体Toxoplasma gondii 引起的人和动物共患的寄生在细胞内的一种原虫病。

〔流行特点〕

本病传播速度快，几天后可蔓延全群，潜伏期1～3天。

〔症状〕

弓形虫滋养体（速殖子）

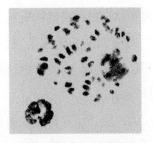

刚地弓形虫在白细胞内

多数为无症状的隐性感染。幼年獒和青年獒感染较普遍而且症状较严重，成年獒也有致死病例。症状类似犬瘟热、犬传染性肝炎，主要表现为发热、咳嗽、厌食、精神萎靡、虚弱，眼和鼻有分泌物，黏膜苍白，呼吸困难，甚至发生剧烈的出血性腹泻。少数病獒有剧烈呕吐，随后出现麻痹和其他神经症状。怀孕母獒发生流产或早产，所产幼獒往往出现排稀便、呼吸困难和运动失调等症状。

〔预防与控制〕

1. 定期对藏獒进行血液检查，凡查出隐性型感染的动物，进行隔离观察或治疗，并有计划地淘汰，以消灭传染源。

2. 保持环境（栏舍、运动场等）清洁卫生，定期用氨水等消毒，粪便必须经发酵处理后使用。

3. 人和动物感染弓形体病后，只有猫科动物才能从粪便中排出卵囊污染环境，因此獒场应禁止养猫或防止猫、藏獒接触，处理好猫粪，可疑污染的环境用氨水等消毒。

4. 禁止给藏獒喂食生肉、生乳、生蛋或含有弓形体包囊的动物脏器组织，弓形体病的动物或可疑动物尸体，必须销毁或无害处理。

5. 必要时采取药物预防，即定期给獒或其他动物服用磺胺类药物，根据獒群或养殖场的情况而定，如用药一周、停药一周、再用一周。

〔治疗〕

对急性感染病例，可用磺胺嘧啶（SD），每kg体重用70mg，或甲氧苄氨嘧啶(TMP)，每千克体重用14mg，每天两次口服，连用3～4天。由于磺胺嘧啶溶解度较低，较易在尿中析出结晶，内服时应配合等量碳酸氢钠，并增加饮水。此外，可应用磺胺—六—甲氧嘧啶（磺胺间甲氧嘧啶、制菌磺、SMM、DS-36）或磺酰氨苯砜（SDDS）。

犬恶心丝虫病（canine dirofilariosis）

本病是丝虫科犬恶心丝虫引起的一种寄生虫病。该寄生虫寄生于獒心脏的右心室及肺动脉中，引起循环障碍呼吸困难及贫血症状。

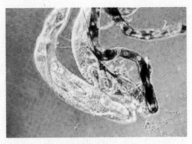
犬恶心丝虫

〔流行特点〕

犬恶心丝虫的中间宿主是犬蚤和蚊子，当蚤、蚊吸血时，将蚴虫注入犬皮下，经皮下淋巴管及血管循环到心脏寄生下来，在体内存活数年。幼虫在体内血液循环时可通过胎盘感染胎儿。

〔症状〕

早期慢性咳嗽，运动时加重或易疲劳。随着病状发展，可有呼吸困难、运动虚脱、腹水、胸腔积水、肝硬化等症状。另外，较明显的症状为循环障碍、心脏杂音、心律不齐、贫血，重者全身衰弱，运动时虚脱而死亡。

〔预防与控制〕

1. 保持獒舍和獒体清洁，消灭蚤、蚊，防止蚊虫叮咬。

2. 定期驱虫。

3. 在蚊虫季节开始前可以应用海群生（乙胺嗪枸橼酸盐）2.5mL/kg体重，1次/日，拌入食物中喂3个月。

〔治疗〕

1. 驱杀成虫：1%硫乙砷胺注射液，1mg/kg体重，静脉注射，2次/日，连用2日。静脉注射时应缓缓注入，药液不可漏出血管外，以免引起组织发炎及坏死。或用盐酸二氯苯胂，剂量为2.5mL/kg体重，静脉注射，每隔4~5天1次。

2. 驱微丝蚴：左旋咪唑，10mL/kg体重，口服，1次/日，连服3日。或用伊维菌素（商品名害获灭，英文名称Ivomec），用量为0.05~0.1mL/kg体重，1次皮内注射。或用倍硫磷，每kg体重皮下注射7%溶液0.2mL，必要时间隔2周重复1~2次。

犬鞭虫病 （canine trichuriasis）

犬鞭虫病是由原狐鞭虫寄生于盲肠和结肠引起的一种寄生虫病。该病对幼獒危害很大，重者可引起死亡。随粪便排出体外的虫卵，在适宜条件下，约经3周发育为感染性虫卵。藏獒吞食了感染性虫卵后，幼虫在肠中孵出，钻入小肠前部黏膜内，停留2～10天，然后进入盲肠内发育为成虫。

〔流行特点〕

病獒和带菌的成年獒是本病的主要传染源。

〔症状〕

轻度感染一般无临床表现。当严重感染时，由于虫体头部深深地钻入黏膜内，可引起急性或慢性出血性肠炎、腹泻、稀便中带血、消

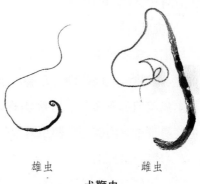

雄虫　　　　　雌虫

犬鞭虫

瘦、贫血、营养不良，食欲减少。幼獒严重感染，造成生长发育停滞，并可引起死亡。

〔预防与控制〕

保持獒舍清洁干燥，减少感染机会。定期消毒，彻底扫除藏獒的粪便。发现病獒单独隔离饲养。

〔治疗〕

1.酚嘧啶为驱除鞭虫的特效药，2mg/kg体重，口服；每天2次，连喂3～5天。

2.甲苯咪唑100mg/kg体重，口服；每天2次，连喂3～5天。

犬旋毛虫病 （canine trichinosis）

旋毛虫病是由旋毛虫成虫寄生小肠及幼虫寄生肌肉所引起的人畜共患的动物源性传染病。

〔流行特点〕

旋毛虫的生活特点是成虫和幼虫都寄生在同一宿主体内，但完成生活史必须更换宿主。雌虫在小肠黏膜中产生的幼虫随血流到达全身各处，但只有到达横纹肌中的才能发育为具有传染性的幼虫。

雄虫　　　　雌虫

犬旋毛虫

〔症状〕

因生食或半生食含有旋毛虫幼虫包囊的生肉或其他而感染。病獒食欲差、发热、肌肉疼痛、水肿。下痢带血，有时呕吐，半月左右转为慢性。病獒肌痛不爱动，呼吸困难，一个多月后症状消失并产生免疫力，但终身带虫。丙硫咪唑驱虫效果好。

〔预防与控制〕

1. 搞好卫生，消灭鼠类，将尸体烧毁或深埋。

2. 禁止饲喂动物尸体和内脏。

3. 注意饮食卫生，喂藏獒的生肉必须经过充分煮熟（100℃，30分钟），是最简单有效的预防方法。

〔治疗〕

丙硫咪唑治疗，用量按每日25～40mL/kg体重，分2～3次口服，5～7天为1疗程。

四、内科疾病防治

感　冒（Cold）

本病是以上呼吸道黏膜炎症为主要症状的急性全身性疾病。常发生于早春、晚秋气候剧变季节，幼獒发病率高。

〔病因〕

主要是受寒冷的作用。例如寒夜露宿、久卧凉地、天气骤变、汗后雨淋、风吹，突然遭受寒冷的刺激，长期饲养在阴冷潮湿环境中及长途运输地区温差大等因素，均可使上呼吸道黏膜抵抗力降低，而促使本病发生。

〔症状〕

病獒精神沉郁，表情淡漠，耳尖、鼻端发凉。结膜潮红或有轻度肿胀，流泪，体温升高，往往有咳嗽，打喷嚏，流水样鼻涕，病獒鼻黏膜发痒，常以前爪搔鼻。严重时畏寒怕光，口舌干燥，呼吸加快，食欲减少。

〔预防与控制〕

改善饲养管理条件，獒舍要安装防寒设施，当气温骤降时，防止突然受凉。加强藏獒的锻炼，增强肌体抵抗力。

〔治疗〕

早期肌肉注射解热镇痛药，如：30%安乃近、安痛定液或百乃定液，每天1次，每次2mL。也可内服扑热息痛，用量为0.1～1g/次。

鼻　炎 （Rhinitis）

鼻炎是鼻腔黏膜的炎症，以鼻腔黏膜充血、肿胀、流鼻涕、打喷嚏为特征。原发性浆液性鼻炎较为多见。

〔病因〕

1. 寒冷刺激，鼻腔黏膜在寒冷的刺激下，充血、渗出，于是鼻腔内的常在菌乘机发育繁殖引起黏膜发炎。

2. 吸入氨、氯气，烟熏以及尘埃、花粉、昆虫等直接刺激鼻腔黏膜，均可引起发炎。

3. 继发于咽喉炎、副鼻窦炎、犬瘟热、传染性鼻气管炎、流行性感冒、肺线虫病的病程中。

〔症状〕

1. 急性鼻炎：鼻黏膜充血、潮红、肿胀、打喷嚏、摇头、蹭鼻子，进而鼻孔流浆液性鼻液，后为黏液、脓性鼻液，有时为血性鼻液。

2. 重病例：鼻腔黏膜高度肿胀而变狭窄，此时，呼吸困难，呼气时可听到鼻塞音。同时伴有食欲减退，精神沉郁，下颌淋巴结肿胀，有时体温升高。

3. 慢性鼻炎：病獒长期流黏脓性鼻汁。鼻汁中混有血丝、散发腐败臭味。慢性鼻炎可引起副鼻窦炎或脑病，严重时可导致窒息。

〔预防与控制〕

注意獒舍温暖及清洁、卫生，保持空气新鲜。

〔治疗〕

1. 除去病因，将病獒置于温暖的环境下，适当休息。

2. 急性轻症病獒，常不需用药即可痊愈。

3. 对重症鼻炎，可选用以下药物给病獒冲洗鼻腔：1%食盐水、2%～3%硼酸液、1%碳酸氢钠溶液、0.1%高锰酸钾液等，但冲洗鼻腔时，必须将病獒头低下，冲洗后，鼻内滴入消炎剂。为了促使血管收缩及降低敏感性，可用0.1%肾上腺素或水杨酸苯酯（萨罗）石蜡油（1：10）滴鼻，也可用滴鼻净滴鼻。

4. 对特异性致病因素造成的鼻炎，扑尔敏4～8mg口服，每日2次；去甲肾上腺素0.15mg/kg体重皮下注射，每日2次；泼尼松龙0.5mg/kg口服，每日2次。

肺　炎　（Pneumonia）

肺炎是指肺和支气管的急、慢性炎症。通常老龄獒和幼獒易发，多发生在晚秋、冬季和早春。

〔病因〕

1. 由于感冒、空气污浊、通风不良、过劳、维生素缺乏，使呼吸道和全身抵抗力降低时，原来以非致病性状态寄生于呼吸道内或体外的微生物(葡萄球菌、链球菌、大肠杆菌、克雷白氏杆菌及霉菌等)，乘机发育繁殖，增强毒力，引起动物感染发病。

2.吸入刺激性气体、煤烟及误咽异物入肺等。

3.继发于某些疾病，如支气管炎、流行性感冒、犬瘟热或有寄生虫，如肺吸虫、弓形虫、蛔虫幼虫等。

〔症状〕

病獒全身症状明显，食欲减退或废绝，精神高度沉郁，嗜睡，结膜潮红或蓝紫，流涕、出现低幅度的深咳嗽，稍加运动，即表现出进行性呼吸困难。体温升高，呈弛张热型，随病程发展，肺病变区肺泡呼吸音减弱，周围呼吸音增强，有湿性或者干性啰音。

注：干性啰音：发生于较大支气管者，称为"鼾音"，特点是音调低、响度大；发生于较小支气管者，称"笛音"或"飞箭音"，特点是声音尖锐、短促、音调高。湿性啰音：又称"水泡音"，呼吸时气流通过含有稀薄分泌物的气管或支气管时，使分泌物形成水泡并迅即爆破而产生的声音。

〔预防与控制〕

1.加强藏獒的锻炼，提高机体的抗病能力；

2.避免机械因素和化学因素的刺激，保护呼吸道的自然防御机能；

3.感冒后积极治疗，加强营养。

〔治疗〕

对不同的感染源应使用不同药物。

1.细菌性肺炎用抗生素或磺胺类药物治疗，头孢菌素30mg/kg体重口服，每日2次。青霉素V 6mg/kg体重口服，每日3次。乳糖酸红霉素50～100u稀释后静脉滴注。

2.寄生虫性肺炎选用驱虫药物治疗。治疗48小时后不能控制体温时，要更换药物。

3.呼吸困难和心脏衰弱时，选用盐酸麻黄碱5～15mg口服，每日2次。醋酸泼尼松0.5～1mg/kg体重口服，隔日1次。

4.对湿性咳嗽的病獒应给予氯化铵100mg/kg体重口服，每日2次。

5.对于呼吸困难引起缺氧的，应给予氧气吸入。重症獒要注意监测酸、碱及电解质平衡情况。

注：1U（单位）=200mL

咽 炎 (pharyngitis)

咽炎是咽黏膜及其深层组织的一种炎症。咽炎通常是感染性的，常伴发邻近组织器官的炎症。以吞咽困难和流涎为特征。

〔病因〕

多因粗硬的食物，如骨、鱼刺扎伤，热食、热水、刺激性气体、尖锐异物、刺激性强烈的药物以及口腔疾病、上下呼吸道及邻近组织器官炎症继发。

〔症状〕

1. 急性咽炎（acute nasopharyngitis）：精神差，无食欲，体温升高达40℃以上，吞咽困难，流涎；触诊咽部病犬有疼痛表现。咽喉视诊，可见软腭、扁桃体高度潮红、肿胀、脓性物覆盖。蜂窝织炎性咽炎伴有重剧全身症状。

2. 慢性咽炎（Chronic nasopharyngitis）：慢性咽炎病程发展缓慢，有时咳嗽，吞咽障碍，有时饮水和食物从鼻流出，咽部触诊疼痛，吞咽只引起中度的吞咽困难而不表现疼痛。咽后壁多呈颗粒状，黏稠的黏液覆盖，扁桃体肿大。颌下淋巴结轻度肿胀。

〔预防与控制〕

预防感冒，避免机械因素和化学因素的刺激，除去冷、热食物的刺激。

〔治疗〕

1. 加强护理，将病獒置于温暖、干燥、通风良好的獒舍内，给予流质食物，勤饮水。重症不能吃食时，应停止喂饲。

2. 若是异物存在，应在全身麻醉情况下，打开口腔将异物取出。

3. 抗菌消炎，全身给予抗生素疗法，如青霉素2～4万IU/kg、地塞米松0.1～0.5mg/kg肌肉注射；或用氨苄青霉素0.2～0.4mg/kg加地塞尔松加2%的普鲁卡因0.5mL做咽部封闭，2次/天。

山西藏獒养殖基地的实践经验证明，灵丹草颗粒对犬的咽炎有很好的疗效。

4.补液疗法，静脉注射25%～50%葡萄糖溶液50～100mL，每日2次。为补充体液和氯化钠可用5%葡萄糖溶液，生理盐水静脉注射，每日1次。

口　炎（stomatitis）

口炎是口腔粘膜发生的炎症，以流涎和口腔粘膜潮红肿胀为特征。

〔病因〕

采食混有尖锐异物的饲料以及本身牙齿磨损不匀刺伤口腔黏膜，继发细菌感染而引起；误食刺激性物质或高浓度有刺激药物以及过烫的饮水和食物，亦可以继发于某些疾病及营养缺乏症等。

〔症状〕

1.卡他性口炎：病狗采食小心和咀嚼缓慢，只采食柔软流质食物，流涎，口腔黏膜潮红，肿胀，热，感觉过敏，口温增高，拒绝口腔检查，呼出气味恶臭。

2.溃疡性口炎：口腔黏膜发生糜烂、溃疡和坏死，下颌淋巴结坚硬、肿大，

3.水泡性口炎：则表现为口腔黏膜发生大小不一的水泡。水疱破裂后形成溃疡面。

4.真菌性口炎：口腔黏膜形成柔软、灰白色、稍隆起的斑点，被覆白色的假膜，假膜脱落后遗留溃疡面。

〔预防与控制〕

预防感冒,避免机械因素和化学因素的刺激,除去冷、热食物的刺激。

〔治疗〕

1.消除病因：拔除刺在黏膜上的异物，修整锐齿，停止口服有刺激性的药物。

2.加强护理:给以液状食物，常饮清水，喂食后用清水冲洗口腔等。

3.药物治疗：一般可用1%食盐水，或2%～3%硼酸液，或2%～3%碳酸氢钠溶液冲洗口腔，每日2～3次。口腔恶臭的，可用0.1%高锰酸钾

液洗口。唾液过多时，可用1%明矾或鞣酸液洗口。口腔黏膜或舌面有糜烂或溃疡时，在冲洗口腔后，用碘甘油（5%碘酒1份，甘油9份），或2%龙胆紫或1%磺胺甘油乳剂涂布创面，每日2～3次。对严重的口炎，可口衔磺胺明矾合剂(长效磺胺粉10g，明矾2～3g，装入布袋内)；或服中药青黛散，都有较好的疗效。

胃　炎（Gastritis）

胃炎是指胃黏膜的急性或慢性炎症。有的可波及肠黏膜出现胃肠炎。尤以急性胃炎居多。

〔病因〕

1. 采食腐败变质的食物、异物或有刺激性的药物等。

2. 继发于某些传染病和寄生虫病。如犬瘟热、犬传染性肝炎、细小病毒性肠炎、肝吸虫、胰腺炎、肾炎、肠道寄生虫病。

3. 胃黏膜长期受到刺激，贫血，胃酸缺乏，营养不良等。

〔症状〕

临床上以呕吐、腹痛、精神沉郁为主要特征。病獒有较强的渴感，但饮后即吐，食欲减少或不食，有脱水、消瘦症状。初期吐出的主要是食糜，以后则为泡沫样黏液和胃液。由于致病原因的不同，其呕吐物中可混有血液、胆汁甚至黏膜碎片。触诊腹部敏感反抗，喜欢蹲坐或趴卧于凉的地面上。检查口腔时，常可看到黄白色舌苔和闻到臭味。

〔预防与控制〕

避免饲喂腐败变质的食物及有刺激性的药物;定期驱虫,防止感染。

〔治疗〕

1. 限制饮食：停食停水24小时，然后喂以高糖、低脂、低蛋白、易消化的流质食物，数天后逐步恢复正常饮食。

2. 清理胃内容物：病初当胃内尚残留有害物质时，可使用催吐剂。如皮下注射盐酸阿扑吗啡3～5mg，或口服吐根末0.5～3g，或吐酒石0.05～0.3g。后期有害物质进入肠道时，则应使用泻剂。如灌服蓖麻油

10～20mL。

3. 镇静止吐：当病獒呕吐严重，有脱水危险时，应给予镇静止吐。可每次肌肉注射盐酸氯丙嗪1.1～6.6mL/kg体重，或用硫酸阿托品0.3～1mg/次，肌肉或皮下注射，每日2～3次。

4. 消炎：庆大霉素1万单位/kg体重，肌肉注射，2次/日，也可口服2万单位/kg体重。2次/日。

5. 及时补液：当呕吐剧烈时，应及时补液；如5%葡萄糖溶液、复方氯化钠液静脉注射。如加入维生素B_1，维生素C时，常可获得良好效果。

肠套叠 （ivaginatik intextinorum）

肠套叠是指一段肠管套入与其相连的另一段肠腔内的肠变位。幼獒的发病较为普遍，是藏獒常见病之一。多见于小肠下部套入结肠。因盲肠和结肠的肠系膜短，有时也发生盲肠套入结肠、十二指肠套入胃内。

〔病因〕

病獒多由于剧烈运动、受凉、严重的肠道寄生虫感染、犬瘟热、病毒性肠炎的后期，由于长时间腹泻或以及过度饥饿等引起肠蠕动机能紊乱，有的肠段强力收缩，有的肠段松弛扩张，导致一段肠管套入邻近肠段。一旦发生本病，则套叠肠管的血液循环及肠内容物后送均受到影响，长时间可引起肠粘连和坏死。

〔症状〕

共同症状有拱背、精神沉郁、表情痛苦、有时呻吟。食欲不振、饮欲亢进、顽固性呕吐、黏液性血便、里急后重、腹痛、脱水等。触诊腹部可触及硬而粗的一段肠管，光滑且有游动性，长短不一，似食指或拇指粗，似香肠样硬度，呈坚实感。体温开始正常或稍高，随着下降，以至于低于正常体温。后期软弱无力、蹲伏、呻吟、肠音弱或消失、心跳快而弱，结膜发绀或灰白，披毛粗乱无光，最后测不出体温、全身发凉而死亡。有的病獒不表现拉稀，仅表现拱背、精神沉郁、初期食欲仍旺盛，后期才废绝，排粪基本正常，最后病情逐渐恶化而死。如果伴发其他病，症状更加复杂。

〔预防与控制〕

1. 避免剧烈运动后突然受凉。

2. 定期注射疫苗，防止肠道发生感染。

〔治疗〕

1. 首先强心、补液，可投给林格氏液与葡萄糖液（1∶1配制），剂量为40～50mL/kg体重，必要时加入氢化可的松（6～10mg/kg体重）。防止中毒休克。

2. 轻度套叠可行灌肠（肥皂水或0.1%高锰酸钾液）、热敷，或通过腹部触诊按摩以整复。

3. 一旦确诊为本病应尽早手术整复，有肠管坏死者需切除坏死部分，再行肠管吻合。

肠　炎（Enteritis）

肠炎是肠黏膜的急性或慢性炎症。它常广泛地涉及胃和结肠，因此，所谓的肠炎，实际上是胃炎、小肠炎和结肠炎的统称。

〔病因〕

1. 饲养不当引起，如过冷的食物，腐败变质或难消化的饲料，有毒的药物（外用药被舐食），高度的神经紧张，以及大量应用抗生素，破坏肠道菌系等；

2. 某些传染病（如犬瘟热、细小病毒感染、钩端螺旋体等）、寄生虫病（如钩虫、蛔虫、绦虫）及细菌、真菌及其毒素，甚至食量过敏等都可引起肠炎。

〔症状〕

腹泻是肠炎的主要症状，除精神不好、食欲减退、甚至废绝外，还可以见到拱背、腹痛、肠音亢进、里急后重等，肛门周围沾污粪便等症状。粪便呈液体样，具有恶臭。有细菌或病毒感染时，体温升高。炎症波及十二指肠前部或胃时，病獒常伴发呕吐。如病獒出现里急后重的症状时，说明炎症已波及结肠。小肠发生出血时，粪便呈黑绿色或黑色。病獒严重脱水时，精神沉郁，眼球下陷，无神，皮肤失去弹性，结膜发绀，脉搏增数，尿量减少、色暗。

〔预防与控制〕

1. 饮食卫生是预防急性胃肠炎的首要措施，不吃腐败和不新鲜的食物；

2. 隔离带菌者，切断传染源。

〔治疗〕

1. 限制饮食：应禁食24小时，只给少量饮水，之后可喂给糖盐水米汤（每100mL米汤中加入食盐1g、多维葡萄糖10g），或给以肉汤、淀粉糊、牛奶、豆浆等，然后逐步变稠，直至完全恢复正常饮食为止。

2. 清理胃肠：应使用缓泻剂如硫酸钠、人工盐适量内服。

3. 消炎止泻：用黄连素0.1～0.5g，每日3次内服。也可用磺胺脒（0.1～0.3g/kg体重，分2～3次内服）、酞酰磺胺噻唑（0.1～0.3g/kg体重，分3～4次内服）、磺胺甲基异恶唑等，抗生素中可选用金霉素、土霉素或氯霉素。如果病犬剧泻不止，应给以收敛药物以止泻，如活性炭0.5～2g，鞣酸蛋白0.5～2g，次硝酸铋0.3～1g，每日内服3次。

4. 强心补液：防止脱水与电解质失调。静脉滴注林格尔氏液100～500mL，维生素C 100～500mg，25%葡萄糖液20mL，每日静脉滴注1～2次。也可静脉滴注乳酸复方氯化钠溶液（乳酸1.5mL，复方氯化钠液600mL）。

5. 对症治疗：可补给维生素B、维生素C和维生素K，特别是排血便的，应补给维生素K。

气管支气管炎

犬气管支气管炎是指气管和支气管黏膜及其周围的炎症。

〔病因〕

1. 遭受寒冷刺激，吸入刺激性气体、煤烟及舔食有刺激性的药物等因素引起。

2.继发于病毒及细菌感染引起的某些疾病，如：犬瘟热、咽喉炎、副鼻窦炎、流行性感冒等病的病程中。

〔症状〕

本病主要特征是咳嗽。发病初期精神尚可，体温不高或稍高，鼻有少量或没有分泌物，人工诱咳阳性。严重并有细菌和病毒并发的气管炎;精神呈不同程度沉郁，食欲减少或废绝。有痛性咳嗽和鼻有分泌物，扁桃腺和咽部也发炎，呼吸频数和呼吸音增强，有啰音。胸部X线检查，可见支气管有斑状阴影。

〔预防与控制〕

1.预防感冒，避免机械因素和化学因素的刺激。

2.注意獒舍温暖及清洁、卫生，空气新鲜。

3.加强藏獒的锻炼，增强抵抗疾病的能力。

〔治疗〕

1.抗生素治疗可选用：氯霉素50mg/kg，每天3次口服；四环素20mg/kg，每天3次口服;卡那霉素5mg/kg，每天2次肌肉注射；庆大霉素1~1.5mg，每天3次肌肉注射。

2.镇咳药治疗可选用：氨茶碱10mg/kg，每天2-3次口服;咳平2~10mg/次，每天3次口服；麻黄素5~15mg/kg，每天3次口服。

3.呼吸困难者，可进行吸入氧气疗法。

4.厌食和脱水患病动物，须进行静脉输液，补充水分和营养。

甲状腺功能亢进（Canine hyperthyroidism）

简称甲亢，是指甲状腺激素分泌过多导致基础代谢增加和神经兴奋性增高的一种内分泌疾病。

〔病因〕

尚不明确。一般认为，甲状腺肿瘤是甲亢的主要原因。

〔症状〕

初期，出现烦渴、多尿、食欲增强，随后体重减轻、消瘦，心搏动增强，心电图电压升高，血压升高，喘息，喜找凉爽处休息，但直肠温度正常，眼球不同程度的突出，流泪，结膜充血，病獒表现不安，易疲劳。

〔治疗〕

1. 抗甲状腺药物疗法：常用硫脲类药物，如丙硫氧嘧啶口服，10mg/kg，每8小时一次，连用数月。当症状明显改善，体重增加，心率减慢时，逐渐减少用量，直至病情稳定。应指出的是用药头两周少数病例会出现食欲减、退、呕吐、嗜眠等副作用；两周后有皮疹、面部肿胀、瘙痒和肝功能异常等不良反应。

2. 手术疗法：多采用甲状腺不全切除术。

3. 碘化钠或碘化钾口服，每次1～2mg，每天一次，连用数天，可较好地抑制甲状腺分泌。

糖尿病

是指胰岛素相对或绝对缺乏，引起糖代谢紊乱的一种内分泌疾病。以8～10岁的藏獒最常见，且母獒的发病率比公獒高2～4倍。

〔病因〕

1. 遗传因素，糖尿病的发生有家族性。

2. 长期营养过量，使獒过度肥胖，导致可逆性胰岛素分泌减少。

3. 激素异常应用促肾上腺皮质激素、胰高血糖素、雌激素、肾上腺素等都能诱发藏獒糖尿病。

4. 胰腺炎、外伤、肿瘤和手术损伤胰岛 β 细胞。

5. 创伤、感染、妊娠及各种急性病造成的应激能促使皮质类固醇、胰高血糖素、肾上腺素、生长激素等分泌增多，胰岛素分泌减少。

6. 镇静药、麻醉药、噻嗪类药以及苯妥英钠等都可阻碍胰岛素的释放。

〔症状〕

1. 初期症状为尿频、尿多、多饮。进一步发展因体内不能充分利用葡萄糖而食欲亢进。多食。糖代谢障碍使脂肪和蛋白分解亢进，呈渐进性消瘦，表现为喜卧，不耐运动。

2. 呼出气体有酮臭味。酸中毒和酮体直接损害神经，导致顽固性呕吐、食欲减退，呼吸促迫，脱水，最后陷入糖尿病性昏迷。

3. 有一半左右的患獒出现白内障，有近一半左右的雌性患獒发生尿路感染，皮肤也可出现无菌性黄色肿胀。

4. 根据尿糖及血糖值高（空腹时血糖值高达140mg/100mL以上，正常值为60～100mg/100mL）可以确诊。重症患獒则出现酮尿，尿密度高达1.060～1.068（正常值为1.015～1.045）。

5. 血、尿糖值变化不明显的可进行葡萄糖耐量试验。

〔治疗〕

1. 食饵疗法：给予脂肪含量少，80%为肉、20%为米饭的食物。

2. 当食饵疗法不能控制症状时，可投给降血糖药物。如氯磺丙脲2～5mg/kg体重，每天1次，能直接刺激胰岛B细胞分泌胰岛素。口服甲苯磺丁脲，0.5～1g/次，每天3次，2天后减半，好转后低剂量维持。口服格列齐特50～200mg/天，分两次服用。

3. 投给促进糖利用的药物。如降糖灵20～30mg/天，口服；胰岛素锌，首次用量为尿糖浓度的2倍单位，皮下注射，然后根据尿糖量调整注射剂量。

4. 为防止发生脂肪肝，在食物中加入氯化胆碱0.5～2.5g，亦可使用胰酶和胆盐。

五、外科疾病防治

疝（Canine Hernia）

疝是藏獒的常发病，是指腹部的内脏从天然孔或病理性破裂孔脱至皮下或其他解剖腔的一种外科病。疝可分为可复性疝（疝内容物通过疝孔可还纳入腹腔）及不可复性疝（疝内容物被疝孔嵌闭或疝囊粘连而不能还纳入腹腔）。根据疝发生的部位，可分为脐疝、腹股沟疝及腹壁疝。

〔病因〕

1. 脐疝：（1）先天因素：主要与遗传有关。由于幼獒脐孔发育不全，脐孔没有闭锁，或因腹壁发育缺陷（如腹壁肌肉松弛），脐孔闭锁不全，而导致腹腔内容物（肠管、肠系膜等）脱出到皮下形成。（2）后天因素：多见于对母獒接产时，用力牵拉脐带，或不正确的断脐，导致腹壁脐孔撕裂或闭锁不全。当腹压加大时，腹腔内容物（肠管、肠系膜等）就会通过脐孔脱至皮下形成疝气。此外，处理脐带时，不注意消毒使脐带感染发炎，甚至化脓，影响脐孔闭锁，也易导致此病发生。

2. 腹股沟疝：（1）先天因素：与遗传有关，多是由于幼獒先天性腹股沟环过大，导致肠管、肠系膜甚至生殖器官的一部分或全部脱出到皮下形成，多为一侧性，有时为两侧性。（2）后天因素：藏獒急剧跳跃、爬跨，腹痛时努责等使腹压加大，腹股沟管被扩大而导致。

3. 腹壁疝：由于车祸，摔跌等纯性外力或动物间相互撕咬而引起腹壁肌层或腹膜破裂而表层皮肤仍保留完整，或腹腔手术之后腹壁切口内层缝线断开，切口开裂，腹侧壁肌层的破裂可能是腹外斜肌，腹内斜肌和腹横肌破裂，腹底部肌层的断裂则主要是腹直肌或耻前腱断裂。

〔症状〕

1. 脐疝：多发生于5月龄内的幼獒。病初，在患病幼獒腹部下方的肚脐处有一凸起柔软具波动性的球形囊状物，改变体位或用手压迫时，一般可将疝内容物很容易地纳入腹腔并还原，且在肿胀部位常能触到一个小指甚至大拇指粗的疝孔；当停止压迫或腹压增大时，肿胀物再次出现；如病程延长，疝内容物与腹膜粘连，可引起嵌闭性脐疝，肿胀物进一步增大、变硬，并与腹膜粘连，且患獒常出现呕吐、不食、体温升高、触摸患部表现疼痛等症状，此外还常继发肠臌气或便秘，改变体位或用手压迫已不能使肿胀物消失。

注：肠臌气，又名肠臌胀，旧名风气疝，兽医称"肚胀"或"气结"，是由于采

食大量易发酵饲料，肠内产气过盛和（或）排气不畅，以致肠管过度股胀而引起的一种腹痛病。

2.腹股沟疝：多见于母獒，尤其是2～6月龄的幼龄母獒。在患獒的腹股沟部一侧或两侧出现形状不规则的肿胀物，病初肿胀物柔软而有波动性，热痛不明显，症状轻微。患獒仰卧，人为提高后躯，并用手压迫肿胀部位时，肿胀物缩小甚至消失。而当患獒重新站立，停止压迫肿胀部位时，肿胀物再次出现；病后期，肿胀物显著增大、变硬，在与腹膜发生粘连后，改变体位，用手压迫肿胀物不能缩小或消失，且触摸和压迫肿胀部位时，患獒常出现腹痛不安等症状。

3.腹壁疝：腹壁破裂孔易发生在腹侧壁或腹底壁上，膁（小腿）部最常发。在损伤部位迅速出现肿胀、柔软，用手推压时可变小。一般局部有受伤的痕迹，受伤较重时，触摸有痛、有炎性反应。当腹壁疝并发内脏损伤时，可出现相应症状，如有内出血可出现贫血症状等。

〔预防与控制〕

1.对先天性疝气的患獒，不宜留作种用，应淘汰，杜绝近亲繁殖。

2.在母獒分娩时，采取正确的接产方法，正确断脐，在幼獒断脐后，应注意脐孔周围的无菌处理，以免感染发炎，影响疝孔的愈合，而发生疝气。

3.加强饲养管理，营养结构要合理，对幼獒不要让其过食饱饮，也不能让其剧烈运动(如急剧跳跃等)，对成獒应尽可能分开饲养，以免因相互斗架，撕咬，爬跨等而诱发本病。

〔治疗〕

1.脐疝：獒龄较小（4月龄内）而且疝孔较小的藏獒可以不需任何辅助治疗，只需平时在与幼犬玩耍时经常用手指按压疝囊，或用手指在疝轮处皮肤外轻加按摩或与按压交替进行，使疝轮人为的造成轻度发炎。借此方法使疝轮达到自然闭合的目的。如果疝孔较大或者疝内容物不易被纳回腹腔，可以实行手术治疗，特别是种用母獒，更应及早治疗，以免在将来母獒生产时引起更为复杂的疝部病变。

2. 腹股沟疝：1月龄以下初生幼獒的腹股沟疝，一般发病程度轻微，可自行复原，不必专门处理，加强护理即可；而1月龄以上的藏獒，如果疝孔较大或者疝内容物不易被纳回腹腔，则宜尽早手术治疗。

3. 腹壁疝：须尽早手术治疗。

外耳炎（Canine Otitis Externa）

外耳炎是外耳道的炎症。

〔病因〕

多种因素可以造成外耳炎。因耳道中经常存有污垢，是细菌生长繁殖的良好场所。

霉菌性外耳炎，是由曲霉属、青霉属和根霉属的霉菌，糠疹癣菌及念珠菌等引起；寄生虫性外耳炎主要是犬耳螨引起。水的浸入也是引起外耳炎的常见原因，若水进入耳道不易排出，致使微生物在潮湿温暖的环境中发育繁殖，而引起外耳炎。

〔症状〕

患外耳炎的獒表现摇头不安、有奇痒感，用后肢搔抓耳部，有时可见自身残伤引起擦伤和出血。耳部检查，外耳道内有黄褐色分泌物，并散有臭味，沾污耳下部披毛。随着病情的发展，局部肿胀加剧，或出现脓疱，流出棕黑色恶臭的脓性分泌物，常导致耳根部披毛脱落或发生皮炎，病獒听力降低。转为慢性时，耳道上皮变性增厚。若治疗不及时可向深部发展导致中耳炎、化脓性中耳炎，引起听觉障碍。

〔预防与控制〕

平时要经常检查，及时作耳部的清洁护理，应考虑耳垢的功用、清洁次数、以避免伤及耳道。如果发现流脓，应立即请医生诊治。

〔治疗〕

1. 清除耳道污物和水分：先以脱脂棉球堵塞外耳道，再用生理盐水、0.1%新洁尔灭或3%过氧化氢液冲洗外耳道，冲洗时可将病獒的头部向患耳侧倾斜，以利于冲洗液流出，并用干棉球吸干耳道内的液体；

用耳镜检查外耳道深部，并用镊子取出深部异物、耳垢或组织碎片。

2. 消炎、止痒：用滴耳油滴耳，2～3次/日。也可用新霉素、地塞米松、利多卡因混合液滴耳，2～6滴/次，3～4次/日

3. 除去病因：细菌性中耳炎可用庆大霉素液蘸入棉花将耳道中的污物彻底洗理干净。若是螨虫引起的中耳炎，可用敌百虫液（100mL水中放入敌百虫2g）浸入药棉洗理耳道。

髋关节发育不良症（Canine Hip Dysplasia，CHD）

出生后髋关节正常，但是由于骨头生长太快，肌肉生长速度跟不上，而使得股骨头被肌肉牵引脱出脾臼关节而引起的，因为正常的髋关节发育情形是脾臼和股骨头部（球体）之间，必须在整个成长期间都要能够很紧密地彼此接合在一起，也就是说脾臼必须够深，股骨头的球体必须成形，并且让股骨头可以与脾臼窝紧密，深陷且完美地结合在一起。

该病也是藏獒的一种严重的遗传疾病，该疾病的特点是髋关节的关节窝表面和股骨头表面无法相契合。由于二者无法契合，便衍生出不同程度的关节松脱现象，依关节松脱程度的轻重而显现出不同的病情。

〔病因〕

1. 最主要就是遗传因素。CHD的病因及发病机理至今尚不十分清楚。有人认为，CHD是一种生物力学疾病（Biomechanical disease），是由于骨盆主要肌群与骨骼的快速生长不相一致，这种不平衡的力迫使髋关节撕开，继而刺激产生一系列的变化，最终表现为髋关节发育不良及退行性关节病。也有人认为是耻骨肌痉挛或缩短导致股骨头对髋臼缘一个向上的力，致使髋臼缘向上歪斜而产生歪斜而产生发育不良的。

2. 其他因素。如关节受伤，以及许多环

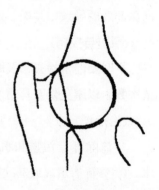

正常的髋关节

境因素等都可能造成藏獒发生髋关节发育不良症。在诸多的环境因素中，饮食和成长速度是关键性因子，特别是3周龄到8周龄的成长期幼獒更是容易受到这两项因子的影响。幼獒在3周龄到8周龄的这段期间，成长速度的快慢往往影响髋关节的正常发育；若成长速度过快，髋关节发生严重变化的机率往往较高，随后也容易出现退化性的变化。反之，成长速度慢的幼獒，发生髋关节异常的机率则较低。

〔症状〕

藏獒的髋关节是连接后肢与骨盆之间的部分。由一球状关节头和一窝状关节囊组成旋转式关节。运动时先后肢蹬地，然后收到身体下，再蹬地，这样循环反复地转动髋关节而推动身体前进。藏獒的运动依赖于构成关节的关节头和关节囊。关节头是股骨骨头上的球状部分，关节囊是骨盆上的髋臼部分。正常情况下，髋关节能做流畅的旋转运动，因此，能产生强大的后驱力，而且动作有节奏感。

半脱位髋关节　　　　　　　全脱位髋关节

CHD病理上的特征是股骨头与髋臼不适；髋臼浅、颈干角小或增大、关节松弛。由于关节松弛，造成股骨头与髋臼背缘的过分摩擦，导致髋臼背缘受力成倍增加，以至于髋臼背缘磨损加重，并引起股骨头软骨坏死，髋臼边缘骨赘增生。同时关节内滑膜液增多等。在轻微的髋关节发育不良中，股骨头与关节窝仅有轻微的分离。很多病例髋关节呈现半脱位状态，即关节窝覆盖股骨头的面积小于50%。严重的全脱位状态，股骨头从关节窝中彻底脱出来。

CHD的临床症状一般在4～12月龄间出现，但也有少数藏獒会在12～36月龄间出现。有些藏獒存在CHD但是短期内却不表现任何症状。

CHD的临床症状变化范围很大，从非常轻微的不适到严重的跛行。主要表现为：

1. 喜卧、不愿运动，特别不愿上下楼梯；

2. 躺下后起立费劲；

3. 奔跑时呈现三脚跳；

4. 走路时臀部扭动剧烈；

5. 髋关节运动检查时疼痛；

6. 触诊髋关节部异常敏感。

〔治疗〕

对于藏獒的CHD，任何药物都不能根治。唯一的解决途径就是手术。目前的外科治疗方法有：耻骨肌切断术（PM）、耻骨联合切除术（JPS）、骨盆三刀切手术（TPO）、股骨头切除关节成型术（FHNE）以及全髋关节置换术（THR）等等。

六、眼科疾病防治

结膜炎（Canine conjunctivitis）

结膜炎是最常见的一种眼病。以结膜充血和眼分泌物增多为特征。

〔病因〕

1. 机械性损伤、眼睑外伤、结膜外伤、眼内异物刺激、倒睫、眼睑内翻，化学性药物刺激、石灰粉、氨气，各种有刺激性的化学消毒药液及洗浴药液误入眼内。

2. 传染性因素及寄生虫性因素，如犬瘟热、眼丝虫病。

〔症状〕

本病的症状主要有结膜充血、羞明、疼痛、流泪、自眼角流出分泌物，其性质视结膜炎的病情而异。结膜炎初期，分泌物呈浆液性，内眼角下面披毛变湿，眼睛半闭。随着炎症的发展，眼睑肿胀明显，眼分泌物变成黏液性或黏液脓性，有的为脓性。排出的脓性分泌物常把上下眼睑黏合在一起。有时炎症波及角膜，引起角膜溃疡。

〔预防与控制〕

避免各种机械、物理、化学因素对眼睛的刺激。

〔治疗〕

1. 清除眼内分泌物，用2%～3%硼酸水或生理盐水冲洗眼睛，将眼内分泌物彻底清洗干净。

2. 用0.25%～0.5%盐酸普鲁卡因0.5mL、青霉素G钠20万单位、地塞米松注射液0.5mL混合后，做眼底封闭或结膜下封闭，1次/日。

3. 用氯霉素眼药水，可的松眼水交替点眼3～5次/日。也可用2%利多卡因混合青霉素或庆大霉素点眼，3～5次/日。

4. 患有结膜炎的藏獒，应放于光线暗的屋舍内，防止光线刺激眼睛。

角膜炎 (Canine keratitis)

角膜炎是指角膜表层或深层的炎症。炎症，为犬只常见眼病。

〔病因〕

1. 继发于某种疾病，如结膜炎、眼睑内翻、哈迪氏腺炎、眼睑肿瘤及眼睑丝虫病等。另外，传染性肝炎、犬瘟热也可继发本病。

2. 缺乏维生素B_2和维生素E时，容易患角膜炎。

3. 外伤和异物所致。如打斗、相互咬伤、擦伤及各种外力原因的作用。

〔症状〕

急性角膜炎的主要症状是羞明、流泪、疼痛、眼睑闭锁、结膜潮红。外伤所致的则角膜表面粗糙不平，角膜混浊，有的较轻微；只是一层半透明的角膜翳，有的较厚，呈不透明的白膜，因而病獒失明。病程较久的病例，引起角膜周缘充血和新生血管。严重时可引起角膜穿孔。则房水流出、虹膜外溢。

〔预防与控制〕

避免各种机械、物理、化学因素对眼睛的刺激。

〔治疗〕

1. 选择刺激性小、近于体温的林格氏液洗眼。对酸浸入的用3%的碳酸氢钠液，碱浸入的用1%的醋酸液点眼。在角膜未破裂时可用强的松龙点眼，有损伤时慎用。

2. 结合对原发病的治疗。由眼睑内翻、倒睫等继发的要予以矫正。为防止虹膜粘连，可用1%硫酸阿托品溶液点眼，每日1～3次，或用其软膏结膜囊内涂抹。为消退新生血管和控制角膜混浊，可用青霉素、普鲁卡因、地塞米松混合液注入患眼眶外上方的凹陷处，并斜向后内下方刺入2～3cm。注射后眼肿胀加剧，2～3日后即可消肿。犬传染性肝炎等继发虹膜炎的，病初不能用皮质类固醇制剂点眼，可选择易透过血液——房水屏障的氯霉素和庆大霉素肌肉注射。辅酶型维生素B₂，可促进角膜代谢，结膜囊内涂布，每日1～3次，对有血管新生和角膜混浊等的眼病有效。干性角膜炎可口服维生素A、维生素B、维生素C、维生素D。

3. 消炎止痛、防止感染；尤其在早期尽快用抗生素点眼，如0.5%～1%链霉素、0.25%氯霉素、0.5%四环素、0.5～1%新霉素等，每天点眼4～6次，每次1～2滴。严重的可用高浓度眼药水，如4万单位/mL的青霉素，5%链霉素，4万单位/毫升多粘菌素，每半小时点眼1次。0.5～1%硝酸银效果好，但点眼后半小时须用生理盐水冲洗去掉残留药液。

4. 透创时禁冲洗、严消毒，剪除溢出虹膜铺平还纳，涂黄降汞眼膏，装眼绷带。

5. 为消退新生血管和控制角膜混浊，可用青霉素、普鲁卡因、地塞米松混合液注入患眼眶外上方的凹陷处，并斜向后内下方刺入2～3cm。注射后眼肿胀加剧，2～3日后即可消肿。辅酶型维生素B2，可促进角膜代谢，结膜囊内涂布，每日1～3次，对有血管新生和角膜混浊等的眼病有效。

6. 犬传染性肝炎等继发虹膜炎的，病初不能用皮质类固醇制剂点眼，可选择易透过血液——房水屏障的氯霉素和庆大霉素肌肉注射。

7. 白天将藏獒放于暗的屋子内、防止强光刺激眼睛。

8. 干性角膜炎可口服维生素A、维生素B、维生素C、维生素D。

眼睑内翻（Canine Entropion）

眼睑内翻是眼睑边缘向内翻转，大部分或全部睫毛倒入眼球表面，刺激结膜和角膜，以至于引起炎症。

〔病因〕

先天性眼睑内翻是一种遗传缺陷；后天性眼睑内翻与眼睑外伤、结膜炎等眼病继发有关。

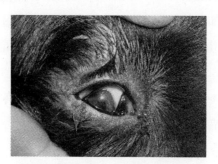

眼睫毛向内倒长，刺激眼球表面。

〔症状〕

症状表现为不断眨眼，流泪、结膜充血、角膜混浊、眼睑痉挛、眼垢，眼泪的量增多，眼睑边缘湿润。而患獒也会因为眼部不适而抓眼，造成发炎，时间长久可导致角膜溃疡，甚至可造成化脓性角膜炎、结膜炎以至于失明。

〔预防与控制〕

1. 先天性眼睑内翻尚无良好预防方法。

2. 避免各种机械、物理、化学因素对眼睛的刺激，造成后天性眼睑内翻。

〔治疗〕

1. 手术矫正术可获得永久性的效果。

2.手术后用氯霉素眼药水和可的松眼水进行交替。

七、产科疾病防治

乳腺炎 （Canine mastitis）

指一个或多个乳腺受到细菌的感染。按照病程，本病可分为急性和慢性两种；本病多发于哺乳期，是一种常见的产科病。

〔病因〕

1.急性乳腺炎主要常由于母獒乳头外伤，某些病原菌经外伤侵入乳房而感染发病。如：幼獒抓伤、咬伤以及摩擦、挤压、碰撞、划破等机械因素引起的损伤；引起乳腺炎的病菌多为葡萄球菌、化脓性链球菌、大肠杆菌等。

2.慢性乳腺炎多见于老龄獒、可能与激素失调有关。某些疾病如结核病、布氏杆菌病、子宫炎等也可并发乳腺炎。

〔症状〕

1.急性乳腺炎可出现病獒食欲减退，体温升高，精神不振，常卧地不起等全身症状。患部充血肿胀、变硬，温热疼痛，乳上淋巴结肿大，乳汁排出不畅或泌乳减少、停乳。病初乳汁稀薄，化脓性乳房炎时乳汁脓样，内含黄絮状物或血液。

2.慢性乳腺炎全身症状不明显，1个或多个乳区变硬，强压亦可挤出水样分泌物。

见有乳房外伤和上述临床症状即可确诊。

〔预防与控制〕

1.保持哺乳环境的清洁。

2.注重乳腺的清洁。

〔治疗〕

1.立即隔离幼獒，按时清洗乳房并挤出乳汁，以减轻乳房压力，缓解疼痛。

2.抗生素乳头注入效果良好，每日1～2次，注入后两手指捏住乳头轻揉乳房，使药液尽量扩散。每次注入前应挤净留奶。抗生素的选择最好以药物敏感试验结果为依据。

3.也可用普鲁卡因青霉素作乳房基底封闭，每日1～2次，同时应用抗生素作全身治疗。

4.炎症急性期，可于局部冷敷；慢性期，可于局部热敷。

第八章　藏獒的驱虫与免疫

一、藏獒的免疫程序及注意事项

1. 藏獒的常用疫苗

目前在国内临床上常用的疫苗主要是国产疫苗及进口疫苗：

国产疫苗有三联苗（狂犬病，犬瘟热，细小病毒）、五联苗（犬瘟热，细小病毒，犬副流感，传染性肝炎）、六联苗（狂犬病，副流感，传染性肝炎，细小病毒，冠状病毒，肠炎，犬瘟热）和七联苗（狂犬病，副流感，传染性肝炎，细小病毒，冠状病毒，肠炎，犬瘟热，传染性肝炎）；

进口疫苗有二联苗（荷兰英特威），五联苗（荷兰英特威、美国富道公司的苏威），六联苗（荷兰英特威、法国维克、美国富道公司的苏威、美国高升），七联苗（荷兰英特威、西班牙海博莱、法国维克），九联苗（美国富道公司的苏威）。

二联苗主要包括：犬瘟热、犬细小病毒病（DP）。

五联苗主要包括：犬瘟热、犬细小病毒病、犬传染性肝炎、犬副流感、犬腺病毒Ⅱ型。

六联苗主要包括：犬瘟热、犬细小病毒病、犬传染性肝炎、犬副流感、犬腺病毒Ⅱ型和犬钩端螺旋体病。

七联苗主要包括：犬瘟热、犬细小病毒病、犬传染性肝炎、犬副流感、犬腺病毒Ⅱ型和犬钩端螺旋体病，狂犬病。

九联苗主要包括：犬瘟热(Canine Distemper)，传染性犬肝炎(infectious Canine Hepatitis)，犬副流行性感冒(Canine Parainfluenza)，犬冠状病毒肠炎(Canine Coronavirus Enteritis)，犬钩端螺旋体症(Canine Leptospirosis)二型，犬细小病毒肠炎(Canine Parvovirus Enteritis)，犬出血性黄疸(Canine Hemorrhagic lcterus)，犬传染性支气管炎(infectious Tracheobroncheitis)。

目前，进口的犬六联苗质量好，保护率高，在大城市中多用。

狂犬病疫苗：也分进口苗和国产苗两种。3月龄时接种，每年1次，接种狂犬病疫苗是所有养犬者的义务，也是养犬法规的规定条例内容，是预防狂犬病、对人和犬都负责任的事情，必须执行接种。狂犬病疫苗接种最好选择单苗，以确保临床效果。

以上疫苗，只能接种一年，不能终身免疫。

2. 定义

为了弄清藏獒为什么要注射疫苗以及它们是如何产生作用的，此前必须了解以下一些相关的定义。

免疫接种：为了预防某些传染病的发生和流行，平时有计划地给健康獒注射免疫原（菌苗、疫苗、类病毒）或免疫血清，使犬机体自身产生或被动产生特异性的免疫力叫犬免疫接种（预防接种）。

抗原：所谓抗原，是指凡是能刺激动物体产生特异免疫的物质称为抗原。它是一种特异性免疫，是动物也包括犬在生活过程中，通过接触环境或微生物（细菌、病毒、寄生虫），或人工接种某种疫苗所获得的抗感染的能力，我们就称之为抗原。

抗体：所谓抗体，是指参与体液免疫的淋巴细胞为致敏B细胞。B细胞受抗原刺激后转化为浆细胞，合成免疫球蛋白，即抗体。

疫苗：疫苗是病毒经过特殊处理后的一种"抗原"，一般国内在使用的无非两种，一种是弱毒疫苗，一种是灭活疫苗。它的作用就是进入机体后诱导机体产生针对于该抗原的特定抗体，首先要明确它是特定的，也就是针对特定抗原的抗体，弱毒疫苗如果注射到病獒的体内，可以导致发病，也就是说，弱毒疫苗对于健康的獒来说是疫苗，对于病獒来讲是病毒。

主动免疫：疫苗病毒一旦进入动物体内後，则会刺激淋巴结T免疫细胞分裂，而进入血液循环中，并活化黏膜内层的B免疫细胞，其中部分B免疫细胞立即转变成浆细胞而分泌抗体，另有更多的B免疫细胞并不立即转变为浆细胞，反而成为记忆细胞（Memory cell），以备另有大量的抗原（即感染疾病时）入侵浆细胞时，这些记忆细胞再针对不同的抗原生产不同的抗体，这些抗体利用其趋化性（Chemotaxis）及抗体——抗原结合反应（Antibody-antigen reaction），将侵入的抗原完全消灭，这个过程我们称为主动免疫。

被动免疫：注射免疫血清或球蛋白，可使机体产生免疫状态，这种免疫是人工输入的抗体，机体本身并无抗体产生，是被动的，由于输入的抗体不断地被破坏和排出，持续时间不长，一般不超过3周，所有只是暂时的免疫。

移行抗体：系由幼獒吸吮母獒初乳，从中所获得的被动免疫抗体。据实验，幼獒可从初乳中得到77%的免疫保护力，随后母源抗体的浓度逐步降低，到1周龄时为45%，2周龄时为27%，3周龄时为16%，到8周龄时基本上没有了。

3.免疫力的产生和维持

幼獒出生时开始吸母奶，前3天的初奶含大量的移行抗体，足以保护它到六至八周，在幼獒身上抗体量最低的时候，应该适时地给它预防注射，第一次注射起到刺激机体免疫系统、唤醒免疫应答机制的作用；等到第二次注射后，已经醒来的免疫系统开始制造防御武器—抗体。抗体虽然很努力工作，产量仍不敷使用，所以再给予第三次注射，这回仿佛打了强心针，免疫系统全面活化，加速制造。此时所生产的抗体足够一年使用，这就是幼獒的基础免疫。

基础免疫后，幼獒体内产生的免疫力可以维持一段时间，随着时间的推移，免疫记忆减退、抗体水平降低，即这种免疫力将逐渐降低以至消失，因此，有必要再进行同类疫苗的复种，即通常所说的加强免疫。进口苗每年加强免疫一次，每次一支。

4.免疫程序

下面以英特威的二联苗和五联苗为例，向大家介绍山西龙城藏獒养殖基地幼獒的免疫接种程序以供借鉴：

怎么辨别各种英特威疫苗?

小犬二联苗=puppy DP 褐色盖(苗)+ DILUENT 红色盖(稀释液)

五联苗=DHPPi 深蓝色盖+DILUENT 红色盖(稀释液)

六联苗=DHPPi 深蓝色盖 + LEPTO 浅黄色盖

七联苗=DHPPi 深蓝色盖 + RL 狂犬二联苗(黑色盖)

狂犬苗=RABIES 天蓝色盖(水剂)

英特威疫苗犬用标签(DHPPi)中字母分别代表:D—犬瘟热病毒;H—肝炎病毒（包括腺病毒Ⅱ型);P—细小病毒;Pi—副流感病毒;R—狂犬病;L—钩端螺旋体、出血性黄胆钩端螺旋体。市面上还有一种贴有中文标签的英特威犬用四联疫苗,其实就是五联苗。

（1）接种时间：

第一次：幼獒出生30天（断奶一周后），二联苗1支；

第二次：第一次的3周后，五联苗1支；

第三次：第二次3周后，五联苗1支；狂犬病疫苗1支。

以后每年需注射一次注射二联苗，二次五联苗是因为针对国内常发的致命疾病主要是细小病毒和犬瘟热，所以有目的的加强对于这两种病的免疫力。

（2）免疫注射的正确方法：

①使用一次性注射器。②使用专用稀释液或注射水溶解冻干苗，用前轻轻将疫苗摇匀；液态苗用前同样需要轻轻摇匀。③不得触摸疫苗瓶盖；用75%酒精消毒瓶盖后，必须待酒精挥发掉再抽取疫苗。④注射部位在颈背部，用拧干的75%酒精消毒，稍待挥发再接种。

（3）免疫注意事项：

①接种疫苗后1周内最好先不洗澡，以防过冷过热引发感冒影响免疫效果，或者针眼被污染后引起感染。

②只有健康的藏獒才能接种疫苗，在注射前体检中凡是体温较高或

较虚弱的宠物，都暂时不要进行疫苗注射，等身体恢复健康或疾病完全康复后再注射。

③疫苗是生物制品，个别的藏獒接种后偶见过敏现象。因此，在为藏獒接种疫苗后，应停留10分钟左右，观察有无呼吸、心搏数的异常变化甚至休克现象，若有则应及时治疗。

④在藏獒免疫期间，最好不要用药，特别是像一些皮质激素类如地塞米松等，还有像左旋咪唑，小剂量可以增强免疫，大剂量却能抑制免疫，从而导致免疫的失败。

⑤疫苗的接种必须按生产厂家所附的说明书或瓶签上注明的方法使用。一次使用后剩余的疫苗必须废弃（不可乱丢弃）。冻干制剂用稀释液稀释后，必须立刻用完，否则会迅速变质。超过有效期的不能使用。

⑥疫苗的保存温度一般在2℃～8℃，超出这个温度120分钟就已失效。一份疫苗由冻干苗和液体苗两部分组成。判断疫苗失效与否可将装冻干苗的瓶底翻过来看，如果看到是裂纹状的干粉，那么这瓶疫苗一定是超温融化后再次冻结的，实际已经失效。或者将冻干苗加入稀释剂，如果不是均匀的混悬液，则疫苗已经失效。液体苗也是根据是不是均匀的混悬液来判断。有条件的獒场，可以参照山西龙城藏獒养殖基地的实验方法来鉴别：根据长期温度较高会使冻干苗中蛋白质佐剂变性酸败，所以可以用10毫升稀释液［Na_2HPO_4（无水）12mg、KH_2PO_4（无水）7mg、NaCl 80mg、酚红0.25mg、加水至10毫升］稀释疫苗，如颜色呈粉红色为正常，如果颜色呈黄色（酚红指示剂中性时为粉红色,酸性时为黄色）则疫苗失效，就不可应用。

⑦对易感染的藏獒，外来不明免疫情况的藏獒，在免疫前应该先注射高免血清，10日后再接种疫苗。

5. 影响疫苗失效的因素

（1）免疫程序错误。对初生的幼獒本来应该间隔一定时间连续免疫3～4次，可主人不理解或因经济等方面的原因，认为给幼獒打一次防疫针就够了，这是造成免疫无效的主要原因。

（2）母源抗体的干扰。新生獒可通过母獒的乳汁和胎盘获得一定量的免疫抗体，这些抗体可抵抗某些传染源的侵袭，对幼獒的保护作用能维护6～10周，但它也同样能干扰并中和疫苗病毒的抗原性，这期间如给幼獒注射疫苗，不但不能刺激幼獒体内产生抗体，甚至反会降低母源抗体对病原的抵抗作用。

（3）疫苗方面的因素。一是疫苗的种类不同，免疫效果亦不尽相同，如同源疫苗（用实验犬所制疫苗）比异源疫苗（用其他动物生产的犬疫苗）效果好，弱毒的活疫苗一般比灭活苗效果好，此外还有单价苗、二联苗、三联苗、五联苗、六联苗等，其免疫效果亦有差别；二是疫苗的质量也有差别，如进口疫苗与国产疫苗、国内不同厂家所研制的疫苗等，不管从实验检测还是从实际应用的效果看均存在差异；三是疫苗的运输保存不合要求也会影响效果，如有些活的弱毒苗从生产单位托运到具体兽医诊所需2～3天，甚至更长时间，如果冷冻、冷藏措施不力，活苗部分或全部变成死苗，肯定会影响免疫效果，再如长期保存期间，冰箱、冰柜断电，出故障等也会影响疫苗质量。

（4）免疫缺陷。这是藏獒本身的问题。有先天性的免疫功能不全，即这种犬对疫苗很少或完全不产生反应，也有后天性的，如，藏獒因某些内外因素而处于免疫抵制状态，通常说生病的藏獒暂时不宜打防疫针是为了避开免疫抵制状态。

（5）已经感染病毒。即使注射疫苗前给藏獒做了检查，各项指标正常，仍有可能因处于发病的潜伏期而检查不出来。疫苗产生的抗体只对血液中的病毒有效，对已经进入细胞的病毒无效。所以，如果注射疫苗前已经感染了病毒，则注射疫苗无效。

（6）使用不当。疫苗不宜在臀部注射。臀部脂肪组织多，免疫活性细胞少，注射后产生的抗体滴度低，抗体下降速度快。

（7）病毒的变异。即使注射疫苗产生了高滴度的抗体，少数藏獒仍有得病的可能。这是因为病毒可以发生变异，而现有的疫苗是针对正常病毒。如果病毒表面抗原发生了突变，注射疫苗的藏獒不幸感染了这种变异病毒，就仍有可能得病。

（8）健康状况不佳。例如寄生虫未清除干净、有高烧等，造成免疫失败。

（9）其他。如年龄的影响，过老、过幼的藏獒对抗原发生应答的能力比较差，体温过高、过低也有影响，防疫的同时使用一些免疫抵制类药物，可导致免疫反应性降低。

二、藏獒的驱虫

幼獒在2～3月龄时，会有拉稀现象，俗称"翻肠子"。这是体内寄生虫性肠炎。一般由蛔虫、钩虫、绦虫、鞭虫、线虫等引起，轻者造成幼犬腹泻、消瘦，甚至吐虫子，重者可引发小肠套叠，或者脱肛，严重影响獒的正常生长发育。因此，獒主应定期给藏獒驱虫，定期驱虫是保证獒体健康的重要措施之一。

1. 国内常用的驱虫药物剂量及用法

药物名	驱虫谱	剂量	用法
左旋咪唑（左咪唑）	蛔虫、钩虫、棘头虫、丝虫	10mg/kg 体重	内服，混饲或混饮水中投入，1次/天
噻咪唑（四咪唑）	蛔虫、钩虫、棘头虫	10~20mg/kg体重	内服，1次/天
甲苯咪唑	钩虫、蛔虫、钩虫、蛲虫、鞭虫、粪类回线虫	10mg/kg体重·次	内服，2次/天，连用2天
丙硫咪唑	绦虫、蛔虫、蛲虫、鞭虫、美洲钩虫、十二指肠钩虫、粪类圆线虫、对犬弓首蛔虫有特效	10~20mg/kg体重	内服，1次/天，连用3天
噻嘧啶（抗虫灵）	蛔虫、蛲虫、钩虫、鞭虫	5~10 mg/kg体重·次	内服
枸橼酸哌嗪（驱蛔灵）	蛔虫、蛲虫	100mg/kg体重	内服
丙硫苯咪唑	绦虫、吸虫、蛔虫	20~50mg/kg体重·次	内服，1次/天，连用3天

药物名	驱虫谱	剂 量	用 法
芬苯达唑	广谱抗虫药:蛲虫、蛔虫、线虫、绦虫、囊虫和肝片吸虫	125mg/kg体重	内服,1次/天,连用3天
六氯对二甲苯	华支睾吸虫、肺吸虫、姜片虫、阿米巴原虫、疟原虫、绦虫、钩虫、蛔虫、蛲虫	50mg/kg体重	内服,1次/天,连用10天
吡酮	日本血吸虫病、绦虫、华支睾吸虫、肺吸虫	5~10mg/kg体重·次	内服
氯硝柳胺哌嗪	绦虫	12 5mg/kg体重·次	内服,用药前须空腹1夜
氢溴酸槟榔碱	犬细粒棘球绦虫、带绦虫	2~4mg/kg体重·次	内服,用药前须禁食12~20小时,为防止呕吐,服药前15~20分钟给稀碘酊液(水10毫升,碘酊2滴)
槟榔	丝虫	20~50g/只·次	连用2~3次,每次间隔7~10天
阿苯达唑	广谱抗虫药:蛔虫、蛲虫、鞭虫、钩虫	2.5mg/kg体重	静注4~5天用1次
溴氰菊酯(5%乳油)	螨虫	50~80PPm	药浴或喷淋,必要时7~10日重复1次
巴胺磷(赛福丁)	螨虫	125~250PPm	涂擦
阿维菌素	广谱抗虫药:线虫、钩虫、蛔虫、蛲虫、昆虫和螨虫		0.2mg/kg,皮下注射(幼獒使用时应加倍小心,严格控制使用量)
双甲醚	螨虫	250PPm	涂擦
伊维菌素	广谱抗虫药:蛔虫、钩虫、大形圆线虫、类圆线虫、肺线虫、肾虫、蛲虫、虱子、疥螨及蝇蛆病	200ug/kg体重	皮下注射

第八章 藏獒的驱虫与免疫

抗原虫药			
三氮脒(贝尼尔血虫净)	广谱抗虫药:弓形虫、巴贝斯梨形虫、泰勒梨形虫、焦虫、锥形虫、无浆体病、附红细胞体病	3.5mg/kg体重	皮下注射,肌注,1次/天,连用2天
咪唑苯脲	焦虫、巴贝西虫、梨形虫、	5mg/kg体重	皮下注射,可间隔24小时后再用1次,5~7mg/kg体重肌注,可间隔14天再用1次
硫酸喹啉脲	锥虫、梨形虫、巴贝西虫	0.25mg/kg体重·次	皮下注射
磺胺嘧啶钠(SD)	弓形虫	70mg/kg体重	内服,2次/天,连用4~5天甲氧苄氨嘧啶14mg/kg体重(TMP)
磺胺-6-甲氧嘧啶	弓形虫	初次量0.2g/kg体重·次	内服,连用4~5天,维持量0.1g/kg体重·次
杀虫药			
敌百虫	广谱抗虫药:蛔虫、结节虫、鞭虫、胃虫、姜片吸虫、螨、蜱、蚤、虱	75mg/kg体重	内服,每3~4日1次,共用3次
敌敌畏	鞭虫,结节虫,大线虫、蛔虫、螨虫、昆虫	1%	喷洒

2. 驱虫时间表

藏獒年龄	驱虫频率
出生至3个月	每2星期一次
3个月至一岁	每2个月一次
一岁以上	每3~4个月一次
怀孕母獒	配种前及生产后的1个月各一次

3. 注意事项

（1）由于幼獒可以从吃母乳时被寄生虫感染，舔土、舔墙、舔其他犬的粪便等也能感染寄生虫，因此，从幼獒起，定期驱虫是必须的。

（2）在众多的驱虫药中，很多都标明具有广谱性，但我们在驱虫实践中发现，藏獒体内不同种类的虫，并不是对所有的具有广谱功能的驱虫药都有很强的敏感性，有的体内寄生虫对这种药物具有敏感性，对另一种药物就不具有敏感性，因此我们用一种驱虫药往往不能将藏獒体内所有的虫驱除。科学的用药方法是在驱虫前先进行粪便化验，以确定藏獒体内有什么样的虫体，再针对性的用药，当完成用药后，再进行粪便化验，检验是否将虫驱掉。或者在不同的驱虫阶段，将不同的驱虫药交叉使用，也可以具有很好的效果。

（3）服用驱虫药一般在空腹时服药为宜，以便药力充分作用虫体，从而奏效更为迅捷。

（4）驱虫药有一定的毒性，驱虫时要特别注意把握药量，驱虫的间隔期因驱虫药而有差别，要根据藏獒的大小，身体情况实际操作，饲主自己不要随便给药，需遵照指示用量。

（5）成獒的寄生虫感染一般呈隐形，所以即使没有在粪便中发现虫体，也应该按时驱虫。

（6）怀孕獒最好不要服用甲苯咪唑或"两片"。涂擦的藏獒要防止雨水淋湿。

（7）驱虫后10天的粪便应马上收集进行发酵处理，杀死虫卵和幼虫。

（8）注意清洁卫生，消灭虫源。保持獒舍、獒体、食具、饮具、食物的清洁卫生。

（9）发现患病獒只应立即隔离，并进行全面彻底的消毒工作，防止疫情扩散。关于这方面的详细内容请参见本书的《藏獒常见的疾病与诊治》。

第九章　藏獒的急救处理

一、创伤和烧伤

创　伤

〔病因〕

有刺创、切创、砍创、撕创和咬创等，最常见的创伤为打架的咬伤及脚的割伤。

〔诊断要点〕

创伤的主要症状为出血、疼痛、撕裂。严重的创伤可引起机能障碍，如四肢的创伤可引起跛行等。

〔治疗〕

1.新鲜创伤：在剪毛、消毒、清洗创伤附近的污物、泥土后，根据受伤程度，采取相应措施。如小创伤可直接涂擦碘酒、5%龙胆紫液等。创伤面积较大，出血严重及组织受损较重时，首先以压迫法或钳压法或结扎法止血，并修整创缘，切除挫伤的坏死组织，清除创内异物，然后进行必要的缝合等。

2.陈旧创或感染创：应以3%～5%过氧化氢溶液洗涤，创口周围3～4cm处剪毛或剃毛。对皮肤消毒后，涂以5%碘酒，然后根据刨伤性质及解剖部位进行创伤部分或全部切除，如创缘缝合时，必须留有渗出物排泄口，并装纱布引流。也可装防腐绷带或实行开放治疗。治疗中应根据病犬精神状态作全身治疗。

烧　伤

〔病因〕

(1) 沾到具腐蚀性液体；　(2) 热水上身；　(3) 咬电线

〔诊断要点〕

烧伤程度的轻重决定于烧伤达到深度和烧伤的面积。烧伤的越深面积越大，伤情也越严重。一度烧伤，是表层被损伤，局部有轻微热、肿、疼。一般7天左右自愈，不留疤痕。二度烧伤，是伤及真皮的浅层，伤面披毛烧光或留有短毛，表皮易脱落，局部渗出血浆，积聚于表皮与真皮之间，呈现水泡或带痛性水肿。三度烧伤，为皮肤全层或深层肌膜，肌肉和骨组织受伤。伤面呈焦痂状，无痛，皮温降低，经1～2周伤面溃烂、脱落，露出高低不平的伤面，易感染，整个伤面被覆肉芽组织，老化后形成严重的疤痕组织。

〔治疗〕

1. 处理伤面：及时合理地处理伤面是防止感染，预防败血症和促进伤面愈合的主要环节。如果藏獒身上还有引起"烧伤"的物质，用冷水把它洗掉。一度烧伤可不必用药，保持创面干燥即可自愈。二度烧伤面可用5%～10%高锰酸钾液或3%紫药水涂布，使创面形成痂皮，防止细菌侵入。在脱痂时，可用2%食盐水内加0.1%新洁尔灭液进行湿敷，促进肉芽组织和上皮的生长。对三度烧伤的伤面，按二度烧伤处理，保持干燥，防止感染，经1～2周当焦痂脱落时，应及时剪除坏死的焦痂，应促进肉芽组织生长，同时涂布药膏。

2. 防止休克：尽量使病獒安静，强心镇痛。早期肌肉注射常规量氯丙嗪、安乃近、强尔心、安钠咖等。对烧伤病獒应尽量经口补充水分，在饮水中加入食盐和碳酸氢钠，以减少输液量。

3. 控制感染和败血症：应早期大剂量应用青霉素和链霉素，也可选用其他广谱抗菌素。及时的伤面处理，是防止败血症的重要措施。如发生败血症的重要措施。如发生败血症应进行全身疗法。

二、骨折、脱臼

骨 折

〔病因〕

各种直接或间接的暴力都可引起骨折。如摔倒、奔跑、跳跃时扭闪，重物轧压，肌肉牵引，突然强烈收缩等都可引起骨折。此外，在佝偻病、骨软症等患病幼犬，即使外力作用并不大，也常会发生四肢长骨骨折。

〔诊断要点〕

骨折的特有症状是：变形，骨折两端移位（如成角移位、纵轴移位、侧方移位、旋转移位等），患肢呈短缩、弯曲、延长等异常姿势。其次是异常活动，如让患肢负重或被动运动时，出现屈曲、旋转等异常活动（但肋骨、椎骨的骨折，异常活动不明显）。在骨断端可听到骨摩擦音。此外，尚可看到出血、肿胀、疼痛和功能障碍等症状。

在开放性骨折时常伴有软组织的重大外伤、出血及骨碎片，此时，病犬全身症状明显，拒食，疼痛不安；有时体温升高。

〔治疗〕

1. 紧急救护：应在发病地点进行，以防因移动病獒时骨折断端移位或发生严重并发症。紧急救护包括：一是止血，在伤口上方用绷带、布条、绳子等结扎止血，患部涂擦碘酒，创内撒布碘仿磺胺粉。二是对骨折进行临时包扎、固定后，立即送兽医诊所治疗。

2. 整复：取横卧保定，在局部麻醉下整复。

3. 固定：对非开放性骨折的患部作一般性清洁处理。开放性骨折则在一般处理后，创面撒布碘仿磺胺粉，再以石膏绷带或小夹板固定。

4. 全身疗法：可内服接骨药（云南白药等），加喂动物生长素、钙片和鱼肝油等。对开放性骨折患獒，可应用抗生素及破伤风抗毒素，以防感染。

脱　臼

关节骨端的正常的位置关系，因受力学的、病理的以及某些作用，失去其原来状态，称关节脱位（脱臼，dislocation）。关节脱位常是突然发生，有的间歇发生，或继发于某些疾病。本病多发生于藏獒的髋关节和膝关节。肩关节、肘关节、指（趾）关节也可发生。

〔病因〕

外伤性脱位最常见。以间接外力作用为主，如蹬空、关节强烈伸曲、肌肉不协调地收缩等，直接外力是第二位的因素，使关节活动处于超生理范围的状态下，关节韧带和关节囊受到破坏，使关节脱位，严重时引发关节骨或软骨的损伤。

在少数情况下是先天性因素引起的，由于胚胎异常或者胎内某关节的负荷关系，引起关节囊扩大，多数不破裂，但造成关节囊内脱位，轻度运动障碍，不痛。

如果关节存在解剖学缺陷，比如脾臼窝浅，当外力不是很大时，也可能反复发生间歇性习惯性脱位。

病理性脱位是关节与附属器官出现病理性异常时，加上外力作用引发脱位。

〔诊断要点〕

1. 关节变形：关节的外形和轮廓发生改变，使正常的关节部位出现隆起或凹陷。

2. 异常固定：关节两骨端固定于异常位置而使肢体不能屈曲或不能伸展，被动活动时有弹性感。

3. 关节肿胀：由于关节的异常变化，造成关节周围组织受到破坏，因出血、形成血肿及比较剧烈的局部急性炎症反应，引起关节的肿胀。

4. 肢势改变：肢体被固定于内收、外展、屈曲或伸展状态，如髋关节的股骨头前上方脱位时，患肢呈外展姿势；髌骨内方脱位时，患肢呈弓形腿，膝关节屈曲，趾尖向内，小腿内旋；髌骨外方脱位时，膝关节屈曲，趾尖向外，小腿外旋；肘关节脱位时，肘关节屈曲，不能伸展等。患肢延长或缩短：一般在不全脱位时，患肢延长；完全脱位时，患肢变短。

5. 机能障碍：受伤后立即出现跛行或三肢跳，患肢不能举扬或负重。

〔治 疗〕

1. 整复：整复就是复位。复位是使关节的骨端回到正常的位置，整复越早越好，当炎症出现后会影响复位。整复应当在麻醉状态下实施，以减少阻力，易达到复位的效果。

整复后应当拍X片检查。对于一般整复措施整复无效的病例，可以进行手术治疗。

2. 固定：为了防止复发，固定是必要的。整复后，下肢关节可用石膏或者夹板绷带固定，经过3~4周后去掉绷带，牵遛运动让病獒恢复。在固定期间用热疗法效果更好。由于上肢关节不便用绷带固定，可以采用5%的灭菌盐水或者藏獒的自身血向脱位关节的皮下做数点注射（总量不超过20mL），引发周围组织炎症性肿胀，因组织紧张而起到生物绷带的作用。

3. 功能锻炼：

固定期间应经常进行关节周围肌肉的舒缩活动，和患肢其他关节的主动运动，以促进血液循环、消除肿胀；避免肌肉萎缩和关节僵硬。

三、中 暑

藏獒极易发生中暑，这是因为藏獒的体表缺乏汗腺而又有披毛，保温效果好而散热功能差，其体温调节主要依赖于舌和爪。所以炎热的夏季极易发生中暑现象，极易死亡。

〔病因〕

主要原因是周围不幸的高温、高湿、缺乏饮水、通风不良，机体吸热增多而散热减少，训练程度过大，肌肉剧烈活动，产热增多等。体形肥胖、有心脏病、披毛浓厚、缺乏锻炼的狗也容易中暑。

〔诊断要点〕

轻度的中暑獒，通常在高温环境下一定时间后，出现全身疲乏，四肢无力，结膜潮红，大量流涎，呕吐。中度和重度的中暑獒，血压下降，可视黏膜苍白、皮肤冷感、脉弱或缓慢、体温升高，直肠温度可达41℃以上，有明显的脱水症状、烦躁不安、四肢抽搐、行走不稳、呕吐、腹泻、最后出现昏迷，严重者会血管内凝血而导致死亡。

〔治疗〕

如果您的藏獒出现以上症状，应立即把它放在阴凉通风的地方，在藏獒的头部、股下、大腿内侧放入冰块（没有冰块可放冰棍），也可用凉水冲洗全身降温，促进散热。肌肉注射氯丙嗪1～2mg/kg体重，进行降温。为防止肺水肿，静脉或肌肉注射地塞米松1～2mg/kg体重。对心脏功能不全者，可应用安钠咖，洋地黄制剂等强心剂。

〔预防措施〕

1. 避免藏獒在强烈的日光下活动，活动都应避开高温时段，每天早晨6时和傍晚才开始活动，切忌过力奔跑。

2. 保证充足的饮水，充足的饮水是防止中暑的好办法。

3. 加强居住环境的通风散热，及时清除狗舍粪便，并向地面泼洒凉水。

4. 在高温季节还要经常给藏獒洗冷水浴。对于长毛藏獒、披毛浓厚的藏獒，应该把毛剃掉，提高散热能力。

5. 肥胖藏獒只要注意减肥，因为肥胖藏獒在炎热时产热量高，更易中暑。

四、皮肤过敏

〔病因〕

1. 体外寄生虫：蚤、虱、蜱的口器、唾液、排泄物过敏。

2. 皮肤螨虫过敏。

3. 外界接触性过敏，如尘埃、花粉、植物、化纤织物，有的甚至浴液过敏。

4. 食物过敏。藏獒过敏原因较为复杂，不易确诊。

5. 接种反应，接种疫苗后有些藏獒会出现皮肤的反应。

〔诊断要点〕

皮肤过敏分为急性过敏反应和慢性过敏反应。

1. 急性过敏反应：常发生在口服或注射药物或食入某些敏感的蛋白质后立即出现脸部、四肢红肿、全身丘疹、瘙痒，有些严重的还会出现呼吸急促甚至休克死亡。

2. 慢性过敏反应：可表现为全身起红疱、丘疹、瘙痒、皮肤掉毛，有些还伴有慢性耳炎（耳内红肿、渗出）及呕吐、腹泻症状。临床上皮肤过敏症主要以慢性过敏或局部性反应为主。

〔治疗〕

1. 除去病因。停止与一切可疑过敏物的接触（包括可疑食物），除虫、除螨。

2. 脱敏止痒。口服或肌肉注射皮质激素，应用抗过敏、止痒药物，如波尼松1mg/kg体重，地塞米松0.15～0.25mg/kg体重。

3. 对藏獒接种疫苗后，有可能出现局部的红肿和轻度过敏反应，一般会自动消除，不需要进行处理。过敏较严重的藏獒（很少），可注射肾上腺素救治。

五、中　毒

食物中毒

〔病因〕

藏獒食入腐败变质的鱼、肉、酸奶和其他食物后，由于这些变质的食物中含有较大数量的变形杆菌、葡萄球菌毒素、沙门氏菌肠毒素和肉毒梭菌毒素而引起中毒。变质的鱼因为有变形杆菌的污染，引起蛋白质分解，产生组织胺，引起机体产生中毒症状。

〔诊断要点〕

组织胺中毒潜伏期不超过2小时，中毒獒突然呕吐，下痢，呼吸困难，鼻涕多，瞳孔散大，共济失调，藏獒可能昏迷，后躯麻痹，体弱，血尿，粪便黑色。

肉毒梭菌毒素引起藏獒的运动性麻痹，出现昏迷，甚至死亡。肉毒梭菌中毒时藏獒的症状与食入量有关。初期，颈部、肩部肌肉麻痹，逐渐出现四脚瘫痪，反应迟钝，瞳孔散大，吞咽困难，唾液外流，两耳下垂。眼以结膜炎和溃疡性角膜炎多见。最后因呼吸麻痹而死亡。肉毒梭菌中毒的病程短，死亡率高。

〔治疗〕

1. 发病初期可静脉注射催吐剂阿扑吗啡，其用量为0.04mg/kg体重。必要时进行洗胃、补液及进行适当的对症治疗。同时对中毒的藏獒进行饥饿疗法，停止饲喂。

2. 治疗腐败鱼肉中毒可以静脉或皮下注射葡萄糖、维生素C，内服苯海拉明，肌肉或皮下注射青霉素。

3. 葡萄球菌毒素中毒可以起引起急性胃肠炎症状，病獒呕吐、腹痛、下痢。严重时出现呼吸困难、抽搐和惊厥。治疗时采用催吐、补液和对症治疗。必要时可以洗胃、灌肠。 同时对中毒的藏獒进行饥饿疗法，停止饲喂。

4. 肉毒梭菌中毒发病后立即注射抗毒素，静脉或肌肉注射。

药物中毒

〔病因〕

指藏獒舔到农药、虱粉、杀虫剂、驱虫剂等。

〔诊断要点〕

不同的药物中毒引起藏獒的症状反应有所不同。中毒的藏獒多表现为流眼泪，流口水，呼吸困难，恶心，呕吐，下痢，食欲不振，精神萎靡等。有机类鼠药还会引起烦躁不安、动作迟钝、狂叫、呕吐、腹痛、大小便失禁等症，同时体温下降，呼吸困难，稍后后肢瘫痪，惊厥抽搐，直至最后死亡。

〔治疗〕

1. 若藏獒刚刚误食毒物即被发现，可根据不同药物种类采用不同的洗液反复洗胃。如磷化锌中毒采用0.1%的高锰酸钾溶液反复洗胃。氟乙酸钠盐中毒则采用0.2%～0.5%氯化钙溶液，用量视藏獒年龄控制在100～200mL，洗胃3～5次。

2. 催吐导泻。洗胃后以1%的硫酸铜溶液反复灌服催吐，每次灌服15～20mL，然后灌服15%硫酸钠或硫酸镁10～15mL导泻。如无相关药物，亦可以适量植物油代替。催吐导泻可使病獒尽快排出胃肠中的毒物，减少吸收。

3. 排出大量的毒物后马上灌服大量的牛奶、豆浆、蛋清等，这些物质的胶体蛋白可黏附并稀释毒物，同时保护胃肠黏膜免受损失，使残余毒物尽快排出。

4. 若药物已在消化道内停留较长时间，并有所吸收，藏獒已经出现中毒症状，在采取上述措施后再用相关药物对症治疗。如氟乙酸钠中毒采用乙酰胺肌注，每kg体重0.1～0.3g，首次注射可用全量一半，每日3～4次，连用5～6天；有机磷农药中毒配合硫酸阿托品服用碳磷定或氯磷定；亚硝酸盐中毒用亚甲蓝注射液静脉注射。

5. 如果中毒症状严重，可视藏獒的年龄和体况放血300～600mL，并同时输500～800mL葡萄糖生理盐水补液。

6. 采取以上疗法的同时，可视症状采取相关的辅助疗法。镇静解痛可静注10%葡萄糖酸钙或戊巴比妥钠；呼吸困难可肌肉注射安钠咖0.1～0.5g。同时要给予大量饮水和牛奶等流质饲料。

六、休 克

休克是指身体内有效循环血容量减少，即处于工作状态的血量减少，结果使得心、脑、肝、肾等重要器官不能得到足够的血液供应，也就不能正常工作、代谢，最后导致器官受损、功能出现障碍。休克病情严重、治疗不及时还有可能危及生命。

虚脱多是由于大量失血或失水、中毒等引起心脏和血液循环衰竭的现象。是休克的一种。

〔病因〕

1.低血容量性休克常见于严重外伤、内脏和大血管破裂、手术中出血过多等（失血性休克）；大面积烧伤导致血浆丧失（烧伤性休克）；严重呕吐或腹泻引起的脱水（脱水性休克）。

2.心源性休克是原发性心力衰竭引起的休克状态，由心输出量减少及返流的静脉血减少引起。

3.血管源性休克由微循环的毛细血管开放与扩张以及小动脉的广泛性扩张，导致血管容量增大所致。常见于严重感染（内毒素性休克）；严重外伤、火器伤、大手术及骨折（疼痛性休克或外伤性休克）；应用青霉素和磺胺类药物、注射异种血清或蛋白质等（过敏性休克）。

〔诊断要点〕

体温突然下降，脉搏频数而细弱，结膜苍白，末梢厥冷，呼吸浅快，血压下降，浅表静脉萎陷，尿量减少或无尿，肌肉无力，反应迟钝，精神高度沉郁甚至昏迷是各种类型休克的共同症状。

1.低血容量性休克：有失血、脱水或烧伤的病史，精神沉郁，眼结膜苍白或眼球凹陷，皮肤弹性降低，心率加快，第一心音增强，第二心音微弱，甚至听不到，脉搏细弱如线状，甚至不感于手，毛细血管再充盈时间延长（>2分钟），中心静脉压降低。

在急性失血时，红细胞压积容量明显下降，而在脱水时，红细胞压积容量增高。

2. 心源性休克：伴有明显的心力衰竭症状，如咳嗽，呼吸困难，结膜发绀，心律失常，心动过速甚至心跳骤停。触电引起的心源性休克往往有左心衰竭和肺水肿。中心静脉压明显增高。

3. 血管源性休克：有严重感染，伴有严重疼痛性疾患或接触过敏源和用药病史，伴有原发病的症状或过敏反应的症状。

〔治疗〕

静脉输入扩容剂（林格氏液、生理盐水、代血浆或输血等）；合理使用血管扩张剂（多巴胺、多巴酚丁胺等），调节微循环的功能；输氧，抗感染；调节体内酸碱平衡等。针对具体病情可用下列方法：

1. 低血容量性休克

（1）静脉注入林格氏液，藏獒在最初15～20分钟内的剂量为90mg/kg，然后缓慢静脉滴注。

（2）对失血性休克病例，应输注新鲜血液，剂量为20mg/kg。如找不到供血的藏獒，可给予6%右旋糖酐注射液20～100mL静脉注射。

2. 心源性休克的治疗关键是针对心力衰竭和心律失常进行各种处理，可给予增强心肌收缩力、抗心律失常的药物，如硫酸喹尼丁，盐酸利多卡因。

3. 血管源性休克

（1）针对原发病给予抗微生物药物。如庆大霉素、先锋霉素等。

（2）对过敏性休克的藏獒，应立即用肾上腺素制剂静脉注射，以解除支气管痉挛和抗后肠系膜血管扩张；多巴胺每分钟2～5ug/kg或多巴酚丁胺每分钟2.5～10ug/kg，静脉滴注；同时使用糖皮质激素(强的松20mg/kg，静脉注射；地塞米松2～4mg/kg，静脉注射)，以解除机体过敏状态。

（3）静脉输注电解质平衡溶液。

（4）对于伴有剧烈疼痛的疾患，应给予镇痛、镇静的药物（杜冷丁3～5mg/kg肌肉注射），并及时处理外伤，固定骨折部。

七、脓 肿

〔病因〕

本病主要继发于各种局部性损伤，如刺创、咬创、蜂窝织炎以及各种外伤，感染了各种化脓菌后形成脓肿。也可见于某些有刺激性的药物，如10%氯化钙、10%氯化钠等，在注射时误漏于皮下而形成无菌性的皮下脓肿。

〔诊断要点〕

各个部位的任何组织和器官都可发生，其临床表现基本相似。初期，局部肿胀，温度增高，触摸时有痛感，稍硬固，以后逐渐增大变软，有波动感。脓肿成熟时，皮肤变薄，局部披毛脱落，有少量渗出液，不久脓肿破溃，流出黄白色黏稠的脓汁。在脓肿形成时，有的可引起体温升高等全身症状；待脓肿破溃后，体温很快恢复正常。脓肿如处理及时，很快恢复。如处理不及时或不适当，有时能形成经久不愈的瘘管，有的病例甚至引起脓毒败血症而死亡。

发生在深层肌肉、肌间及内脏的深在性脓肿，因部位深，波动不明显，但其表层组织常有水肿现象，局部有压痛，全身症状明显和相应器官的功能障碍。

根据临床症状诊断并不困难，必要时可行穿刺，如抽吸到脓汁，即可确诊。

〔治疗〕

1.对初期硬固性肿胀，可涂敷复方醋酸铅散、鱼石脂软膏等，或以0.5%盐酸普鲁卡因20～30mL，苄青霉素钾（钠）40万～80万单位进行病灶周围封闭，以促进炎症消退.

2.脓肿出现波动时，应及时切开排脓，冲洗脓肿腔，安装纱布引流或行开放疗法，必要时配合抗生素等全身疗法。

八、异　物

食管异物

食管异物是指异物停留在食管内，致使咽下发生障碍的疾病。

〔病因〕

藏獒在吞食较大的块状食物和混在食物中的尖利的异物，常可引起食管阻塞。此外，在呕吐时胃内异物梗塞于食管内也可导致发病。

〔诊断要点〕

病獒突然停止采食，高度不安，伸张头颈，不断作哽噎或呕吐动作，有时试图咽下食物和饮水，但从口或鼻孔流出；口腔、鼻腔残存或流出多量唾液，病程较长时，唾液逐渐减少；梗塞部位越近咽部，症状越明显；常用后腿搔抓颈部，或发阵咳。

〔治疗〕

1. 选择肌松效果好的麻醉剂给予全身麻醉，如复方噻胺酮5mgk/kg；或846合剂0.1～0.2mg/kg。

2. 有条件的动物医院用内窥镜引导，然后用长臂钳将异物取出。

3. 对于阻塞物小、表面光滑的异物，可用胃管将异物捅入胃中。

4. 对于金属物，可采用手术切开食道取出，根据金属物阻塞的部位来决定手术通路，可参阅外科手术的食管切开术。

胃内异物

〔病因〕

多数由于微量元素缺乏，或在嬉戏、训练时误食了石头、木块、骨骼、块根食物、桃核、番薯块、玉米骨棒、小孩玩具、破布、塑料袋、金属等异物，或继发于某些传染病引起的异嗜。

〔诊断要点〕

病獒主要呈现急性或慢性胃炎的症状，长期消化障碍。当异物阻塞于幽门部时，症状更为严重，呈顽固性呕吐，完全拒食，高度口渴，经常改变躺卧地点和位置，表现出痛苦不安，呻吟，甚至嚎叫。有时伴有痉挛和咬癖，病獒高度沉郁。触诊胃部有疼痛感。尖锐的异物可能损伤胃黏膜而引起呕血，或发生胃穿孔。

根据病史、临床表现和X射线检查容易确诊。

〔治疗〕

1. 遇多量而大的异物时，可用胃切开手术把异物取出。对于少量而小的异物，又非尖锐物品可试用阿扑吗啡皮下注射，1～2mg/25kg体重，以促其吐出，或用胃镜取出。

2. 对出现异嗜的獒及时补给相应的微量元素，训练与嬉戏时要注意防止獒的误食。

眼内异物

〔病因〕

一般异物如昆虫、灰沙、铁屑等进入眼内，多数是黏附在眼球表面。

〔诊断要点〕

经常用爪抓眼睛或不停眨眼，出现眼痛、流泪、睁不开眼、视物模糊、眼睛发红等症状。

〔治疗〕

1. 附着在角膜表面的异物翻转患眼眼皮，找到异物，用5mL注射器吸取生理盐水或蒸馏水，将异物冲洗出来，再点消炎药水。这种方法，角膜损伤最小。

2. 异物虽在角膜表面，但冲洗法不能将其除去，则可滴1～2次表面麻醉剂，如1%的地卡因溶液，以蘸有生理盐水的湿棉签，将异物轻轻擦去。

3. 嵌入角膜深层的异物，立即请兽医诊治。

九、脱　肛

〔病因〕

因腹泻导致直肠从肛门内脱漏出来。

〔诊断要点〕

细小病毒、寄生虫、肚子着凉、换食物导致消化不良都可能引发的肠炎导致腹泻，腹泻次数多了，直肠就可能从肛门内脱漏出来，直肠暴露在外时间长了就会血液回流，直肠暴露部分水肿、变黑、坏死，导致生命危险。

〔治疗〕

如果不严重的话，将脱出的直肠用手推回体内即可，为防止继续脱出还要控制采食量，根除引发腹泻的病因。如果较严重，脱出部分较多，就要先使用高锰酸钾水洗干净，用手用力把脱出直肠推回体内后，使用套上避孕套的（避孕套上要涂上液体润滑剂：石蜡），表面光滑的圆状棍棒等器具（防止感染）

插入患病藏獒的体内（插入深度是拉出直肠的长度）把拉出的直肠捋顺。然后用针把肛门部分缝合住（留一个小的排便口）。治疗期间要节食，根除拉稀的病因。可以喂一些润肠通便的药物或保健品（如：双歧因子等）。

第十章　遗　传

一、染色体（chromosome）

细胞是生物体结构和生命活动的基本单位，它由细胞膜、细胞质和细胞核三部分组成。在细胞尚未分裂的核中，可以见到许多由于碱性染料而染色较深的、纤细的网状物，这就是染色质。当细胞分裂时，核内的染色质卷缩而呈现为一定数目和形态的染色体，在显微镜下呈丝状或棒状，由核酸和蛋白质组成，在细胞发生有丝分裂时期容易被碱性染料着色。染色体是核内遗传物质的主要载体，直接影响到基因的传递。

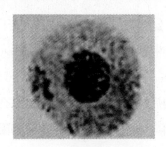　

染色质　　　　　　　　　　染色体

各种生物的染色体形态结构不仅是相对稳定的，而且数目一般是成对存在的，这种配对的染色体称为同源染色体。所有的犬类都有39对染色体，即精子和卵子各39条染色体进入胚胎细胞完成受精过程。

二、基　因（gene）

基因是染色体上有遗传意义的DNA片段，呈直线排列在染色体上。

基因是基础的遗传单位，它们决定着诸如眼睛的颜色、耳朵的大小、脑容量等所有生物的生理特征和一些行为特征。遗传学把生物体所表现的形态特征和生物特性称为性状。一段特定的基因总是位于相同染色体的同一位置，控制相对

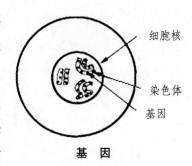

基因

性状，（例如：控制藏獒披毛的黑色与黄色、长与短、毛量的多与少、个子的高与低的基因)，位于同源染色体上对等位点的一对基因，称为等位基因（allele），如控制藏獒披毛的黑色（A）与黄色（A^y）基因、长毛（l）与短毛（L）基因都是等位基因；位于同源染色体上不同位点的基因以及非同源染色体上的基因，称为非等位基因，如藏獒的毛色基因与身高基因就是非等位基因。

三、显隐性 （dominant / recessive interaction）

一对相对性状不同的2个亲本（即公獒与母獒）杂交后，在子一代（F1）的个体身上所表现出来的性状，叫显性性状（dominant character），未表现出来的性状，就为隐性性状（recessive character）。如：一只黑色的藏獒与一只黄色的藏獒交配，产出的后代如果全部为黑色，那么黑色就为显性性状，黄色就为隐性性状。相应的，控制显性性状的基因称为显性基因；控制隐性性状的基因称为隐性基因。如：控制藏獒毛色的黑色基因（A）为显性基因；那么黄色（A^y）则为隐性基因。

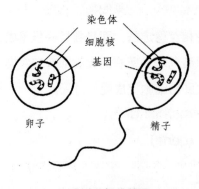

成对继承的基因

所有基因都是成对继承的，一个来自父本，一个来自母本。如果一对从父母双方继承的等位基因相同，被称为纯合体（homozygote）；

不同则称之为杂合体（heterozygote）。如：纯合的黑色藏獒AA，黄色藏獒A^yA^y；而黑色AA^y基因对为杂合体。

基因表达可以是显性的，也可以是隐性的。如果在配对的染色体中有一个显性等位基因，显性性状即可表达，而隐性性状的表达则要有配对的两个染色单体均为隐性等位基因。

显隐性的关系是相对的，它会随着衡量标准的不同而发生改变。例如：藏獒的黄色对于黑色为隐性的，而对于铁包金又为显性性状。

总的来说，显隐性的实质是受一对等位基因控制，它们的DNA分子片段基本上相同，有时由于基因的个别核苷酸发生了突变而形成隐性基因，从而不能正常行使其功能，而基因的正常功能是决定着蛋白质的合成，包括酶蛋白和结构蛋白。如一对等位基因是控制酶蛋白的合成，那么在杂合体中，显性基因一般能形成有功能的酶，而隐性基因形成酶可能不正常，或者完全不能形成酶，于是在杂合体中，这一生化反应的完成则完全依赖于显性基因了。如果这一显性基因的产物可以维持正常的表型，则隐性基因就被掩盖，这时为完全显性（complete dominance），即相对性状不同的2个亲本杂交，子一代F1只表现某一亲本的性状，而另一亲本的性状未能表现；如果在杂合体中一个等位基因不足以维持正常反应的进行，那么表型就为不完全显性（incomplete dominance），既相对性状不同的2个亲本杂交，子一代F1表现的性状是双亲性状的中间型。但在隐性纯合体里，由于一对等位隐性基因都不能形成有功能的酶，那么这一生化反应就不能完成，从而表现为隐性基因的性状。如患上白化病的藏獒，这种獒毛呈白色,眼圈呈粉红色，就是由于隐性基因不能形成色素酶，所以不能形成色素，表现为白化。

四、多型性（polymorphisms）

多数情况下，一个性状的遗传基础并不是受一对等位基因控制的，而是经常受许多不同对等位基因的影响。许多对等位基因影响同一性状的表现，称为"多因一效"（multigenic effect）。

藏獒的毛色就是至少由A、B、C、D四个位点的基因控制，分布于不同的四个染色体。

1. Agouti位点（A）

藏獒的毛发中主要有两种黑色素，优黑素(Melanin)和褐黑素(Phaeomelanin)。优黑素(Melanin)为深色素，为黑色毛发与浅黑色毛发中的主要色素颗粒，是一种在人和动物皮肤、眼睛和毛发上会产生颜色的黑色物质，足以保护藏獒对抗强烈的日光照射。根据这种色素颗粒沉淀的量的多少，毛发相应的表现为由棕色（也称为肝色）、青灰色/灰色到各种色度的黑色。而褐黑素为浅色素，为黄色与红色毛发中的主要色素颗粒，也是根据这种色素颗粒沉淀的量的多少，毛发相应的表现为从浅奶油色、浅乳酪色到各种色度的黄色，红色到红褐色。有一点很重要的是褐黑素（Phaeomelanin）只有在组成毛色的细胞中被发现，在组成皮肤的细胞中并不存在。

藏獒毛色的最终形成就是由毛囊黑色素细胞产生的优黑素和褐黑素之间的转换而引起的，即它们之间相互的比例。控制藏獒毛色的基因位点很多，且以错综复杂的方式互相作用。鼠灰色（Agouti）基因是其中之一，结构复杂，其位点不是一个单一的基因位点，而是一个含有许多等位基因的位点。Agouti基因的表达会引起褐黑素的产生，而Agouti不表达时则会引起优黑素的表达，从而调节色素合成的优黑素和褐黑素之间的转换。当Agouti基因在毛囊内的表达产物Agouti蛋白（刺鼠信号蛋白）。在皮肤中过度表达时，它会抑制MSH（α-黑素细胞刺激素）对MC-1R受体（黑素皮质素受体1）的效应，使优黑素（Melanin）不能生成，而自己与毛囊中MC-1R结合，刺激褐黑素（Phaeomelanin）的合成，当毛发中褐黑素增加时，毛发将呈红色。

根据Charles W. Radcliffe和Matthew J. Taylor在（Coat Color Genetics in the Tibetan Mastiffs影响藏獒毛色的基因）一文中所论述的内容，藏獒在这个位点上，有三种毛色基因：

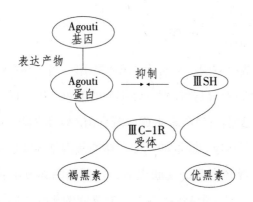

Agouti 基因对褐黑素及优黑素的影响

色素的变化

A⁵——Agouti位点上的基因，拮抗显性黄色和其他颜色的基因，藏獒的毛色为纯黑色。

Aʸ——Agouti位点上的显性黄色基因，藏獒的毛色为黄色（红色或奶油色）

Aʸ基因对于A⁵基因是隐性的，但是对于Aⁱ基因是不完全显性的，即，一只AʸAⁱ的藏獒的颜色要比一只AʸAʸ的藏獒的颜色平均要黑一些，但是也在aʸaʸ基因控制的颜色范围之内。

Aⁱ——Agouti位点上的隐性突变基因,藏獒的毛色为铁包金(黑+栗色)

Aⁱ基因必须是双份才会表达，产生的藏獒的颜色主要为黑色，口吻部、眼睛上方、胸部、腿部、尾巴下方会出现棕色斑点。（注：这里所说的棕色包括各种色度的棕色）

因为所有基因都是成对继承的，一个来自父本，一个来自母本。所以尽管在藏獒这个品种发现了这三种基因，任何一只藏獒只可能携带这三种基因中的两种或者一种：两份都是同样的为纯合体，或者两份不一样的为杂合体。

2. 棕色位点（B）

决定色素生成的基因，只对优黑素有作用。当为显性的基因型（即B/-，横杠"-"表示可以是任意一种类型的毛色基因，即个体的基因型可以为BB或Bb）时会有黑色素生成，既有B位基因的显性基因狗就会显示正常的黑色。但当他为隐性的（即个体的基因型为bb）就会有咖啡色素生成；它会在眼睛虹膜、皮肤表面，包括眼圈和鼻子颜色上产生影响。这个基因完全独立于A位基因，它们之间的相互作用决定了藏獒的颜色。这种一对隐性基因对另一对基因的表现起抑制作用的现象称为隐性上位作用（epistatic recessiveness）。

3. 全色位点（C）

C位点有许多不同类型的基因和各自的作用，它对于褐黑素有着强烈的作用，决定着毛色色素氧化酶的产生。这个位点上的C基因允许任何一种色素的充分表达，包括有些被其他基因限制表达的色素。即当C基因为显性时，即C/-，个体的基因型可以为CC或Cc），色素即会在毛发中沉淀成色，隐性时（即个体的基因型为CC），毛色表现为白色。多数狗都是CC等位基因，当然藏獒也不例外。C位点的基因表达产物是酪氨酸酶（tyrosinase，简称TYR），催化黑色素生物合成的最早一步。如果藏獒没有这个酶，黑色素就没有办法合成，因此呈现白色的毛发。由于黑色素合成的早期步骤受了影响，这个性状一旦产生就会完全掩盖其他毛色的性状。知道这一点很重要，就不会错误地以为把纯白和纯黑的藏獒交配能得到纯灰的后代。

4. 淡化位点（D）

D位点对于优黑素、褐黑素都有影响。它像B位点一样，经常影响皮肤和眼睛的颜色。有D位基因的显性基因时，狗的毛色呈现正常的颜色，但为双隐性基因时，就会稀释黑披毛和鼻子、眼睛的颜色，让它们呈现青灰色/灰色。有研究表明，dd基因对于褐黑素的一个影响就是，可以将褐黑素所表现的颜色稀释，使原有颜色变浅。

这个基因（在染色体的位置上）也完全跟A位基因分开，它们之间也相互作用造就了藏獒的最终颜色；同样，这也属于隐性上位作用(epistatic recessiveness)。因此，一只藏獒的基因如果是A/-，d/d（横杠"–"表示可以是任意一种类型的毛色基因），那这只藏獒就显示出青灰色/灰色，青灰色在我国被习惯地称为狼青色，如果一只藏獒的基因是A^y/A^y, d/d，那么这只藏獒就显示青灰色包金/灰色包金。

黄色狗的稀释就要复杂一些，虽然它们仍然显示黄色，但跟正常颜色相比有点"洗过"的感觉，它们的鼻子皮肤可能会显示青灰色/灰色、巧克力褐色，或者有些是两种颜色的组合。TMCA（美国藏獒会员俱乐部）将所有这些颜色统称为黄色减色，因为要想知道哪些基因起稀释作用很困难。

还有一种情况为父母均为铁包金，繁育出的后代全部都是黑色，长大后又变成了铁包金，这样的个体我们称之为掩式铁包金（暗铁包金）。

5. 色素分化位点

E位点是决定整个披毛黑色素扩散或不扩散的基因。这个位点上已知的等位基因及显性等级是：Em黑嘴筒基因，E纯黑色基因，是正常的黑色外延基因，允许A位点的基因表现作用，而不会出现黑嘴筒和虎斑，显然Em基因对于E基因都是隐性的。e隐性黄色基因，不管A位是何种基因，产生出的狗的毛色只是棕色。至于藏獒身上是否存在E位点的基因，还有待于进一步的考证。

根据Charles W. Radcliffe和Matthew J. Taylor的理论，下面的表格汇总了各种颜色的藏獒可能具有的基因型（基因组合）（表1）。

表1

	A^s/A^s		A^s/A^y		A^s/A^y	
B/B , D/D	A^s/A^s,B/B , D/D	黑色	A^s/A^y,B/B , D/D	黑色	A^s/A^y,B/B , D/D	黑色
B/B , D/d	A^s/A^s,B/B , D/d	黑色	A^s/A^y,B/B , D/d	黑色	A^s/A^y,B/B , D/d	黑色
B/b , D/D	A^s/A^s,B/b , D/D	黑色	A^s/A^y,B/b , D/D	黑色	A^s/A^y,B/b , D/D	黑色

中国藏獒养殖繁育大全

TIBETAN MASTIFF

	A^s/A^s		A^y/A^y		A^s/A^t	
B/b,D/d	A^s/A^s,B/b,D/d	黑色	A^s/A^y,B/b,D/d	黑色	A^s/A^t,B/b,D/d	黑色
b/b,D/D	A^s/A^s,b/b,D/D	巧克力色或褐色	A^s/A^y,b/b,D/D	巧克力色或褐色	A^s/A^t,b/b,D/D	巧克力色或褐色
b/b,D/d	A^s/A^s,b/b,D/d	巧克力色或褐色	A^s/A^y,b/b,D/d	巧克力色或褐色	A^s/A^t,b/b,D/d	巧克力色或褐色
b/b,d/d						
B/B,d/d	A^s/A^s,B/B,d/d	青灰色/灰色	A^s/A^y,B/B,d/d	青灰色/灰色	A^s/A^t,B/B,d/d	青灰色/灰色
B/b,d/d	A^s/A^s,B/b,d/d	青灰色/灰色	A^s/A^y,B/b,d/d	青灰色/灰色	A^s/A^t,B/b,d/d	青灰色/灰色
	A^y/A^y		A^y/A^t		A^t/A^t	
B/B,D/D	A^y/A^y,B/B,D/D	黄色	A^y/A^t,B/B,D/D	黄色	A^t/A^t,B/B,D/D	铁包金
B/B,D/d	A^y/A^y,B/B,D/d	黄色	A^y/A^t,B/B,D/d	黄色	A^t/A^t,B/B,D/d	铁包金
B/b,D/D	A^y/A^y,B/b,D/D	黄色	A^y/A^t,B/b,D/D	黄色	A^t/A^t,B/b,D/D	铁包金
B/b,D/d	A^y/A^y,B/b,D/d	黄色	A^y/A^t,B/b,D/d	黄色	A^t/A^t,B/b,D/d	铁包金
b/b,D/D	A^y/A^y,b/b,D/D	黄色减色	A^y/A^t,b/b,D/D	黄色减色	A^t/A^t,b/b,D/D	巧克力褐色包金
b/b,D/d	A^y/A^y,b/b,D/d	黄色减色	A^y/A^t,b/b,D/d	黄色减色	A^t/A^t,b/b,D/d	巧克力褐色包金
b/b,d/d						
B/B,d/d	A^y/A^y,B/B,d/d	黄色减色	A^y/A^t,B/B,d/d	黄色减色	A^t/A^t,B/B,d/d	青灰色包金/灰色包金
B/b,d/d	A^y/A^y,B/b,d/d	黄色减色	A^y/A^t,B/b,d/d	黄色减色	A^t/A^t,B/b,d/d	青灰色包金/灰色包金

比较常见的藏獒颜色（彩图见前插页）

a. 黑色

b. 黄色（奶油色）

c. 黄色（黄色）

d. 黄色（红色）

e. 铁包金（奶油色）

f. 铁包金（黄色）

g. 铁包金（红色）

h. 灰色

i. 灰色包金/青灰色

j.巧克力色褐色

k. 巧克力褐色包金

l. 稀释黄色

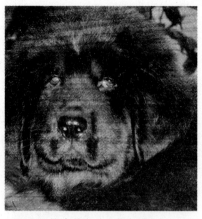

m.掩式铁包金(暗铁包金)

n.青灰色(狼青色)

o.白色

注:这里的黄色是红、黄、奶油色、稀释黄色的统称。因为 A^y 基因被 dd 基因所稀释的程度不同,毛色所表现的色度也不同。

五、简单性状的选择 (choice of simple traits)

　　由1个或少数几个基因决定的性状是简单性状，单一性状的选择很简单，但是，如果所研究基因的数量增加，多基因复杂性状(数量性状)的表型就会变得复杂。藏獒有39对染色体，但在生殖细胞内只存在39条染色体，因此，只能遗传给后代一半的遗传信息，从而使子代接受父母双方的染色体后，也保持39对。

六、相同的纯合体亲本相配

(mate of identical homozygote parent)

　　如果两个基因型同是A^sA^sBBDD黑色藏獒交配，根据孟德尔遗传因子假说，A^s遗传因子（基因）与D遗传因子并不融合，各自保持他们的独立性。父、母本均为纯合亲本，所以基因对A^sA^s及DD，各自只能产生一种配子，即A^s及D，雌配子A^s与雄配子A^s结合，所有的子代基因型仍为A^sA^s；雌配子D与雄配子D结合，所有的子代基因型仍为DD将两种因素相加，所有的仔獒都会表现为黑色A^sA^sBBDD（表2和表3）。

表2

	A^s	A^s
A^s	A^sA^s	A^sA^s
A^s	A^sA^s	A^sA^s

表3

	D	D
d	Dd	Dd
d	Dd	Dd

　　同理，如果两个基因型同是A^iA^iBBDD的铁包金交配，那么所有的仔獒都会表现为铁包金A^iA^iBBDD；基因型同是A^sA^sBBdd的灰色/青灰色藏獒交配，所有的仔獒都会表现为灰色/青灰色A^sA^sBBdd；其余A^iA^iBBdd灰色包金/青灰包金的藏獒，A^yA^yBBDD的黄色（红色）藏獒，A^yA^yBBdd

的黄色（奶油色）藏獒也是这种结果（表4）。

表4

父本基因型	A^sA^sBBDD	A^tA^tBBDD	A^sA^sBBdd	A^tA^tBBdd	A^yA^yBBDD	A^yA^yBBdd
母本基因型	A^sA^sBBDD	A^tA^tBBDD	A^sA^sBBdd	A^tA^tBBdd	A^yA^yBBDD	A^yA^yBBdd
子一代基因型	A^sA^sBBDD	A^tA^tBBDD	A^sA^sBBdd	A^tA^tBBdd	A^yA^yBBDD	A^yA^yBBdd
子一代表现型	纯黑色	铁包金	青灰色/灰色	青灰色包金/灰色包金	红色	奶油色

七、不同的纯合体亲本相配（mate of different homozygote parent）

黑色藏獒A^sA^sBBDD与铁包金A^tA^tBBDD相配（表5和表6）

表5

	A^s	A^s
A^t	A^sA^t	A^sA^t
A^t	A^sA^t	A^sA^t

表6

	D	D
D	DD	DD
D	DD	DD

因为黑色基因A^s相对于铁包金A^t为显性，所以所有的仔獒都会表现为黑色A^sA^tBBDD。

黑色藏獒A^sA^sBBDD与青灰色/灰色藏獒A^sA^sBBdd相配，因为D对于d为显性，子一代的表现型仍为显性性状，所以所有的幼獒都会表现为黑色A^sA^sBBDd（表7和表8）

同理可推测出以下的交配结果（表9、10、11）。

八、相同的杂合体亲本相配（mate of identical heterozygote parent）

由于亲本形成的配子相同，所以交配出的幼獒都表现出父母的性状。见（表12、13）。

表7

	A^s	A^s
A^s	A^{s}A^s	A^{s}A^s
A^s	A^{s}A^s	A^{s}A^s

表8

	D	D
d	Dd	Dd
d	Dd	Dd

表9

亲本基因型	A^{1}A^{1}BBDD	A^{1}A^{1}BBDD	A^{1}A^{1}BBDD	A^{1}A^{1}BBDD
亲本表现型	铁包金	铁包金	铁包金	铁包金
亲本基因型	A^{s}A^{s}BBdd	A^{1}A^{1}BBdd	A^{y}A^{y}BBDD	A^{y}A^{y}BBdd
亲本表现型	青灰色/灰色	青灰色包金/灰色包金	红色	奶油色
子一代基因型	A^{s}A^{1}BBDd	A^{1}A^{1}BBDd	A^{y}A^{1}BBDD	A^{y}A^{1}BBDd
子一代表现型	黑色	铁包金	红色	黄色

表10

亲本基因型	A^{s}A^{s}BBDD	A^{s}A^{s}BBDD	A^{s}A^{s}BBDD	A^{s}A^{s}BBDD	A^{s}A^{s}BBDD
亲本表现型	黑色	黑色	黑色	黑色	黑色
亲本基因型	A^{1}A^{1}BBDD	A^{s}A^{s}BBdd	A^{1}A^{1}BBdd	A^{y}A^{y}BBDD	A^{y}A^{y}BBdd
亲本表现型	铁包金	青灰色/灰色	青灰色包金/灰色包金	红色	奶油色
子一代基因型	A^{s}A^{1}BBDD	A^{s}A^{s}BBDd	A^{s}A^{1}BBDd	A^{s}A^{y}BBDD	A^{s}A^{y}BBDd
子一代表现型	黑色	黑色	黑色	黑色	黑色

表11

亲本基因型	A^{s}A^{s}BBdd	A^{s}A^{s}BBdd	A^{s}A^{s}BBdd	A^{1}A^{1}BBdd	A^{1}A^{1}BBdd	A^{y}A^{y}BBDD
亲本表现型	青灰色/灰色	青灰色/灰色	青灰色/灰色	青灰色包金/灰色包金	青灰色包金/灰色包金	红色
亲本基因型	A^{1}A^{1}BBdd	A^{y}A^{y}BBDD	A^{y}A^{y}BBdd	A^{y}A^{y}BBDD	A^{y}A^{y}BBdd	A^{y}A^{y}BBdd
亲本表现型	青灰色包金/灰色包金	红色	奶油色	红色	奶油色	奶油色
子一代基因型	A^{s}A^{1}BBdd	A^{s}A^{y}BBDd	A^{s}A^{y}BBdd	A^{y}A^{1}BBDd	A^{y}A^{1}BBdd	A^{y}A^{y}BBDd
子一代表现型	青灰色/灰色	黑色	青灰色/灰色	黄色	奶油色	黄色

表 12

亲本基因型	A^sA^sBBdd	A^sA^sBBdd	A^sA^sBBdd	A^sA^tBBdd	A^sA^tBBdd	A^yA^yBBDD
亲本表现型	青灰色/灰色	青灰色/灰色	青灰色/灰色	青灰色包金/灰色包金	青灰色包金/灰色包金	红色
亲本基因型	A^sA^tBBdd	A^yA^yBBDD	A^yA^yBBdd	A^yA^yBBDD	A^yABBdd	A^yA^yBBDd
亲本表现型	青灰色包金/灰色包金	红色	奶油色	红色	奶油色	奶油色
子一代基因型	A^sA^tBBdd	A^sA^yBBDd	A^sA^yBBdd	A^yA^tBBDd	A^yABBdd	A^yA^yBBDb
子一代表现型	青灰色/灰色	黑色	青灰色/灰色	黄色	奶油色	黄色

表 13

亲本基因型	A^tABBDd	A^sA^tBBdd	A^sA^yBBdd	A^yA^yBBDd	A^yA^tBBDd	A^tA^tBBDD	A^tA^tBBdd
亲本表现型	铁包金	青灰色/灰色	青灰色/灰色	黄色	黄色	红色	奶油色
亲本基因型	A^tABBDd	A^sA^tBBdd	A^sA^yBBdd	A^yA^yBBDd	A^yA^tBBDd	A^tA^tBBDD	A^tA^tBBdd
亲本表现型	铁包金	青灰色/灰色	青灰色/灰色	黄色	黄色	红色	奶油色
子一代基因型	A^tA^tBBDd	A^sA^tBBdd	A^sA^yBBdd	A^yA^yBBDd	A^yA^tBBDd	A^tA^tBBDD	A^yA^tBBdd
子一代表现型	铁包金	青灰色/灰色	青灰色/灰色	黄色	黄色	红色	奶油色

九、不同的杂合体亲本相配（mate of different heterozygote parent）

以上的亲本杂交幼獒都表现出一种性状，但是下面的亲本杂交幼獒表现出的性状不同，比例也不相同，这是一个复杂的计算过程，这也就决定了判断藏獒毛色基因型的复杂性（表14）。

以上结果只考虑了D位基因位点的影响，而没有考虑B位基因位点的影响，只以BB基因组合，这些都有待于进一步的统计。

虽然以上列表中，青灰色/灰色或青灰色包金/灰色包金，奶油色/奶

表 14

亲本表现型	亲本表现型	亲本表现型	亲本表现型
黑色	A^sA^sBBDd	黑色	A^sA^yBBDD
黑色	A^sA^sBBDd	黑色	A^sA^yBBDd
黑色	A^sA^sBBDd	黑色	A^sA^iBBDD
黑色	A^sA^sBBDd	黑色	A^sA^iBBDd
黑色	A^sA^yBBDd	黑色	A^sA^iBBDd
黑色	A^sA^yBBDd	黑色	A^sA^yBBDD
黑色	A^sA^iBBDd	黑色	A^sA^iBBDD
黑色	A^sA^iBBDd	黑色	A^sA^yBBDD
黑色	A^sA^yBBDd	黑色	A^sA^iBBDD
黑色	A^sA^sBBDD	铁包金	A^iA^iBBDd
黑色	A^sA^yBBDd	铁包金	A^iA^iBBDd
黑色	A^sA^iBBDd	铁包金	A^iA^iBBDd
黑色	A^sA^yBBDD	铁包金	A^iA^iBBDd
黑色	A^sA^iBBDD	铁包金	A^iA^iBBDd
黑色	A^sA^yBBDd	青灰色/灰色	A^SA^iBBdd
黑色	A^sA^sBBDd	青灰色/灰色	A^SA^iBBdd
黑色	A^sA^iBBDd	青灰色/灰色	A^SA^iBBdd
黑色	A^sA^iBBDD	青灰色/灰色	A^SA^iBBdd
黑色	A^sA^iBBDd	红色	A^yA^iBBDD
黑色	A^sA^yBBDD	红色	A^yA^iBBDD
黑色	A^sA^iBBDD	红色	A^yA^iBBDD
黑色	A^sA^yBBDd	奶油色	A^yA^iBBdd
黑色	A^sA^sBBDd	奶油色	A^yA^iBBdd

亲本表现型	亲本表现型	亲本表现型	亲本表现型
黑色	A^sA^tBBDd	奶油色	A^yA^tBBdd
黑色	A^sA^yBBDD	奶油色	A^yA^tBBdd
黑色	A^sA^tBBDD	奶油色	A^yA^tBBdd
铁包金	A^tA^tBBDd	青灰色/灰色	A^sA^tBBdd
铁包金	A^tA^tBBDd	青灰色/灰色	A^sA^yBBdd
铁包金	A^tA^tBBDd	黄色	A^yA^yBBDd
铁包金	A^tA^tBBDd	黄色	A^yA^tBBDd
铁包金	A^sA^tBBDd	红色	A^yA^tBBDD
铁包金	A^tA^tBBDd	奶油色	A^yA^tBBdd
青灰色/灰色	A^sA^yBBdd	青灰色/灰色	A^sA^tBBdd
青灰色/灰色	A^sA^yBBdd	黄色	A^yA^yBBDd
青灰色/灰色	A^sA^yBBdd	黄色	A^yA^tBBDd
青灰色/灰色	A^sA^yBBdd	红色	A^yA^tBBDD
青灰色/灰色	A^sA^yBBdd	奶油色	A^yA^tBBdd
青灰色/灰色	A^sA^tBBdd	黄色	A^yA^yBBDd
青灰色/灰色	A^sA^tBBdd	黄色	A^yA^tBBDd
青灰色/灰色	A^sA^tBBdd	红色	A^yA^tBBDD
青灰色/灰色	A^sA^tBBdd	奶油色	A^yA^tBBdd
青灰色/灰色	A^sA^yBBdd	黄色	A^yA^yBBDd
青灰色/灰色	A^sA^yBBdd	黄色	A^yA^tBBDd
青灰色/灰色	A^sA^yBBdd	红色	A^yA^tBBDD
青灰色/灰色	A^sA^yBBdd	奶油色	A^yA^tBBdd
黄色	A^yA^yBBDd	黄色	A^yA^tBBDd
黄色	A^yA^yBBDd	红色	A^yA^tBBDD

第十章　遗传

亲本表现型	亲本表现型	亲本表现型	亲本表现型
黄色	A^yA^yBBDd	奶油色	A^aA^tBBdd
黄色	A^yA^yBBDd	红色	A^yA^tBBDD
红色	A^yA^tBBDD	黄色	A^yA^tBBDd
红色	A^yA^tBBDD	奶油色	A^yA^tBBdd
黄色	A^yA^tBBDd	奶油色	A^yA^tBBdd

油色包金出现的几率较大，但在藏獒的原产地——我国青藏牧区，我们看到的主流颜色为黑色、铁包金（铁锈红、黄色）黄色、棕红色，为什么见到的灰色藏獒并不像理论推断的那样多，而是数量极少，很难形成主流毛色，如果稀释基因真的像理论上组合的那样多，灰色与奶油色就应该成为藏獒的主流毛色了。那么，这种情况为什么没有发生呢？我们是否可以大胆的推测：藏獒的稀释基因dd是由外来犬带进来的呢？正是这个基因使的藏獒的毛色多样化了（国外的奶油色藏獒比我国多出很多），我们在青海，西藏牧区见到藏獒主流色较单一，但在其周边地区尤其是半农半牧地区我们看到藏獒的毛色呈多样性，以前就有专家认为这是受到蒙古犬影响的结果。那么从以上的基因组合表中，我们似乎也看到了这个dd基因外来的可能性。如果排除上述可能性的话，我们对这个现象的另一种解释，就是还有别的基因位点影响着藏獒毛色的最终形成。我们在这里抛砖引玉，提出问题，希望广大有识之士进一步深入探讨论研究。

十、性别决定和伴性遗传

(sex determination and sex-linked inheritance)

性别决定（sex determination）通常指雌雄异体生物决定性别的机制和方式。生物的性别的决定，是由性染色体控制的。细胞核中的染色体可分为两大类：一类是常染色体（autosome, A），另一类是性染色体（sex chromosome）。有性别分化的生物的细胞中都存在这两种类型的染色体。常染色体在雌雄同种生物中是完全一样的，它与生物的性别决定无关，而性染色体在雌雄同种生物细胞中是不同的，它与生物的性别决定有直接关系。藏獒的每个体细胞中都有38对常染色体和1对性染色体；雌性藏獒体内有两条同型的性染色体XX，雄性藏獒体内有两条异型的性染色体XY。卵子包含的均为X染色体，精子包含着X或Y染色体。后代的性别是由父系决定。

伴性遗传（sex-linked inheritance）是位于性染色体上基因所控制的性状表现出与性别相联系的遗传方式。如何确定常染色体还是性染色体上遗传是解答遗传题的一个重要的方面。如是伴性遗传疾病（sex-linked inheritable disease），那么其发病率一定与性别有关，可分为以下三种情况：

1. X伴性显性遗传病（X-linked dominant inheritable disease）

本病是由位于X染色体上的显性致病基因所引起的疾病。其特点是：①不管雌雄，只要存在致病基因就会发病，但因雌獒有两条X染色体，故雌獒的发病率约为雄犬的两倍。因为没有一条正常染色体的掩盖作用，雄獒发病时，往往重于雌獒。②患獒的双亲中必有一只患同样的病（基因突变除外）。③可以连续几代遗传，但患獒的正常雌獒不会有致病基因再传给后代。④雄性患獒将此病传给女儿，不传给儿子，雌性患獒（杂合体）将此病传给半数的儿子和女儿。

2. X伴性隐性遗传病（X-linked recessive inheritable disease）

这类遗传性疾病是由位于X染色体上的隐性致病基因引起的，雌獒的两条X染色体上必须都有致病的等位基因才会发病。但雄獒因为只有一条X染色体，Y染色体很小，没有同X染色体相对应的等位基因。因此，这类遗传病对雄獒来说，只要X染色体上存在有致病基因就会发病。X伴性隐性遗传病的特点是：（1）患病的雄獒远多于雌獒，甚至在有些病中很难发现雌性患獒，这是因为两条带有隐性致病基因的染色体碰在一起的机会很少所致。（2）患病的雄獒与正常的雌獒结合，一般不会再生有此病的子女，但女儿都是致病基因的携带者；患病的雄獒若与一个致病基因携带者雌獒结合，可生出半数患有此病的儿子和女儿；患病的雌犬与正常的雄獒交配，所生儿子全有病，女儿为致病基因携带者。（3）患病的雄獒双亲都无病时，其致病基因肯定是从携带者的母亲遗传而来的，若雌獒患此病时，其父本肯定是有病的，而其母本可有病也可无病。（3）患病雌獒在近亲交配的后代中比非近亲交配的后代中要多。

3. Y伴性遗传病（Y-linked inheritable disease）

这类遗传病的致病基因位于Y染色体上，X染色体上没有与之相对应的基因，所以这些基因只能随Y染色体传递，由父传子、子传孙，如此世代相传。血友病、肾原性尿崩症、维生素D性佝偻病、遗传性肾炎、进行性肌营养不良症、先天性无丙种球蛋白症、遗传性耳聋、遗传性视神经萎缩和数种先天肢体畸形等等。这些遗传疾病有个特点，只在雄性发病，雌性很少或没有。

十一、已知的基因遗传性缺陷（known hereditary deficiency）

现在已知的藏獒遗传疾病有多少种，到目前为止，还没有一个精确的统计，但是诸如脱髓鞘性疾病CIDN（demyelinative diseases）、甲状腺机能减退（Auto immune Hypothyroidism）、脱落软骨片症OCD（Osteo-chondrosis Dessicans）、视网膜萎缩PRA（progressive retina atrophy）及一些很普通的疾病如肘关节发育不全（Elbow Dysplasia）、髋关节发育异常（Hip Dysplasia）、倒睫（Trichiasis）、脐疝（Umbilical hernia）都属于在这个犬种发现的基因遗传性缺陷。

第十一章　如何培育出精品藏獒

一、繁　殖

近代以来，随着农区与藏区经济的发展，人员交往的日益频繁，大量杂种狗也被带到了牧区，牧民由于不懂得藏獒的品种保护，任其与藏獒自由交配，致使藏獒严重杂化，纯种藏獒的数量急剧下降，现今已经到了濒临灭绝的危险境地。为保护这一优秀物种，我国的一些有识之士开始了纯种藏獒的繁育工作。但大多数藏獒的繁殖者并不重视繁殖理论的研究，只凭借自己的经验，来预测结果。这样没有理论基础的盲目繁殖也许偶尔也能繁殖出少量优秀的藏獒，可是这种碰运气的做法是没有稳定基础的，是脆弱的，是无法获取真正成果的。

繁殖理论是建立在前人大量的、正确的经验的基础上，并且通过微观科学的理论发展起来的。尽管繁殖理论并不能百分之百解决所有问题，但是按照繁殖理论指引的方向，可以培育出优秀的后代藏獒，胜算要比胡摸乱撞大得多。举个例子，你发现一条藏獒的外表非常出色，性能很优秀，遇到这种情况，人们第一反应就是利用它进行繁殖，希望将它漂亮的外形和良好性能遗传给后代，然而繁殖之后，你发现繁育出的后代犬只质量并不理想，不但没有继承这条犬的优秀特质，反而出现很多失格特征。相反，有的繁殖者繁育出的优秀藏獒，人们在关注他所用的种公獒与种母獒时发现，种獒并不像人们想象中的那样好，甚至看起来距离高质量种獒的标准相差很远。

通俗地讲，那条后代糟糕、本身出色的种獒，其血统内含有缺陷，而这些缺陷是由其遗传中的某些基因控制的，并且当属于隐性基因控制的缺陷被掩盖时，这一代藏獒并不表现出来，看起来非常出色。它可以成为一条优秀的训练獒，却不能作为种獒用。仔细调查，你会在这条藏獒的近亲獒只中，发现有与低质后代相同缺陷的藏獒。相反的，如果某个体看上去不甚理想，但其遗传倾向却异常优秀，如果选择了适合的交配对象，则很可能对其种族发展有所贡献。

在幼犬身上，通过血统判断藏獒质量更为重要。幼獒时，只靠观察外形很难判定其优秀性，只有重视血统，依靠血统的分析来进行判断。因此血统证书上就应该具体地体现出该个体的优秀血统。个体性征的遗传，一半来自父獒，一半来自母獒。如果事先熟悉父母犬具有的遗传形态，而且在其后代幼獒身上可以明确地发现该遗传形态，换句话说，遗传确实，那么就可以确认这对父母獒具有相同性（Homo）的遗传形态。繁殖的最大目的是将此犬种遗传性征完全显示出来，而下列三点是最基本的特征要点：

体型：身高，体重，骨骼，毛色，毛质。

性格：具有藏獒品种的本质。

性能：具有藏獒品种的秉性。

如果父母獒的这种相同性在其祖父母獒及兄弟姐妹的身上都能找到，而且都属于良性，并被血统证书所记载，那就是可以确定并值得信任的了。

1. 选种

选种是在獒群中根据藏獒个体表现和遗传性能，把真正优良的藏獒选出来留做种用，用它繁殖后代。

（1）选种的意义

选种是为繁殖下一代而进行的选优汰劣的措施。通过选择，不断提高群体中优良遗传基因出现的频率，降低和消除劣质基因出现的频率，从而实现獒群质量的不断改良。优良种獒的种用价值除要求自身表现出色外，更重要的是具有优良的遗传特性，才能够产生品质优良的后代。

（2）选种方法

有如下几种方法：

根据个体本身表现的选择——表型选择。此方法以实际外貌特征和生殖性能检测结果为依据，并对照品种标准直接进行选择，是应用最广泛的选择方法。

根据个体祖先成绩的选择——系谱选择。系谱是记录个体祖先生殖性能和血统的重要资料。如果被选个体本身好，并且许多优秀性状与亲代具有共同点，则可以考虑留种。选择时主要考虑父母代的影响，血缘关系越远，对后代的影响越小。

根据个体半同胞成绩的选择——半同胞检测选择。此方法是利用同父异母或同母异父的半同胞表型值资料，来估算被选个体的育种值而进行的选择。

根据后代品质的选择——后裔鉴定选择。通过对后代品质的综合评定，判断种獒的种用价值。这是最直接、最可靠的选种方法，因为选种的目的在于获得优良后代，如果被选种獒的后代好，就说明该种獒种用价值高，选种正确。后裔测验也可用于评定母犬的品质，当一个母獒与不同公獒交配，所生幼獒均表现优良，则该母獒遗传性能优良，否则该母犬就应被淘汰。

2. 选配

选配是指人为确定个体或群体间的交配系统（mating system），即有目的地选择公母獒的配对，有意识地组合后代的遗传型，试图通过培育而获得良种、或合理利用良种的目的。

（1）选配的意义和作用　选配就是根据母獒的特性，为其选择适当的配种公獒，使后代能够结合双亲所固有的优良性状和特征，从而使獒群质量逐步提高。

（2）选配原则　公獒综合品质必须优于母獒；有某些缺点和不足的母獒，必须选择在这方面有突出优点的公獒配种；采用近亲选配时应避免盲目和过度。

（3）选配方法

第一种是表型选配，可分为同质选配和异质选配。

同质选配：是指具有同样优良性状和特点的公母獒之间的交配，以便使相同特点能够在后代身上得以巩固和继续提高。例如，体型高大的母獒选用体型高大的公獒配种，以便使后代得以继承体型高大的特性。

异质选配：是指主要性状不同的公母獒之间的交配，目的在于使公母犬所具备的不同的优良性状在后代身上得以结合，即优势互补。例如，一只母獒的尾形卷得不太紧，毛量又不太粗、不太多和不太长的情况下，应选用一只尾形较好、卷尾，毛又长的种公獒与之交配，则产出的幼獒就不会有其前辈的缺点，而且最少能改变缺陷的50%～75%，另外，母体个体小，又不高的藏獒，在配种时就应注意选择个体大、体高的公獒与之交配，则父、母系的取长补短问题解决了，产下的幼獒面貌就会大大改变。

第二种是亲缘选配，是指具有一定血缘关系的公母獒之间的交配。按交配双方血统关系的远近可分为近交（inbreeding）（也称近亲繁殖或近亲交配）和远交（outbreeding）两种。凡交配双方到共同祖先的代数总和不超过6代者，称为近交，反之则为远交。

近交的作用：一是固定优良性状。近交可用于纯合和固定优良性状，增加纯合个体的比例。二是暴露有害隐性基因。近交也能使有害基因纯合的机会增加，因而可以及时发现有遗传缺陷的个体，以便及早淘汰。盲目和过度的近亲繁殖会产生一系列不良后果，除生活力下降外，繁殖力、生长发育性能、生殖性能都会降低，甚至导致品种退化。

远交的作用：远交的效应与近交相反，主要体现在：①增加杂合子的频率；②产生杂种优势；③产生互补效应。远交因为有上述作用，因而被广泛应用于下列几个方面：①在群体内实施远交以避免近交衰退；②在品种或品系间杂交以利用杂种优势和杂交互补；③培育新品种。当近交达到一定程度后，可以适当运用远交，即人为选择亲缘关系远甚至没有亲缘关系的个体交配，以缓和近交的不利影响。

3. 近交系数（inbreeding coefficient）的计算法

近交系数（inbreeding coefficient）：表示纯合的相同等位基因来自共同祖先的几率。也表示杂合基因比近交前所占比例减少的程度或形成个体的两个配子间因近交而造成的相关系数（S.Wright）。通常以0～1之间的尺度来表示。$F_X = 0$为完全杂合，$F_X = 1$表示完全纯合。

$$F_X = \sum [\,\{1/2\}^{n+1}\,(1 + F_A)]$$

根据通径系数原理，个体x的近交系数即是形成x个体的两个配子间的相关系数，用F_x表示。

其中：n表示从x的父亲通过共同祖先到其母亲的代数（箭头数）。

F_A为共同祖先本身的近交系数；

$\sum$表示所有共同祖先计算值的总和。

如共同祖先不是近交所生个体，即$F_A = 0$时公式简化为：

即$F_A = 0$时，上式可简化为：$F_X = \sum [\,\{1/2\}^{n+1}\,]$

如共同祖先本身为非近交个体时以下列系谱为例：

Z←Y（父亲）←C←W→B→X（母亲）→Z

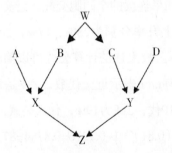

在这一系谱中，藏獒Z共同的祖先是W，假定W是非近交的，那么，W传递同一等位基因给C和B的概率都是1/2，B再将来自W的基因传递给X的概率也是1/2，依次类推，个体Z的近交系数则是所有径路（箭头数）的贡献之和。

由图上看出从父亲到母亲共有1条可能的路径，即：YCWBX，箭头数之和为4，因此，Z的近交系数为：

$$F_X = \{1/2\}^5 = 0.03125$$

如果共同祖先本身也是由近交产生，那么亲缘程度就显得复杂了，有关径路对近交系数的贡献应增加。以下图为例：

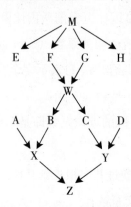

由上图看出从父亲到母亲共有1条可能的路径，即：YCWBX，箭头数之和为4，但是共同祖先W本身是由兄妹近交产生，因此，计算Z的近交系数时，应将W本身的近交系数FA=0.25考虑进来：

$$F_X = \{1/2\}^5（1+0.25）= 0.0390625$$

FX值随近交繁殖连续的代数而递增。增加的比率决定于交配动物亲缘关系的密切程度。如果连续的全同胞交配，近交系前几代数值不恒定，如前四代近交系数上升率分别为28%、17%、20%和19%，以后每代上升率就恒定为19.1%。故上述的计算公式可以简化为另一个便于计算的公式：Fn=1-(1-△F)n。n表示近交代数，△F是每进一代的近交系数上升率。例如:繁殖了10代，△F为19%，代入公式：

$$F_{10}=1-（1-0.19）^{10}=1-（0.81）^{10}=1-0.1216=0.8784=87.84\%$$

也就是说繁殖到第10代时，纯度可达到87.84%，还有12.16%是杂合的。由于交配方式不同，其△F也各不相同，同胞兄妹交配△F为19.1%，同父异母交配11.0%，回交（亲子交配）19.1%，堂兄妹交配为8%。全同胞兄妹或亲子交配前20代的近交系数计算状况可见下表。

理论上，随着同胞交配或亲子交配世代数的增加，近交系数上升，到20代时，近交系数可达98.6%，杂合基因仅剩1.4%。

全同胞连续近交20代近交系数表

代 数	F	代 数	F
1	0.25	11	0.908
2	0.375	12	0.926
3	0.5	13	0.94
4	0.594	14	0.951
5	0.672	15	0.961
6	0.734	16	0.968
7	0.785	17	0.974
8	0.826	18	0.979
9	0.859	19	0.983
10	0.886	20	0.986

不同亲属关系的近交系数

一级亲属	0.25
二级亲属	0.125
三级亲属	0.0625
四级亲属	0.03125
五级亲属	0.015625
六级亲属	0.007813

一级亲属：父母、同胞、子女（first degree relatives）。

二级亲属：伯、叔、姑、姨、舅、祖父母或孙子女、甥侄；同父异母、同母异父（second degree relatives）。

三级亲属：（堂、表兄妹）称为三级亲属（third degree relatives）。

四级亲属：（表叔侄女、表舅甥女）

五级亲属：（从表（堂）兄妹）

六级亲属：从表叔侄女（舅甥女）

根据计算出的近交系数，可分为

嫡亲交配：0.25-0.125

近亲交配：0.125-0.03125

中亲交配：0.03125-0.0078

远亲交配：0.078-0.0020

在近交系数0.0020以下的都可作为非亲交的范畴。

近交系数的应用能给我们制定选育方案提供重要的参考，同时也能为选育工作增强预见性，就一般规律而言，藏獒育种繁育初期，应避免亲缘交配，在中期应向接近近交方案有目的地进行定向培育，同时严格淘汰不良个体。近交系数贯穿于整个繁育过程，它能够有效地帮助育种工作者少走弯路。

4. 确定繁育目标

要知道自己的繁育目标是什么？

确定目标后，找准繁育方向，选择自己心目中理想的藏獒做种公或种母制定出一个系统的繁育计划，逐步向理想目标迈进。因为藏獒基因复杂，具有遗传的不稳定性，所以，不可以急于求成，否则就会前功尽弃。

选种前应该做到以下两点：

（1）调查研究，系统分析

要知道公獒或母獒的来历，即：它的谱系，查出祖上三代的遗传特点的稳定性以及它的后代的遗传特征。

（2）找优势，挑毛病

要了解种公或种母獒的优势与劣势。它有哪些优点？哪些劣势？然后"避免缺点，放大优点"针对性地选择适合的种公与种母獒进行优势互补。

天威，尼玛的优秀儿子。

举例说明，如左图，此獒名叫：天威，尼玛与麦当娜的优秀儿子，谱系清楚，名獒血统。

优势：结构紧凑，四柱粗直而有力，毛长嘴短。

劣势：个子72cm，偏小，毛色系暗包金。

如果追求，结构紧凑，毛长嘴短的后代，就应该用具有同样优点的母獒来交配。这样的后代就能够将其优

此獒名叫三巨，大家分析一下，此獒的优缺点是什么呢？

势巩固下来。后代本相同特征基因的纯合度就会更高，形成稳定性遗传。

如果追求大体型后代就应该找大体型母獒来交配，所生后代的个子就会有很大改善。如果追求纯正铁包金的话就应该用铁包金颜色好的母獒来与之配种，而不应该选择黑色或暗包金母獒交配。因为天威是暗包金又称为掩式包金，是铁包金特征被掩去了，如果用铁包金母獒交配的话，铁包金特征就会显现出来的，其铁包金后代品质更高。黄色母獒与之交配会有三种颜色后代的可能：红色，铁包金色，黑色。

5. 种獒选择中的错误理念

我国藏獒繁殖者通常有一个非常普遍的理念，就是在选择种公獒的时候，他们通常喜欢用老血统，对老血统总是津津乐道，因为大家认为，既然这个狗的后代出现了冠军，那么再用它繁殖还可以繁殖出冠军。其实，这种理念是错误的，这种理念是导致我们中国的藏獒的发展缓慢的主要原因。

而欧美国家的繁殖者却认为，超越现有的种公獒才是达到繁殖的最终目的，老血统的狗既然有了更好的后代，我们就应该淘汰老的种公獒，使用比它更优秀的后代来繁殖出更优秀的子孙。使用这种繁育理念进行繁育，一代优于一代，藏獒品质就可以不断的提高，日趋完美，优良品种就可以不断地出现。一步一步地往下走，通过不断的优化组合，

我们就能培育出心目中理想的藏獒，实现中国养獒人的梦想。藏獒繁育，理念是很重要的！

6. 精品藏獒的培育是父本重要？还是母本重要呢？

幼獒的生命是从受精卵开始的，也就是说：公獒的精子与母獒的卵子相遇的瞬间，就是幼獒生命的开始。民间有句俗语："种瓜得瓜，种豆得豆"，是指父本的重要性。还有句俗语叫："母壮儿肥"，"爹矮矮一个，妈矮矮一窝"，讲的是母本的重要性。那么，精品獒的培育是父本重要？还是母本重要呢？

科学的回答是：父本、母本同样重要。因为在藏獒体内的39对染色体中，有一半来自于父本，一半来自于母本。基因是染色体上有遗传意义的DNA片段，呈直线排列在染色体上。位于同源染色体上对等位点的一对基因，称之为：等位基因。如控制藏獒毛色的"黑与黄"、皮毛的"长与短"的基因都是等位基因。位于同源染色体不同位点的基因，以及非同源染色体上的基因称为：非等位基因。非等位基因控制后代的不同性状。如控制藏獒毛色基因与个子的高低的基因就是非等位基因。

既然控制藏獒遗传的39对染色体，是由39条来自于父本与39条来自于母本染色体配对组成，决定后代同一性状的等位基因，与决定不同性状的非等位基因都是成对存在的。所以，我们由此可知，幼獒的品质高低取决于父本50%，母本50%。父本、母本基因的优劣，共同决定着幼獒品质的高低。我们片面地强调父本的重要性是不对的，在藏獒选配的过程中，我们绝对不可以忽视母獒的重要性。否则就会走弯路。所以，藏獒繁育一定要谱系清楚，祖先优秀这样才有可能发育出品相优秀的后代。

2008年，山西龙城藏獒养殖基地母獒桂香（嘎玛与麦当娜的姑娘）与素有中国第一巨獒之称的比尔配种生出桂女，桂女融合了比尔与桂香优秀基因，今年再与素有"玉树名片"之称的种公獒森吉的儿子玉树长毛配种生出了一窝品相极佳的幼仔，这些均非来自于偶然，是优秀基因之间优化组合的必然结果。2010年11月出生的一窝小獒，体内融合了祖辈的优良基因，结构、毛量、骨量"青出于蓝而胜于蓝"小小月龄已经表现的不同反响。

山西龙城藏獒养殖基地2011年幼獒繁育血系表

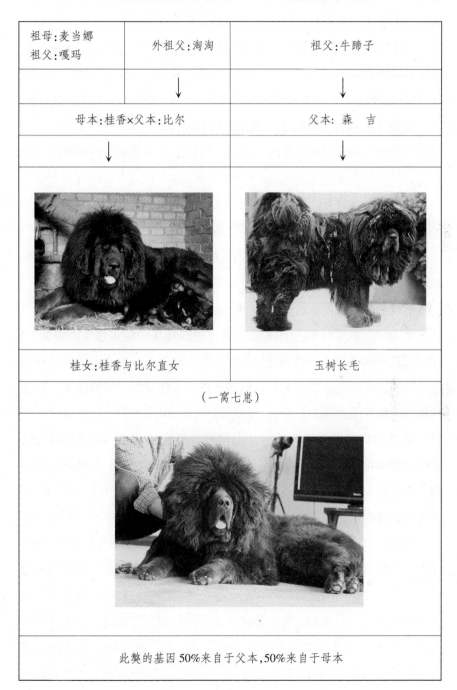

祖母:麦当娜 祖父:嘎玛	外祖父:淘淘	祖父:牛蹄子
	↓	↓
母本:桂香×父本:比尔		父本: 森 吉
↓		↓
桂女:桂香与比尔直女		玉树长毛

（一窝七患）

此獒的基因50%来自于父本,50%来自于母本

7. 母獒繁育性能评价

在藏獒繁育过程中，母獒的选择无疑是最重要的事情，那么应该从哪些方面选择母獒呢？对母獒的考核指标又有哪些呢？

身体健壮，心理成熟，繁育能力强，遗传稳定，母性好，无疑是最重要的考核指标。

实例说明：

母獒"麦当娜"缔造了一个精品藏獒帝国

麦当娜，稀有的纯种基因。她是一只原生纯种藏獒——黑狮子的孙女儿。

麦当娜血系繁育性能评价：

麦当娜血系母獒后代遗传稳定，品质极高，母性好，奶水多

每窝生育不高于11只，不低于7只幼仔，只只体重均衡，体健貌端，品相极高，遗传稳定。

后代考评：

女儿：继承了她的全部美德：繁育性能优越，量多崽大，每窝7～10只，色好体健。品相高，毛长色好。

儿子：色好、体大、毛长，标准虎爪，四柱粗壮。结构优美，稳定性极佳，配种能力强。

麦当娜从2005年到2011年，七年繁育后代68只，无论是从数量、质量、遗传稳定性各个方面都是非常杰出的繁育母獒，可谓功勋卓越。

图例说明：

麦当娜历年生育情况及直系后代图普

2005 年麦当娜 1 岁

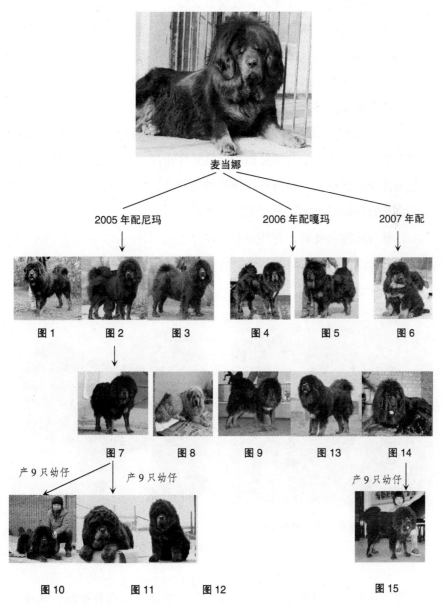

麦当娜

2005 年配尼玛　　　　2006 年配嘎玛　　　2007 年配

图1　　　图2　　　图3　　　图4　　　图5　　　图6

图7　　　图8　　　图9　　　图13　　　图14

产9只幼仔　　　产9只幼仔　　　　　　产9只幼仔

图10　　　图11　　　图12　　　　　　图15

注：2008年麦当娜与火龙产崽9只，2009年流产崽9只，2010年麦当娜与龙城长毛产崽10只，2011年产崽10只。

8. 藏獒血系正在形成

如今藏獒的魅力折服了很多藏獒爱好者，使得大家纷纷加入到养殖队伍中来，养殖队伍空前庞大，藏獒数量得到了极大的发展。正是人们对好獒的孜孜追求，使得藏獒优秀基因相互组合的几率大大提高，基因稳定性越来越好，后代品质的提高呈加速度发展态势，藏獒遗传稳定性不好的难题正在被突破，藏獒血系正在形成。血系的形成是一个缓慢的过程，需要很长的时间。

有很多我们可以耳熟能详，外表非常优秀，也曾红极一时的藏獒，但因其繁育出的优秀后代数量较少，从繁育角度来讲这样的藏獒，只可称之为优秀的展示犬，不可称为优秀的繁育犬，形不成血系。

血系的形成必须满足三个基本条件：

1. 基因的纯合度高，遗传要稳定。

2. 繁育出足够多的优秀后代，优秀后代种群数量大。

3. 特征遗传明显。

唐山华永獒园董占永先生的狮王　　　　怪兽是董占永先生繁育出的一只优秀铁包金藏獒，形成了一个铁包金血系。

董占永狮王的出现打破了国内黄（红）色藏獒的繁育瓶颈，从此高品质的黄（红）色藏獒开始多了起来，形成"狮王血系"。对黄獒的繁育可谓功不可没。

狮头

董占永先生的爱獒：驮佛是狮王血系的一个新发展，遗传性更好。

金港獒园高建超先生
的金福（驮佛之子）

二、繁　育

要大力发展养殖藏獒产业，繁育技术是关键环节之一。繁育是增加藏獒群数量和提高藏獒群质量的必要手段。为了提高藏獒的繁殖力，必须掌握藏獒的繁殖特性和规律，了解影响繁殖的各种内外因素。在养殖藏獒产业中，运用繁殖规律，采用先进的繁育技术，使藏獒生产能按人类要求有计划地进行。

1. 繁育规律

（1）母獒的初情期与性成熟

母獒幼龄时期的卵巢及性器官均处于未完全发育状态。卵巢内的卵泡在发育过程中多数处于萎缩闭锁状态，以后随着母獒的生长发育，脑垂体分泌促性腺激素逐渐增多，同时卵巢对促性腺激素敏感度也增大，卵泡开始发育成熟，即出现排卵和发情症状。母獒的第一次出现发情症状，即是初情期的到来。此时虽然母獒有发情症状，但往往发情周期不正常，其生殖器官仍在继续生长发育之中，故此时不宜配种，否则会对母獒的生长发育和以后的繁殖性能受到不良影响。一般母獒的初情期在11月中、下旬。初情期的迟早除受遗传因素影响外，还受营养状况等外界因素的影响。故始配年龄应在初情期以后，一般为两岁以后，既以第2次发情时交配为宜。

随着第一次发情的到来，在雌激素的作用下，生殖器官增长迅速，生长发育日趋完善，具备了繁殖能力，此时称为性成熟期。一般来说，性成熟后就能配种繁殖后代。母獒的性成熟期主要受个体、气候和饲养管理条件等影响。

（2）母獒的发情周期

在发情周期中，在神经及激素的作用下，母獒的全身状态和生殖器官都发生一系列复杂的变化，据此可将其分为以下四个阶段。

①发情前期

为发情的准备阶段，时间为7～13天。母獒的生殖系统开始为排卵做准备，卵子已接近成熟，生殖道上皮开始增生，腺体活动开始加强，分泌物增多，此时期母獒阴门肿胀，有血样排出物，精神状态兴奋不安，对口令反应迟钝，饮水量增加，排尿次数增多以引诱公獒，但不接受爬跨，公獒稍有过分或较明显的性挑逗行为，就会遭到母獒的攻击和咬斗。

②发情期

即从阴户滴血之日算起，从接受公獒爬跨开始到不接受爬跨为止，持续时间约为15天左右。老龄母獒发情期持续时间较短，见红后5天左右即可交配，而初情母獒发情不规律，有的甚至近20天左右才接受交配。母獒的外阴呈现充血肿胀状态，随着时间的增长，充血肿胀程度逐渐加强，到发情盛期达到最高峰；子宫角和子宫体呈充血状态，肌层收缩加强，腺体分泌活动增加；子宫颈管道松弛；卵巢的卵泡发育很快，多数在发情中期排卵。从外部表现看，早期阴户肿大，末期有所消退，滴出的带血黏液减少，色由鲜红变为淡红，母獒排出的气味显著诱惑公獒追逐和爬跨，当公獒舔其阴户或爬跨时，其四肢站立不动，尾翘起并偏向一侧，阴户屡屡上提，出现性欲要求，交配易成功。有时为提高受胎率，常隔日再交配一次。由于公獒龟头基部有附属海绵体，交配时充血膨大，母獒阴道前庭括约肌收缩较持久，所以藏獒的交配时间持久，可达数十分钟。藏獒配种宜选在喂食前或喂食后至少2小时进行。

③发情后期

发情期过后，即进入发情后期，约持续10日左右，母獒由发情的性欲激动状态逐渐转入安静状态；子宫颈管道逐渐收缩，腺体分泌活动渐减，黏液分泌量少而黏稠；子宫内膜逐渐增厚，表层上皮较高，子宫腺体逐渐发育，卵泡破裂，排卵后开始形成黄体。其外部表现为，阴户滴出带血黏液进一步减少，色由淡红变成暗红或无色，肿大消退，多数母獒不接受爬跨。

④泛情期

指发情后期之后到下次发情前期之间的时间，约为40～42周。此时母獒的性欲已完全停止，其精神状态已完全恢复正常。在早期，子宫内膜增厚，表层上皮呈高柱状，子宫腺体高度发育，增大弯曲，腺体分泌活动旺盛；在后期，增厚的子宫内膜回缩，呈矮柱状，腺体变小，分泌活动停止；卵巢的黄体已发育完全，因此这个时期为黄体活动时期。其外部表现为阴户干瘪，无带血黏液滴出，不愿接近公獒，不容许公獒爬跨，公獒对其尿液和身体气味不感兴趣。

（3）发情鉴定

第一，外阴肿胀、变软，流出的黏液变淡，滴血减少或停止；第二，用手按压母獒的腰部或抚摸尾部，其站立不动，尾巴抬起向一侧；第三，母獒主动接近公獒，当公獒爬跨时，母獒主动下蹋腰部，臀部对向公獒，将尾巴偏向一侧，阴门频频开闭，允许交配。

2. 繁育时间和繁育方法

（1）配种的一般原则

①配种时间一般选在早上藏獒精神状态最好的时候或中午天气比较暖和时进行。

②配种前、配种后2小时内不允许饲喂，以免公獒在交配时发生反射性呕吐。

③配种最好选在母獒饲养的地方进行，公母獒交配时对其他母獒是一种刺激，能促进母獒同一时期内发情，便于饲养管理。

（2）藏獒的配种方法

①自然交配　自然交配是指公母獒的交配是在没有人为帮助下进行的。就是把公獒与母獒牵入交配场地让其自然交配，一般较顺利。

②人工辅助交配　如果遇到由于公母獒体况相差较大，公獒胆小、性欲低，母獒神经

母獒麦当娜与公獒自然交配

基地人员对没有经验的种公獒要进行人工辅助配种

类型强、过于神经质等情况，致使公母獒间不能完成自然交配，就需要进行人工辅助交配。即有关人员可以辅助公獒将阴茎插入母獒阴道，或抓住母獒，扶着后股部，使其保持稳定的站立姿势，不让母獒坐下来或左右摇摆，避免挫伤公獒阴茎，迫使母獒接受交配。若公獒过高，可以将母獒垫高；若母獒兴奋性过高，在配种前应戴上口笼或用绳绑上嘴，防止咬伤公獒；性情较温驯的母獒配不上种，还可采取公、母同居，培养感情，以达到交配的目的。交配场所应选在固定场地或被动一方的饲养地，以免受陌生环境影响而加重交配的困难。交配前让公母獒彼此熟悉和调情，这样可使公獒有强烈的性欲。当交配完毕后，最好用短皮带牵母獒，不准其坐下。

实践证明，母獒在性兴奋期，多次排卵，进行重复交配可提高受孕率，从而提高产仔率。第一次交配后隔24～48小时再交配一次，这样可减少空怀。只交配一次的母獒，空怀率达34%。交配两次的，空怀率30%，交配三次的，空怀率20%左右。因此，目前一般都采用重复交配，一般以3次为宜。判断是否配上，视母獒阴户外翻程度，交配后外翻很明显，则已配上。若阴户自然闭合，则未配上。

配种后，应做好配种记录。配种记录内容包括母獒名称（编号）、年龄、配种日期、胎次，所用公獒名称、年龄及需要补充说明的事情等内容。查看配种记录可掌握藏獒各后代之间的亲缘关系，确定已有种獒的交配效果，鉴定各种獒种用价值大小，并进而作为以后确定交配组合的依据。

母獒配种记录表

母獒					公獒			配种时间			预产期	分娩期
獒名	品种	年龄	胎次	发情日期	獒名	品种	年龄	第一次	第二次	第三次		
备注												

3. 妊娠与分娩

（1）妊　娠

妊娠其怀胎、怀孕，是母獒特殊的生理状态，是由受精卵开始，经过发育，一直到成熟胎儿产出为止。所经历的这段时间称为妊娠期。獒的妊娠期平均为58～63天。母獒交配后一周左右，是母獒妊娠初期，是胚胎形成阶段，母獒变化不大。此时阴部开始上缩软瘪，可以看到有少量的黑褐色流体排出，食欲不振，性情恬静。在2～3周时乳房开始逐渐增大，食欲大增，称为妊娠中期，有时会出现偏食现象。1个月左右，可见腹部膨大，乳房下垂，乳头富有弹性，腹部触诊可摸到胎儿。即妊娠后期，此阶段胎儿生长发育迅速，母獒体内物质代谢和总能量代谢急剧增强，母獒腹部增大，行动小心缓慢，性情温驯。这段时间要加强营养，满足胎儿迅速增长的需要，同时应防止剧烈运动、相互拥挤、气温骤变、疾病感染等因素造成母獒流产、早产。

（2）分　娩

①产前准备

藏獒产仔多集中在冬季的12月至次年2月，此时天气寒冷，必须做好产房的保暖工作。在预产期前几天，怀孕母獒就会寻找角落、棚下等隐蔽的地方叼草筑窝，这是母獒固有的本能，表示不久就要分娩。这时应开始为獒的分娩做好准备。具体要做好以下几方面的工作：

a. 搞好卫生。母獒产前5～10天就要准备好产房，产前应进行产房维修，产房应清洁、干燥和通风良好，但避免舍内有穿堂风。舍内墙壁、地面及门窗等应消毒，可用5%的次氯酸钠溶液、0.5%的来苏儿水或其他消毒液喷洒消毒。可用洁净的毛巾蘸取1%的新洁而灭液清洗母獒的臀部和乳房，然后再用温清水冲洗干净。

b. 安排好产床或产箱。母獒分娩前，应准备一个母獒能伸展四肢、完全平躺下来的产床，但不能过大，以免仔獒四处乱跑，而且离母体太远时，仔獒容易受寒。产床消毒后应铺上干净的褥草，周围应装好围栏，栏高以仔獒不会掉出来为宜。产床内壁及底部必须无光滑、尖锐物体，以防划伤仔獒。产床应放在砖头或木块上，以利通风、干燥。

c. 备好接产用具。如剪刀、灭菌纱布、棉球、70%酒精、5%碘酒、0.5%来苏儿、0.1%新洁尔灭等。

②临产预兆

母獒在临近分娩时会有以下异常的行为表现和组织器官的变化：

a. 母獒在临产前3天左右，体温开始下降，正常的直肠温度是38℃~39℃，分娩前会下降0.5℃~1.5℃，当体温开始回升时，表明即将分娩，这是分娩的重要指标。

b. 临产母獒乳房开始胀大，乳头硬挺并能挤出少量清亮的液体或少量的初乳。分娩前24~35小时，母獒食欲大减，甚至停食，行动急躁，常以爪抓地，尤其是初产母獒，表现更为明显。

c. 分娩前3~5小时，由于子宫的收缩，开始出现阵痛，母獒起卧不安，常打哈欠，张口呻吟或者尖叫，抓扒垫草，呼吸急促，排尿次数增多。

d. 骨盆韧带变得柔软松弛，坐骨结处下凹，阴门较平时明显肿胀变大，且不紧闭，并不时有浓稠黏液流出。说明几小时内就要分娩。母獒通常分娩都在凌晨或傍晚，在这两段时间里应特别留心观察。分娩时最好有人在一旁静观，发现问题及时处理。

③分娩过程

整个分娩过程是从子宫开始出现阵缩起，至胎衣排出为止，分娩是一个持续完整的过程，是以子宫颈的扩张和子宫肌肉有节律性地收缩为主要特征。在这一阶段的开始，每15分钟左右便发生一次收缩，每次约20秒钟，由于是一阵一阵的收缩，故称之为"阵缩"。在子宫阵缩的同时，母獒的腹壁也会伴随着发生收缩，称之为"努责"。藏獒的分娩就是借助子宫和腹壁肌、膈肌的收缩，把胎儿及其附属物排出来，阵缩与努责是胎儿产出的基本动力。在这个阶段，扩张的子宫颈和阴道成为一个连续管道。

分娩过程可分为以下三个时期：

a. 开口期：开口期指从子宫开始阵缩起，至子宫颈完全张开，子宫颈与阴道之间的界限消失的时期。在开口期中，产獒会时起时卧，常作排尿姿势，并不时排出少量粪、尿；脉搏、呼吸加快。开口期持续时间为3～10小时。

b. 胎儿产出期：子宫颈完全张开，破水到胎儿产出为止这一阶段称为胎儿产出期。随着阵缩，产道会扩张，胎儿也从子宫角向子宫颈滑至子宫体，而把头或后肢插入骨盆内，由于骨盆反射而引起强烈努责。最后随着母獒腹肌强烈收缩，努责数次后，胎儿便顺势被推出骨盆，而包在胎膜内的胎儿便被分娩出来了。胎儿产出的时间间隔一般为10～30分钟。若生5～6只仔獒时约需3～4小时。

c. 胎衣排出期：从胎儿产出后至胎儿完全排出的时间为胎衣排出期。胎儿排出后，母獒安静片刻，然后子宫又再次出现阵缩。有时配合轻微努责便使胎衣排出，或娩出一个胎儿后，立即将相应的胎衣、胎盘排出。这时母獒会马上吃掉胎衣，将脐带咬断，舔净胎儿身上的黏液而使仔獒吸乳。因为胎衣是母獒本身的东西，含有多种氨基酸、维生素、矿物质、激素等营养物质，有催乳的作用，所以应该让母獒吃掉。当然母獒也会同时吃掉生产时的排泄物，但吃得过多也不好，所以到生产后期，应将剩下的部分拿走。只要第一个胎儿产出，则其他胎儿一般不会发生难产。在分娩过程中，有时往往前面生产的胎儿、胎衣还未排出来，后面的胎儿已经娩出，有的甚至要在所有的胎儿都娩出后，再排出胎衣。如果胎衣没有立即排出，脐带仍在产道内，母獒可能会咬住脐带而拉出胎膜。多数母獒能吃掉胎衣。判定分娩是否结束一般以母獒在产出几只胎儿之后变得安静，不断舔仔獒的披毛，2～3小时后不再见努责，表明分娩已结束，也有少数间隔48小时后再度分娩的，但此时分娩的绝大多数都是死胎了。藏獒是多胎动物，每胎产崽数一般为4～8只，少则1～2只，多则12只。

刚产完仔獒的母獒与仔獒　　　　　　　　刚降生的仔獒

在产后的头4～5天内，由阴道内不断排出褐绿色（血铁质色素）恶露。子宫复原要到产后10～15天才能完成。还应检查母獒的乳房有无异常或硬块，以便及时处理。

分娩时应该注意以下事项：

a. 分娩的场所应偏僻，四周应无嘈杂声，否则会使母獒过度紧张而引起难产。

b. 当孕獒已从阴门流出少量的稀薄液体达数小时，或者胎儿露出阴门10分钟还不能全部产出时，说明难产，这时就要助产或做剖腹产。

c. 分娩后，若阴道内仍有较多的鲜红色排泄物流出，则预示产道有可能大出血，应立即用脱脂棉将阴道堵塞，迅速送兽医诊所治疗。

④难产及假死仔獒的处理

a. 难产的一般处理　一般初产母獒因骨盆狭窄、阴道过窄、胎儿过大，或因母獒体弱无力、子宫收缩无力或胎位不正等均会造成难产。

母獒分娩时，多数胎儿先露出嘴、头部，然后全身，为顺产。若羊膜破水30分钟后仔獒仍未产出，或胎儿不正，也需助产。助产人员应先将手指甲剪短磨光，手臂用肥皂洗净，再用来苏儿水消毒，涂上润滑剂。如胎儿过大可用手随着母獒的努责，握住胎儿暴露的部分（在露出部分未超过二分之一前不宜勉强拖出），慢慢用力拉出，但需注意不要用力过猛而伤了胎儿，尤其不可将胎衣及脐带拉断；或随着母獒的努责，用手向后上方推动母獒腹部，这样反复几次，就能产出。如果胎位不正，先将母獒后躯抬高，将胎儿露出部分推回，手入产道摸清胎位，慢慢帮助纠正成顺胎位，然后随母獒有节奏地"努责"，将胎儿轻轻拉出。

b. 假死仔獒的处理　仔獒产出后，身体发育正常，但只有心脏跳动而没有呼吸时，称为假死。假死的原因主要是仔獒吸入羊水，或分娩时间较长，子宫缺氧等。假死仔獒的处理方法有两种：此时可将头部向下，左右摇摆獒体，用吸球吸出仔獒口鼻内的羊水，用酒精棉球擦拭鼻孔黏膜及全身，并轻轻地有节律地按压胸壁，通常用人工呼吸持续3～4分钟后仔獒就能开始自行呼吸。短时期假死的仔獒，经过处理后，一般能复苏。

⑤产后护理

母獒产后整个机体特别是生殖器官发生着剧烈的变化，机体的抵抗力降低。为使母獒尽快复原，应给予适当的护理。

a. 母獒正常分娩后，在不影响母獒休息的情况下，应该及时用温肥皂水把其外阴部、尾部、乳房部位的污物擦干净，并用毛巾擦干。更换已污染的垫褥，注意产房保温、防潮，产房内温度应不低于5℃。若獒崽挤在一起相互取暖，说明温度偏低；要用加热器调整到适宜温度。

b. 要防止母獒挤压獒崽，听到獒崽短促的吠叫声，应立即前往察看，及时取出被挤压的獒崽。

c. 谢绝陌生人参观，禁止大声喧哗。因分娩后的母獒有很强的护崽本能，非常敏感，喇叭、锣鼓、鞭炮声以及见有陌生人来到近前，为了护崽，会叼咬獒崽或攻击围观者，甚至将獒崽吃掉。

d. 母獒产后6小时内一般不宜进食，由于分娩时体力消耗很大，体液损失多，母獒表现出疲劳和口渴，因此，要准备足够的、温热的1%

盐水，供母獒饮用。

e.要注意母獒的授乳情况，如果产后母獒长时间不回产箱或獒崽长时间乱动、乱叫，可能是母獒无乳或生病的表现，这时要考虑采用人工哺乳或寄奶。体弱的獒崽往往不能及时找到乳头或被挤在一旁，因此要人工辅助，最好将其放到乳汁丰富的乳头旁。

4.影响藏獒繁殖力的因素及对策

影响繁殖力的各种内外因素，通过不同途径直接或间接影响着公獒的精液品质、受精能力；母獒的正常发情、排卵数、受精卵数和胎儿的发育，从而最终控制着藏獒的繁殖力。为此必须全面了解这些因素，采取有效的措施，才能使藏獒的繁殖力不断提高。

（1）影响繁殖力的主要因素

①遗传因素

大量的研究资料证实，藏獒的交配在不同品种、同一品种的不同个体间都有较大的差异，表现为个体间交配行为的强度、频度、精力充沛程度、体质、精液质量、受精卵数等各方面，这些行为很大程度上是由遗传因素决定的。如果公獒的精液质量差、受精能力低，即使与排卵数多的母獒交配，也可能发生不受精或受精卵数远远低于排卵数。反之，公獒精液质量高、受精能力好，而母獒的排卵数少，交配之后同样是受精卵数少，结果使母獒繁殖力低下。并且这样交配其后代也可能具有繁殖力低的遗传特征，形成恶性循环。

②营养因素

a.营养对母獒的影响

营养对母獒的发情、配种、受胎以及仔獒成活等起决定性作用，其中以能量和蛋白质对繁殖影响最大，矿物质和维生素也不可忽视。一般认为，营养水平低会延迟青年母獒的初情期的到来；对于成年母獒会造成发情抑制、安静发情，发情不规律，排卵率降低，乳腺发育迟缓，甚至增加胚胎早期死亡、死胎和初生仔獒的死亡率。在发情临近时，提高母獒的营养水平，可增加成熟卵泡和排卵的数量，改善妊娠和哺乳母獒的日粮，能提高仔獒的成活率。

蛋白质缺乏时，不但影响母獒的发情、受胎或妊娠，也会使母獒体重下降，食欲减退，以至摄入能量不足，从而影响母獒的健康与繁殖。但是若长期饲喂过量的蛋白质、脂肪或碳水化合物饲料，同时缺少运动，可以使母獒过肥，卵巢脂肪沾积，卵泡上皮脂肪变性，而造成不发情。

维生素A不足时，能引起机体内蛋白质合成、矿物质和其他代谢过程障碍，生长发育停滞，内分泌腺萎缩，激素分泌不足，子宫黏膜上皮变性，卵泡上皮变性，卵泡闭锁或形成囊肿，不出现发情和排卵。

维生素B_1缺乏时，可使子宫收缩机能减弱，卵细胞生存和排卵遭到破坏，长期不发情。

维生素D对生殖能力虽无直接影响，但对矿物质特别是钙磷代谢有密切关系，钙磷等矿物质不足时，会引起繁殖机能发生障碍。

维生素E不足时，可引起妊娠中断、死胎、弱胎或隐性流产。长期不足则使卵巢和子宫黏膜发生变性，变成经久性不孕。

矿物质磷对母獒的繁殖力影响也较大。如缺磷能引起卵巢机能不全，推迟初情期的到来，成年母獒可造成发情症状不明显，发情间隔不规律，最后导致发情完全停止。缺硒使维生素E合成受阻;缺钴、锌可导致性周期紊乱或早产、流产、畸胎和死胎;缺碘则直接影响甲状腺机能，使生长发育停滞或繁殖力下降。

b. 营养对公獒的影响

蛋白质的质量低下、维生素和矿物质的缺乏都会改变内分泌腺体的功能。营养成分中的胆固醇、精氨酸和锌与生育的关系最为密切。胆固醇是合成性激素的重要原料，应在饲料中多加入一些肝、肠等动物内脏会有利于性激素的合成。精氨酸是精子形成的必要成分，它是蛋白质的基本成分，所以在饲料中多加入富含蛋白质的食物，如瘦肉、鱼、鸡、蛋、牛奶等会有利于精子的生成，尤其是多食核桃、芝麻等含精氨酸较多的食物更有利于生精。在各种微量元素中，锌在公獒生殖中的作用受到特别重视。锌缺乏可引起垂体激素分泌减少，睾丸体积减小，曲细精管萎缩，严重缺乏时可引起生精上皮严重萎缩，从而影响精子产生。食物中以牛肉、鸡肝、蛋黄等含锌最多。维生素A、E不足，会使精子生成减少，并发生畸形。钙、磷、钠盐不足或钙磷比例失调，精子数和精液量降低，精子活动很差，影响繁殖力。

③环境因素的影响

母獒的生殖机能与日照、气温、湿度、噪音、饲料成分的变异以及其他外界因素都有密切关系。如果环境突然变化，可使母獒不发情或发情不排卵。公獒在改变管理方法、变更交配环境或交配时有外人的干扰等情况下，可使性欲发生反时性抑制，影响交配质量，甚至引起配种失败。此外，长期禁闭公獒可使其性欲降低。

④繁殖技术的影响

配种时间是否合适对繁殖力有着直接的影响，母獒的发情时间比较长，而排卵时间只有几天，卵子排出后若不能及时与精子相遇完成受精过程，则随着时间延长，其受精能力会逐渐减弱，逐渐丧失其受精能力。

⑤生殖器官发育异常

生殖器官发育异常多为先天性的，它将直接影响藏獒的繁殖力，如达到配种年龄而生殖器官发育不全或者缺乏繁殖能力的幼稚病；两性畸形，即同时具有雌雄两种性腺，或虽具有一种性腺，但其他生殖器官却像另一种性别；生殖道异常，如子宫颈、子宫角纤细，子宫颈缺如或闭锁，阴道或阴门过于狭窄或闭锁(不能交配)等。这些生理原因基本上使母獒失去繁殖能力，造成先天性的不孕。

⑥繁殖障碍性疾病

繁殖障碍性疾病病原大多可直接侵害獒的生殖系统，轻者造成交配障碍，如公獒的睾丸炎、阴茎损伤、包皮炎、前列腺疾病、先天不孕症、雌化综合证等；母獒的阴道炎、外阴炎、阴道增生病、阴道脱出、生殖道肿瘤、子宫脱出等；重者会使獒丧失生殖功能，降低獒的繁殖力。目前，影响藏獒繁殖力的疾病也比较多，传染性疾病如布氏杆菌病、结核杆菌病、李氏杆菌病、弓形虫病、螺旋体病等，这些可引起流产、新生仔犬死亡、胎儿吸收和表现不育等。生殖器官疾病持久性黄体(persistent corpus luteum)、卵巢囊肿、卵巢炎、子宫炎、子宫肿瘤等，也可造成暂时性不孕。另外，甲状腺机能减退症状可导致不育,发情周期异常、性欲低下或（和）精液异常。

⑦管理因素的影响

合理的饲喂、运动、休息、獒舍卫生设施和交配制度等一系列管理措施，均对藏獒的繁殖力有一定的影响，如果管理不妥，不但会使一些藏獒的繁殖力降低，而且还可能造成藏獒的不育，其他还有像孕獒的管理、仔獒的管理等都将直接影响藏獒的繁殖力。

(2) 提高繁殖力的措施

①加强选种选配

母獒的产仔数受遗传的影响，因此，选用繁殖力高的公、母獒进行繁殖，可显著地提高獒群的产仔率。

选择种公獒时，宜选择雄威强壮、生殖器官无缺陷、阴囊紧系，精力充沛，性情和顺，配种时能紧追母獒，并频频排尿。若配种时，出现不排尿，不愿爬跨母獒，交配无力，交配时间短或者性成熟后，两侧睾丸尺寸不一，或只有一个睾丸，不能做种用。

种母獒宜选择健康无病，生殖机能健全，产仔多，带仔好，有4对以上发育有效的乳头，泌乳能力强且母性好的母獒。母性好的母獒表现为分娩前会絮窝，产后能及时给仔獒哺乳，一个月后会呕吐食物喂给仔獒，仔獒爬出窝外后能用嘴将其衔回等。反之则认为母性不好。此外，有吃仔獒或在窝内排大小便的母獒更不能留作种用。

配种时要选择最佳时间，一般在发情后9~13天，老弱獒进间稍提前一点，青壮年獒稍靠后一点。采用"双重配"或"重复配"，这样可以增加母獒卵细胞的受精机会和增多受精卵的数量，从而提高繁殖力。

②加强种公獒的饲养管理

种公獒是用来配种，产生优良后代的，因此，种公獒应该是发育良好、体格健壮、体质结实、精力充沛、性欲旺盛，这样才能完成配种繁殖任务，得到较多较好的后代。

在饲养上，种公獒的食物中动物性蛋白质含量要高于一般的藏獒，而且碳水化合物含量要相对少一些，以便藏獒既保持体格健壮，又使体形不过胖或过瘦。

种公獒一般应单独饲养，以免公獒之间相互打架。种公獒应保持经常的适量运动，每天应在运动场或户外运动2~3次；每次约半小时，这样可保证公獒精液品质和有旺盛的性欲。合理的运动，不仅可以促进食欲，帮助消化，增强体质，而且可以增强性反射与提高精液质量。运动量不足会降低种公獒具有足够的运动量；配种后不要立即运动，配种期间也不能剧烈运动，以免体力消耗过大而影响配种能力。

合理安排配种频率，要严格控制交配次数，一天最多两次，要在早晚进行，第二天应休息一天。做好种公獒生殖器的保健护理，保持清洁卫生；定期检查精液品质，发现问题及时采取措施。此外，在母獒发情季节，最好把公獒和不发情的母獒放在一起活动，以促进母獒发情和激发公獒性欲。

③科学调配母犬营养，防止不孕

母獒不孕是造成繁殖力降低的最直接的因素，而造成母獒后天性不孕的主要因素是饲料营养。前面已介绍诸多营养物质缺乏引起的母獒不孕，所以在调配母獒饲料时一定要做到营养全面、适口性好。特别是维生素及矿物质要满足母獒的日常需要，并定期检测饲料中各营养成分的含量，发现含量不足，应及时添加。

④加强妊娠母獒的饲养管理，防止早产、流产、难产

a. 增强营养

孕獒需要增加营养物质，不仅仅是为了自己，更重要的是为了胎儿的正常生长。必须给孕獒供给足够的蛋白质，同时注意维生素和微量元素的补给，特别要注意维生素A、D和钙的补充。只有满足胎儿正常发

育所需的营养物质，胎儿才能发育良好。通常营养物质的补充随妊娠时间的推移而变化，到了妊娠后期，应做到少吃多餐，而且在特别注意营养平衡，否则易发生早产或产出弱胎。

b. 保证休息

孕獒舍应宽敞明亮，清洁干燥，空气流通，保持安静，让獒能够得到足够的休息。怀孕40多天的孕獒，不要让生人观看，到了50天以后，将孕獒送进产房。

c. 防止流产

孕獒需要适当的活动，这样有利于胎儿发育，也可防止难产。但是，绝对禁止让孕獒快跑、跳跃、上下跑楼梯和与其他藏獒打架等，以免发生流产。

d. 搞好卫生保健

经常给孕獒梳刷身体，保持清洁，同时进行日光浴，借以促进胎儿骨骼的发育。在分娩前一个月，每隔几天用香肥皂擦洗乳头，洗完后用毛巾擦干，防止乳头创伤感染。在妊娠30天左右还要进行药物驱除蛔虫、绦虫，以免感染给胎儿和仔獒，但切勿饲喂过量的驱虫药，以免发生流产。

e. 提高繁殖人员的责任心，做好母獒分娩的准备工作。

⑤认真护理仔獒，提高仔獒成活率

仔獒成活率的高低，对于母獒的繁殖力有十分重要的意义，所以说提高仔獒的成活率，是提高藏獒繁殖力一个重要环节。

要提高仔獒成活率，必须做好仔獒的护理工作：a. 刚出生的仔獒骨骼很软，站立不稳，行动不便，容易被母獒压迫窒息而死或踩伤致死，因此需要加强看护，细心照料，保障仔獒的安全。b. 新生仔獒体内尚未产生抗体，此时的母獒却大量分泌富含多种抗体的母乳，因此要让新生獒吃足初乳，并认真观察和掌握仔獒的发育情况。c. 母乳供应不足时，及时补乳和饲喂，过好仔獒的开食关。d. 在仔獒出生后第5～6周，母奶分泌已经很少，此时应过好仔獒的断奶关。

⑥防止藏獒感染繁殖障碍性疾病

平时要认真搞好种獒房及产獒房的卫生，必须每天打扫、冲洗干净，定期对獒房进行消毒，经常保持獒房清洁、干燥。临产前必须对产房进行彻底消毒，以避免外界传染性疾病感染幼獒。产房温度对幼獒的成活十分重要，一般产后第一月獒舍温度应保持在5℃以上。藏獒虽然较其他犬类耐寒，但温度过低时，幼獒会行动迟缓，精神沉郁。往往导致消化不良，或引起其他疾病；而温度过高又会使仔獒精神紧张，抵抗力下降。随着幼獒适应能力的不断提高，环境温度可逐渐降低。此外，产房要保持干燥，垫草要勤换，防止寄生虫病发生。通过采用以上多种措施，可以切实有效地防止藏獒的繁殖障碍性疾病发生，为提高藏獒繁殖提供保障。

5. 藏獒的人工授精繁殖技术

（1）人工授精的概念

AI（artificial insemination）是指不通过交配，把雄性动物精液输入到雌性体内的一种技术。藏獒的人工授精是指用人工的方法，将公獒的精液采取出来，通过严格的科学检查处理，用鲜精液或冷冻精液，输入到母獒的生殖器官内，使精子与卵子结合，达到繁殖优良藏獒的目的。

另一种新的技术称作 IUI（Intra-Uterine Insemination），即子宫内人工输精技术。是指把精液直接输入到雌性受体动物的子宫内。虽然应用 IUI 技术比普通的 AI 具有更高的受精率，但在藏獒的繁育中还不常见，因为实施起来比较困难。如果操作不当，可能会使母獒受伤。而且做 IUI 输精时，需要使用腹腔镜等特殊设备，在受体母獒的腹部切开一个小口，同时需要进行外科麻醉。目前已有部分国家中的宠物医院普及了 IUI 技术。

（2）精子的活力检测

用于人工授精的精液，需要进行必要的检测和质量评价。以确保所用精液的质量。用于人工授精的精液的精子应具备一定的活力。检测精子活力使用常规显微镜来观察精子的运动能力以及是否具有正常形态结构。进一步评价精子活力的方法，检测精子获能以及对卵细胞膜的穿透力，还有更高的技术手段，例如：使用扫描和电子显微镜技术，荧光探针技术检测精子的 DNA、线粒体和细胞核，利用计算机进行精液分析进行精子检测。这些方法还还可以区分多种哺乳动物精子的性别，即区分含有 X 或 Y 染色体的精子。

(3) 精液品质检查

①射精量。因每只公獒个体、年龄、采精方法、采精频率和营养状况的不同其射精量有多有少。射精量太多，很可能混入过多的副性腺泌物或其他异物，若过少可能是由于采精方法不当或生殖器官功能衰退所致。发现这种情况就应该调整采精的方法或采精频率。

②精液的色泽。正常的精液为乳白色或灰白色，精子数量越多，乳白色越深。若发现精液呈淡绿色，很可能混有脓液，呈淡红色是精液中混有血液，呈黄色是混有尿液，凡属上述颜色的精液，应该丢弃并停止对这只种公獒采精。

③精子活力。是指精液中有改线前进运动的精子百分率，是评定精液品质优劣的重要指标之一。检查方法是：在载玻片上放 1 滴精液，用盖玻片压上，制成压片，将压片置于 400 倍的显微镜下观察。按精子直线前进运动的百分比评为 10 个等级：100%前进者为 1.0 分，90%前进的为 0.9 分，80 %为 0.8 分，70%为 0.7 分，以此类推。

④精子密度。是指精液的单位容积（1mL）内所含精子数目，是评定精液品质的一项重要指标，也称精子浓度。目前测定精子密度的方法主要采用估测法、血细胞计算器计算法 。

a. 估测法：此法通常与检查精子活率（不做稀释）同时进行，在显微镜下根据精子分布稠密程度粗略地分为"密"、"中"、"稀" 3 级。密：整个视野充满精子，精子之间的空隙小于 1 个精子，看不见精子的活动情况，这种精液每 mL 含有精子 10 亿以上。中：精子在视野中比较分散，精子与精子之间的空隙约与精子本身长度相等，可以分清精子活动情况，这种精液每 mL 含精子 3~10 亿。稀：在视野中只能见到少数精子，精子之间的空隙很大，这种精液每 mL 含精子在 2 亿以下。

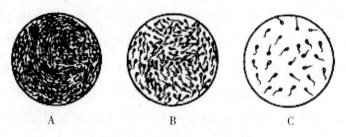

显微镜下精子分布密度示意图

A：密　B：中　C：稀

b. 计算法：用血细胞计算器，在显微镜下计数，是比较准确的,方法是先用血细胞吸管稀释精液之后，将精液稀释 20 倍时，用白细胞吸管稀释，把精液稀释成 200 倍时，则用红细胞吸管稀释。稀释液用 3%的氯化钠溶液，以杀死精子便于计算，其计数方法与血细胞计数相同。计算公式为：

1mL 原精液中的精子总数 = 5 个中方格内精子数 × 5（25 个中方格）× 10（$1mm^3$ 内精子数）× 1000 ×（1mL = 1000 mm^3）× 稀释倍数

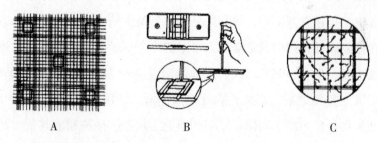

A：血细胞计数板的计数方格

B：将稀释后的精液从吸管滴入计数器

C：计算精子的顺序和方法(只计算头部为黑色的精子)

⑤精子的畸形率。是指形状不正常的精子。一般来讲，藏獒精子畸形率不得超过 20%。畸形精子种类很多，如头部瘦小、巨大、圆形、细长、轮廓不清、皱缩、缺损、双头等，颈部膨大、纤细、屈折、双体等，主段弯曲、回旋、屈折、短小、缺陷、带原生质滴、双尾等，精液

中的畸形精子的比率越高，受孕率就越低。

⑥精子的存活时间及存活指数。是指离体精子在一定条件下的寿命，这是判断精子受精能力的一项指标。将精液采出后，应立即稀释1.3倍，将稀释精液置于一定的温度（0℃~37℃）下，间隔一定时间检查精子活率，直至无活动精子为止，所需的总小时数为存活时间；相邻2次检查的平均活率（即2次活率相加÷2）与间隔时间的积相加总和为生存指数。精子的存活时间越长，指数越大，说明精子活力越强，品质也越好，受精率也越高。

⑦pH值的测定。用万能试纸比色或电动比色来侧定，藏獒的精液pH值平均为6.0（6.1~7.0），pH值偏低的品质较好，pH值偏高的精子活力、受精力都显著降低。

（4）精液的保存

精液的保存方法，可分为冷冻（零下79℃~零下196℃）、低温（0℃~5℃）、常温（15℃~25℃）。

①精液的冷冻保存

冷冻精液不仅可以扩大种公獒的利用率，而且可以长期保存，便于长途运输，是建立基因库，保存优良品种公獒的精子的有效方法。冷冻精液在低温保存过程中通常需加入一定的冷冻保护剂，然后贮存于超低温的液态氮（零下196℃）或其他制冷设备作为冷冻源超低温保存。在进行人工授精之前，必须去除冷冻保护剂。常用的一些冷冻保护剂，如甘油等都会影响精子对卵子受精的能力。缺点：冷冻精液其活力及运动能力与未经冷冻的精子相比较，均有所下降，精子对卵子受精的能力也有所下降。

②低温保存法

一般用冰箱或冰块作冷冻源短期保存。因为低温可以抑制精子的活动，降低精子的活动能量消耗，为保持精子活力在稀释液中必项加入营养物质，如卵黄、奶粉等。有实验证明，精液用等量的卵黄和2.68%枸橼粉酸钠溶液稀释，在4℃的条件下保存，96小时后还能有50%的存活率；用巴氏灭菌的牛奶做等量稀释，在4℃条件下能保存120小时，存活率为50%，并能使母獒受孕。

③常温保存法

主要是利用一定范围的酸性环境抑制精子的活动，以减少其能量的消耗。常温有利于微生物的繁殖，需加入一定的抗生素抑制。再加入必要的营养和保护物质，有利于保持精子的活力。有实验证明用卵黄、枸橼酸钠稀释藏獒的精液，保存96小时，精子仍具有活力。

（5）人工授精的准备

完善的准备工作是人工授精工作的前提，也是人工授精工作成功与否的保障。它由人工授精室的建立、器具（器械）的准备、人员的组织与培训、选种、健康状况的要求等项工作组成。

①建立人工授精室

人工授精室应具备以下几个条件：

a.房屋的选择。应选择宽敞明亮，易于清扫消毒，并且保温性能良好，周围环境安静的房间。它的面积以10平方米为好。房间的保温性要好。

b.房间布置。铺置地板革、地板砖。这样有利于彻底消毒。因为地面缝隙较少，不易存污垢。为了提高保温能力可以在四壁钉置塑料薄膜。薄膜距墙壁应保持10～20cm距离。

供暖：一般可用电供空调、暖气供暖，室内温度应保持在18℃~25℃范围内。

消毒设施：可安置紫外线灯或进行光线消毒。

照明设施：普通灯泡或日光灯即可。

②器具的准备

a.电器类：恒温箱。放置人工授精器具（离心管、集精环、滴管、输器、扩张器、载玻片等），使其预热至36℃~38℃。水浴锅或保温桶。存放精液水温保持在36℃~38℃。电冰箱。0℃~5℃保存稀释液。显微镜。用于精液检验和脱落角化细胞检查。高压灭菌器。消毒玻璃、金属器具。烘干箱或电烤箱。用于玻璃、金属器具的消毒与烘干。

b. 输精器械：输精针、扩张管，授精母獒应每只一套。

c. 采精器械：采精台、集精环、离心管或试管。

d. 其他器械：量筒、滴管、载玻片、棉纱缸、消毒盘、垃圾桶。

(6) 人工授精全步骤

①准备工作

人工授精所有器械消毒结束后按顺序摆放在保温柜中，受精室内清洁消毒后将紫外线灯开 20 分钟。准备好毛巾（种公獒消毒用）、两个水盆（一个盛放消毒种公獒的消毒水，另一个盛放消毒用后器械的消毒水）、脏物桶，提前 30 分钟将水浴锅启动（加热稀释液到 30℃），将室内温度提升至 20℃后，人员着装后（白大衣、拖鞋、手套、帽子、口罩）即可开始人工授精工作。

②采精

a. 采精的准备

为保证种公獒良好的性欲反射条件，采精场应该是公獒熟悉的环境、采精是周边环境要安静、并经过彻底消毒。

采用发情的母獒作为台獒。将采精前台、母獒的后躯、尾根部、外阴部、肛门部位彻底洗涤干净消毒后，用消毒过的干抹布擦干。

b. 采精

手握采精法。当公獒爬跨母獒阴茎勃起时，操作人员一只手抓住公獒阴茎的球状部位，用力手淫，另一只手拿着容器收集精液。在收集精液时，要注意器具不得触及公獒阴茎，否则会造成射精停止。

假阴道采精法。根据公獒的阴茎大小制作母獒假阴道。在假阴道内胎中装入温度为 40℃的热水。用手淫的方法，使公獒阴茎勃起，插进阴道，另一只手持龟头后的阴茎，助手轻轻地打气，使假阴道产生一定的压力，刺激公獒射精。

c. 输精：

母獒绑定后，先用医用棉签或手纸将母獒外阴部擦净，即可进行输精操作，将母獒垂直提起臀部朝上，用阴道开膣器将阴道打开，借助一定光源，找到子宫颈外口，将输精枪插入子宫颈 1~2cm 处，注入精液，随后取出输精枪和开膣器。

注意：如果在拔出开膣器和输精针时发现带有脓性分泌物，请提醒獒主立即治疗，器械应单独消毒处理。

第十二章　藏獒的训导

一、藏獒的性格培育

藏獒是生活在我国青藏高原上的原生藏獒，其生存环境决定了它的性格形成，至今野性尚存。藏獒性格中勇敢、坚定、决不退缩的性格。优良的藏獒在选育过程中除体型高大、威猛的形态特征外，更应该注重品性的保留，不惧暴力、勇往直前，对陌生人有强烈的敌意，对主人又百般温顺是藏獒必须具备的性格特点。因此，对藏獒气质特性的培养和训练，在藏獒理想个体的培育中也占有极重要的地位。

藏獒的倔强、特立独行的个性，强烈的自尊心，性格特点，增加了它的训练难度。同其他藏獒种比较而言，藏獒的训练难度就要大一些，因此，藏獒的训练越早越好。

1. 45天～3月龄藏獒的训练：依恋感与忠诚度形成的时期

对断奶离开母藏獒的小藏獒，充分利用小藏獒离开母獒后的"孤

独"感，主人适时的多加安抚，激发出幼獒视主人为父母，产生依靠、追随主人的本能行为，从而奠定终身相依、生死与共的基础。此时正是小藏獒自动适应外部环境的关键时期，在小藏獒天性好奇、好动的性格驱动下，观察、学习和探究周围的一切事物，这时期是幼獒对外界事物谨慎的探索阶段，它们面对不熟悉的新世界，充满了恐惧感，只要不发生意外或不产生严重的破坏，在幼獒对主人依赖感形成以前，不要随意呵斥或惩罚它，在没有犯错误的情况下随意的惩罚会使幼獒是非不明，对错不分，对主人产生戒备而失去信任，可能会影响它的性格形成。影响它的归属感以及对主人的忠诚度，这个时期，小藏獒学会辨别主人家庭每个成员和物品的气味、声音乃至脚步的轻重，小藏獒会本能地将这一切认做是"家"的特征。嗅到这里的气味，听到这里的声音，看到这里熟悉的物品，小藏獒十分安心，没有恐惧，没有怀疑。但是，如果有新的气味、声音乃至脚步踏入到小藏獒"家"的范围，它立即会本能地警惕、怀疑乃至攻击。

　　因此，3个月以前是幼獒性格与对主人依恋感形成的最佳时期，要想得到一条对主人无限温顺、又无比忠诚的家庭卫士，必须把握好这个时期。

　　2. 3~5月龄藏獒的训练：是非观的形成时期

　　长至3~5月龄，小藏獒已对主人家内外、周围的一切都十分熟悉，这个月龄的小獒，甚至可以从主人的眼神和气息中知道主人的喜怒哀乐，此时一些品质优良的小藏獒可以依据自己的判断主人的情绪，在小藏獒感到主人生气时，它也会生气。它有了自己的情绪，喜怒哀乐。例如：不高兴时，会对周围的物品或过往行人发脾气，无缘无故的撕咬物品，甚至攻击追逐牛羊。此时主人则可以通过适

当的呵斥，用严厉的音调、口令或手势进行必要的阻止与示教，使小藏獒学会明辨是非，性格发展得到有效的控制。所以，一条品质优良的藏獒育成，不仅仅是做好饲养的问题，还必须开展必要的训练。

3. 5～6个月以后小獒的训练：服从意识的形成关键时期

（1）拴系训练

6个月龄的小獒对已经能够很好地适应周围的环境，性格也开始变得更张扬起来，野性得到显现，开始打架，攻击陌生人，这个时期主人要及时地对它进行性格控制，对它进行拴系、牵引，使小藏獒建立一定的被控制意识和服从意识，认识到自己的活动范围是有限的，应在主人容许的活动范围之内活动。拴系其实就是一种控制形式，通过限制藏獒的自由活动，来树立主人的权威，因此亦含有惩罚的含义，刚刚被拴系的小藏獒往往精神萎靡不振，无精打采，拴系所引起的不适持续2～3天后，小藏獒对拴系也就适应了。开始拴系时，每次时间不要超过30分钟，以后再逐渐延长，直到小藏獒逐渐适应，以后则可以根据需要对小藏獒拴系或释放。其实，拴系对藏獒有控制性格发展的作用，但同时对藏獒养成沉稳、凶猛和进攻的禀性与气质的形成更有帮助。

总之，对藏獒最合适的训练时间是4～6月龄。幼獒尚未了解新世界，新环境，心智发育不全的时期，过早的训练容易使幼獒变得胆小懦

弱，并且有的幼獒过于活泼好动，神情不专，难以训练。但过晚，藏獒性格已经形成，有道是秉性难改，藏獒又是比较固执的藏獒品种，因此性格一旦形成，很难进行再调教和训练。经常见到一些朋友平时对藏獒宠爱有加，舍不得拴系，任小藏獒奔欢撒野，待认识到必须拴系时已很难控制了。小藏獒不懂主人为什么给它戴上了项圈或项链，限制它的活动，又跳又叫，轻者挣脱项圈或项链，重者链环缠住藏獒体，狂怒的藏獒越缠越紧，极易弄伤藏獒体。这样的事情只要发生1次，主人因心痛藏獒放弃拴系的话，今后就很难再对该藏獒拴系了。因此，性格控制训练必须越早越好。

不经拴系的小藏獒，任其随意游走，随意乱卧，养成懒散习惯，就会变成不懂规矩的懒藏獒，即使外貌、色泽俊美，但丧失了藏獒特有的气质，也不能说是一条好藏獒。拴系才能使藏獒性情逐渐凶猛。气质显现。俗话讲："越拴越凶"，就是这种道理。

(2) 牵引训练

拴系并不能使藏獒完全养成服从的习惯。所以，拴系阶段完成后还要对它进行牵引训练，进行服从性的进一步培养，首先，应与小藏獒建立亲密的关系。主人时常来到小藏獒身边，轻轻抚摸、拍拍头、搔痒等动作，小藏獒会感到非常的满足，对主人产生强烈的依恋，与主人相伴的欲望，这时主人可以轻携牵引带，充分利用小藏獒希望亲近主人的心态，让小藏獒随行。开始由于小藏獒对主人的步伐与行进速度不熟悉，藏獒会感到不适，欲行挣扎，此时可以缓拉，采取诱导与轻度强迫相结

合的方式，一步步牵行。当小藏獒能跟着主人走几步后，就及时夸赞或给予少许小藏獒最喜爱的食物予以奖励，这样小藏獒很快就能适应牵引，愿跟随主人前行了。对小獒进行牵引训练时如果有已经训练好的藏獒随行示范，这个训练进行的就会更快一些。

（3）呼唤训练

将牵引链放长，伴随牵引，呼名或召唤小藏獒来到主人身边。开始小藏獒来到主人身边的行为可能并非主人呼唤所至，而是小藏獒出于对主人的依恋而本能地完成，但只要呼唤后小藏獒能来到主人身边就应及时奖励，如轻轻抚摸，夸赞两句，小藏獒就会感到受宠若惊。持续几次后，将拴链取掉继续重复训练，每次回来就应及时奖励，小藏獒很快就能听从主人的召唤，完成服从训练。

（4）刚接回家的幼獒新环境适应性训练

把幼獒带回家后，首先就要让它熟悉新的环境,把它介绍给你的家人。然后就是根据原主人的食谱拟订一份食谱并进行换食训练。

通常来讲，小藏獒刚到它的新家肯定由于对新的环境要叫上3天，尤其是夜间尤甚，它因为孤单、害怕，有忧虑的表现，这是很正常的，3天以后它就能适应了。

这时候千万不要因为它不停地叫就与它整天待在一起。为什么？你要对你的小藏獒进行新环境的适应训练与培养它养成离开人后能安静的独自呆着的习惯。

正确的做法：

让小藏獒独自呆上10分钟以上，即使它疯狂的叫也不理会它，直到它安静以后才回到它身边的。这样做将帮助你的小藏獒习惯你不在它身边。直到小藏獒安静下来你才回来，这会使它更加了解保持安静的重要性，因为只要安静下来你就会回来。

让你的小藏獒在晚上叫你也不要理它，为什么？因为如果你搭理它，它就会学会通过叫声让你回来。这会让这个问题长期存在下去并且增加训练的难度。

错误的做法：

第1夜：小藏獒吵了10分钟，你来了。

第2夜：小藏獒吵了10分钟。看到你没来，小藏獒就叫了更长的时间，比如15分钟，你也来了。

第3夜：小藏獒为了让你回来会闹得更凶，叫得时间更长(25分钟而不是10分钟，你的小藏獒脾气越来越坏就会被惯的很坏，直到你无法控制它。

(5) 换食训练

小藏獒刚带回家的时候往往会"拒食"，你不必太担心。不要立刻拿美食来"刺激"它吃东西。更不可以喂肉。小藏獒来到新环境，由于对新环境恐惧或因新奇而过于兴奋，不吃东西是正常的。这时如果给它吃美食或肉食的话，会引发它的消化不良，或养成挑食的坏毛病。你可以给它先喂一些水，藏獒不怕饿，就怕渴，饿不出病，缺水会生病。等到它有食欲的时候给它少量的食物，吃半饱为好，这样它的食欲会越来越旺盛。

首先要了解原主人的食谱，依照原来的食谱喂养，不要突然改变饮食，为什么？这是因为要花3天的时间，小藏獒才能产生合适的消化酶来消化新的食物，在此期间它只会吸取足够的水。应该遵循以下的程序，用4天以上的时间来逐渐地改变小藏獒的饮食：

第1天：给小藏獒1/4新的食物+ 3/4原先的食物。

第2天：给小藏獒1/2新的食物+ 1/2原先的食物。

第3天：给小藏獒3/4新的食物+ 1/4原先的食物。

第4天：新的食物。

(6) 藏獒心理训练

对小藏獒一定严格要求，不能过分宠爱、娇惯，因为藏獒训练者的一举一动对小藏獒都有深刻的影响。过于疼爱，迁就它，只能使小藏獒养成恶习，增加坏毛病，甚至主人的命令也会置之不理，给训练增加难度。

当小藏獒出现不听命令、犯错误时，应及时的调教，指出毛病的所在。例如：当它发生随意撕烂物品、随意大小便、狂吠或攻击主人等不良行为时，应立即拿报纸或专用的训獒教鞭抽它的嘴巴，并告诉它打它的原因；用语言呵斥它犯的错误，警告以后不能犯同样的错误。

不明原因地训斥，让小藏獒摸不着头脑，不明不白，稀里糊涂地不知道为何教训它，对错不明只有恐惧，是不利于训练的。

过度惩罚，也会使小藏獒产生逆反心理，变得胆小、怕事，对训练者的指令不能圆满完成，事与愿违，一只很好的小藏獒，因训导方法不当也会变成一只低能藏獒。

藏獒训练者要切记，一旦教训惩罚了小藏獒，当天就不应给小藏獒好脸看，装作生气的样子，不愿理睬它，让它形成条件反射，做错事主人不高兴不愉快，它就会长记性了。

如果你刚教训了它，就疼爱地去搂抱它，抚摸它或与其嬉闹，造成藏獒认识不到错误所在，是非不明，这样一来小藏獒以后就不会惧怕主人，不听主人的话，越来越胆大妄为。

总之，训獒有别于训练其他犬种，要多与它做思想沟通，不要激发它的犟脾气，做到有错必罚，有对必奖。对于做错事，即不能长时间地纠缠不放，小题大做，造成藏獒的心理障碍，变得缩头缩脑，过分谨小慎微，也不能置之不理，无原则迁就。只有奖罚分明，及时对于表现好的动作进行表扬，给食物奖励，对做错事的藏獒进行批评惩罚，才能培养出它的是非观，训练起来就容易多了。

（7）藏獒拒食的训练方法

有道是：再凶猛的藏獒也难逃美食的诱惑。正是美食使得许多优秀的藏獒只忘记了自己的职责，丢掉了立场，命丧黄泉，藏獒是非常凶猛的藏獒种，如果藏獒能够摆脱美食的诱惑，以其凶猛威武体躯，忠贞不贰的性格那可就真是天下无敌了，藏獒如果真正的能够拒绝陌生人的食物，不仅可以保全主人的财产，也保全了自己的生命。藏獒拒绝陌生人的食物也是很多养獒人所期盼的。藏獒拒食一般从6个月以前开始，训练的越早越好。

①禁止藏獒随地拣食

捡食街上散落的食物是非常危险的，因为被人丢弃的食物往往是变质甚至有毒的，藏獒吃了不仅会闹病，甚至还有生命危险。

拒食训练要从好习惯的培育开始。主人在给藏獒喂食物的时候，一定要放入食盆里，不要让藏獒吃掉在地上的食物。当藏獒捡食物品的时候，主人要及时制止，拉扯牵引带，要注意力度，对于食欲反射强烈的藏獒可以稍微用力些，并进行口气短促而强烈的批评，无力轻声的批评会使藏獒误以为你在鼓励它，所以主人要注意自己的口气。此外，表扬藏獒一定要及时。一般情况下，多次反复这样的训练，就可以了。

②糖衣炮弹训练法

选择一块行人较少、干扰较小的场地。藏獒主人要请一位藏獒不熟悉的陌生朋友，在地上放一些用芥末或辣椒油等具有强刺激口味的调料浸泡过的肉块，或是把这些刺激性东西夹在肉块里。主人带藏獒经过，藏獒吃了辣椒肉块一定会辣得很难受，几次下来，再贪吃的藏獒也会长记性。

训练前要做好迷惑工作：在辣椒肉块上蘸满肉汤，使辣椒的气味被遮盖下去，否则，藏獒嗅到辣椒的味道便不会上当。

③训练藏獒拒绝朋友喂食

主人先邀请朋友帮忙，喂给藏獒食物，当藏獒要吃的时候，主人采用严厉的口气进行呵斥，用力提牵引带进行制止，当藏獒停止吃的行为时要及时的鼓励。

④巩固训练

有的藏獒在主人面前不吃，主人不在的时候偷吃。如果藏獒已经完成并做到在主人在场的情况下拒食陌生人的食物，那么接下来可以进行进一步的巩固训练。具体方法是：主人隐蔽起来，让藏獒看不到自己，同时用一根长带系着藏獒，再请朋友喂东西给藏獒吃。如果藏獒要吃，主人便大喊"不可以！"同时猛拉牵藏獒绳，制止藏獒。

总之，拒食是一项比较困难的训练，需要很长的时间来巩固效果。如果坚持不懈的训练下去一定可以达到预期目标的

二、藏獒常用的训导手段及遵循原则

藏獒不同于普通的犬类，训练时一定不能像训练普通犬一样，不听话了就采取强制手段或大打出手，这些都是很不可取的，只能激起它的犟脾气，增加训练难度，强制手段对训练藏獒是无益的。要因势利导，常用训导的手段有：

1. 机械刺激法

机械刺激法是利用器具，在藏獒不听指令时用来控制其行为的方法。最常用的是牵引带（藏獒链）。在藏獒随行和受训时，主人要掌握方向的主导权。如果不按主人的意图行事，可以牵拉牵引带，迫使其不能做违背主人意愿的事。

2. 食物刺激法

食物刺激法是在藏獒完成受训科目或为吸引其注意力时给予食物奖励，以达到调动其训练积极性的目的。如果只训练，不奖励，藏獒会失去训练兴趣，达不到训练目的。食物可以刺激藏獒的条件反射，让它知道如果听话就有好处。

3. 机械刺激和奖励结合训练法

当受训藏獒拒绝接受训练时，用机械刺激的方法强迫它按照主人指令行动，完成动作后要给予一定的食物或口头奖励。机械刺激强度不宜过大，过频繁会使藏獒产生逆反心理，或在受训开始时感到恐惧、甚至躲避训练，记不住动作的要领。训练藏獒奖励是必须的，但要适量，不可以喂得过多，如果奖励过多，也不利于以后的训练。可以结合抚摸和口头赞美。

4. 模仿训练法

模仿训练法是让一只训练有素的藏獒做示范，给受训藏獒看，当示范藏獒完成动作后，适时给予奖励，使受训藏獒从中受到影响和启发。这种方法可以生动有效的让藏獒明白要做什么，榜样的力量是巨大的，小獒受到训成獒的影响和启发，在训练时更加容易。

藏獒的训练是对人意志的考验与性格的磨炼，因为藏獒的性格比较倔强，服从性比一般犬类要差很多，更需要主人的耐心与感情的投入，只要能耐心训练，坚持不懈，藏獒是可以训练成功的，那些认为藏獒不可训的思想是完全错误的。

训藏獒遵循的原则：从简到繁，循序渐进。

5月龄以内的幼獒，正处在生长发育时期，身体状况、大脑思维，各方面都还未成熟起来，对一切事物，充满了好奇、胆小并容易激动。此时，如果让它记住非常复杂的一些繁琐的动作，完全记住训练复杂的科目，就会欲速则不达。

当幼獒长到5个月龄以后，可以对其进行科目训练，但训练时一定掌握，从最简单动作开始，并耐心反复地引导，当它把一个科目和指令完全掌握之后，再进行下一个科目的训练。进行下一个科目训练时，还要复习上一个科目，不能训练新的科目，忘掉老科目，应一边学新科目一边巩固老科目。

在训练过程中，要沉着冷静，不能因藏獒忘记了指令，就急躁地惩罚藏獒、一定要明白，虽然藏獒能理会人意，但对于接受理解训练科目的接受能力需要一个渐进的过程，因此，每个科目的训练、诱导都必须花很长的时间才能完成，只有耐心训练，才能培养出好的、训练有素的优秀的藏獒。

要点：训练中的每一个指令，手势和动作，最好在1周内让藏獒领会并完全掌握，在这期间，不教其他动作、指令以免反复更换指令，出现记忆混乱影响训练。对于藏獒不能马上接受领会的科目或指令，要多加诱导，不要死搬硬套，严厉地让藏獒接受；应循序渐进、慢慢地调教，凭借耐心，运用正确的方法因势利导，完成训练任务。

三、藏獒的技能训练

藏獒虽然性格倔强，但也很聪明，对于它的服从性训练更应该多注重诱导，少一些强制性，如果耐心足够的话，也是可以向像其他犬

藏獒集体服从训练

藏獒服从性训练：卧

跨越独木桥

穿越障碍物

(以上照片由北京俊鹏训藏獒学校提供)

类那样学会很多科目的，下面介绍一些藏獒的训练方法可供藏獒训练参考。

1."叫"

是让藏獒发出叫声。训练者手拿食物，让藏獒看到并嗅到，使其对食物产生欲望。然后说："听话就让你吃"，双手做成爪状并扑咬的动作，嘴学着藏獒"汪、汪"的叫声，如藏獒领会也"汪、汪"地叫，则给它一点食物吃，之后摸其头部，说些鼓励表扬的话，然后每日重复进行几次，形成条件反射。每天喂食时，也同样训练它这个科目，并同时发出"叫"的指令，随即嘴发出"汪、汪"的叫声。若藏獒"汪、汪"叫就喂它食物，如不叫，可假装走开或不喂。久而久之，随着藏獒的理解，可用手指嘴处，发出"叫"的指令，藏獒听后咬叫，表明此科目已完成。

2."静"

是让藏獒停止叫声，安静下来的意思。藏獒学会了"叫"声后，要让它懂得不能无休止地狂叫，特别是没有异常情况和主人没发出指令后时狂叫不止。当其乱叫或狂叫不止时，训练者要制止。方法是右手的大拇指、食指、中指，三指并拢伸直，食指与中指压在大拇指上成夹状，无名指和小指弯曲，前伸上扬，嘴里发出"静"的口令。

发"静"的口令时，吐字要平音，稍长。若在训练中藏獒没能完全领会，还在不停地咬叫时，表情要严肃，手势与嘴同时发出让藏獒不要再咬叫的"静"的指令，如还咬叫不停，再次下口令，右手举物吓唬藏獒或击打藏獒嘴两侧；反复几次，恐吓制止，藏獒就会明白"静"的口令和手势的含义了。

3."来"

即让藏獒从别处回到训练者的身边。当训练者叫藏獒的名字时，同时左手或右手臂前伸上扬，大拇指弯曲，四指并排合拢，手指朝上，掌心面朝自己，口喊"来"的口令同时，手掌来回摆动，待藏獒过来，可轻拍藏獒头并喂点藏獒食，对藏獒说些表扬鼓励的话语。

也可左手拿藏獒喜爱吃的食物，右手做着过来的手势，嘴里发出"来"的口令，引诱藏獒过来。如此反复几次，藏獒大多都能理解"来"的口令。

如果口令有时无效，则可用长链子系上藏獒，让藏獒离训练者远一点，一手做手势，一面喊口令，口令发出后，即把藏獒链子拉回身边，几次过后，藏獒便领会口令的含义了。

4."去"

即让藏獒离开的意思。当藏獒掌握和记住"来"的口令和手势后，就得训练藏獒的"去"或"走开"的科目。

训练时，将藏獒叫到训练者的面前，训藏獒者手指朝下伸直，掌心向里，手掌往外摆动，口里喊出"去"或"走开"的口令；待藏獒走后，稍缓再让藏獒过来，表扬鼓励后，再重复此口令。这样反复多次练习，使藏獒掌握此口令和手势的含义。

如果藏獒见此口令和手势不动，训者可面带怒容，口令要严厉或佯作打藏獒的动作，但要注意不能长时间地恐吓。

5."走"

即让藏獒随主人一起走的意思。用链子套好藏獒并牵着，嘴里发出"走"的口令，同时用手拉着藏獒行进，走了一段路，有意停留几分钟，之后再喊"走"的口令，再拉着藏獒行走。当藏獒初步掌握后，可去掉套藏獒的链具，对藏獒发出"走"的口令，让藏獒随你行进。这样重复几次，一般藏獒都能明白掌握该口令的含义。

6."跑"

即让藏獒跑来跑去的意思。在藏獒散步行进中，突然叫出藏獒的名字，并喊出"跑"的口令，口令吐字要快并发音高，顺手引着藏獒随其跑动。这样反复几次，很快就会使藏獒领悟"跑"的口令的含义。

7."上来"

即让藏獒上到某一高处的意思。训练时主人一般都站在高处。可在喂食的时候，有意站在某一高处，对下面的藏獒举着食物，一手做着上来的手势，一边嘴喊"上来"的口令。反复几次，藏獒就可领悟"上来"的含义。

8. "下来"

即让藏獒从某一高处下来的意思。此时主人不站在高处，而是站在下面，让藏獒站在某一高处，叫着藏獒的名字并喊"下来"的口令。刚开始，可用食物引诱或用链子示意，藏獒在高处听到"下来"的口令或看到食物大都能立即冲下来，以后藏獒熟悉了口令并掌握后，可不必带食物诱引。

9. "上"

即让藏獒跳上某一高处的意思。此时训练者不一定站在高处。想让藏獒到某一高处时，刚开始时可牵着，领着藏獒一齐上去，并在藏獒上的同时，发出"上"的口令；当藏獒对口令领悟后，训练者可在低处不动，发出"上"的口令，让藏獒上到指定的高处。训练者也可同藏獒一齐上，也可让藏獒独自上，交替进行，使藏獒很快掌握此科目。

10. "下"

即让藏獒从某一高处下来。此科目训练与"上"的口令训练方法基本相同，只是方向相反罢了。

11. "跳"

即让藏獒跳过某一宽度或跳过某一定高度的障碍物的意思。首先设计一定宽度的壕沟或有一定高度的障碍物，训练者牵着藏獒，到障碍物跟前，干脆快速的发出"跳"的口令，并迅速带藏獒跳过。基本口令掌握后，可让藏獒单独自己跳过障碍物，反夏多次，藏獒大多能够掌握此科目。

12. "停下"

即藏獒在行进中，让藏獒马上停下，停止前进的意思。训练者带着藏獒行进，并喊出"停下"的口令，用手把牵引链抓紧，停止行进；如此反复训练，藏獒就能理解"停下"的口令，达到停止行进的目的。

13. "趴下"

即让藏獒俯卧或趴下的意思。叫藏獒的名字，右手前伸，掌心朝下平放，用温和语气喊出"趴下"的口令，同时手掌上下摆动。刚开始藏獒会不以为然，训练者在发出口令和做完手势时，马上把藏獒按倒趴下。

14. "站立"

即让藏獒站着的意思。开獒始藏獒不明白"站立"口令的意思，在口令发出后，训练者双手抓住藏獒的两条前腿，抬起站立，此科目需要多次的训练，反复练习，藏獒才能完成此科目。

15. 藏獒搏击的训练

为提高藏獒的攻击速度和反应灵敏度及搏杀技能，要经常对藏獒进行搏击训练。可用拖把一个，训练者双手握住把柄，将拖布左右前后晃动动，挑逗刺激藏獒；当藏獒兴奋或被激怒扑咬时，在将拖把甩向另一侧这样忽高忽低，忽左忽右，进行扑咬的搏击训练。

另外，训练藏獒搏击时，训练者可同藏獒左右跳跃，或掌击抓爪、脚踢、臂挡、按拿，进行进、退、避让、转、跳及各种搏击撕拼动作的训练，以提高藏獒的斗志、灵活敏捷性、攻击速度及藏獒的各种斗技，这样与藏獒同练的动作，不仅能收到很好的训练效果，还能锻炼训练者征服烈藏獒的技能，也能提高身体素质，而且与藏獒玩耍还可增进沟通藏獒与人的感情。

四、如何接触陌生的藏獒

1. 与藏獒主人充分沟通

和陌生藏獒接触前一定要和藏獒主人就这条藏獒的秉性特征方面进行充分的沟通。比如：它喜欢什么？害怕什么？有什么性格特点？它在什么情况下不容易发怒？在什么情况容易发怒等等。

2. 初次见面最好选在白天，不要选在夜晚或在它吃食物的时候

藏獒在夜晚警戒心会增强，藏獒具有很强的护食性。因此如果你想和一只陌生的藏獒迅速熟悉的话，最好不要把初次见面的时间安排在白天或是在它吃食物的时候。

3. 从上风方向接近它

对于凶猛的藏獒来说，站位的选择就很重要了。人要站在上风位置，让藏獒可以嗅到你的气味，这样会使它更早的嗅到你的气味，感知到你的存在，更容易接受你。对于比较凶猛的藏獒，你要注意保持一个安全距离，不要让它伤到自己。

4. 既不可以高高在上，又切忌蹲在藏獒旁边

尽量摆低你的姿势，你高高地站在藏獒面前会给它一种威胁感，会使獒产生一种强的防范心理，不利于与它进一步交流。对于体型较大，凶猛度很高的藏獒，你千万不要蹲在或脆在它身边，因为一旦对你发起攻击，你将无法及时避开，后果会很严重。

5. 对它要和气，动作要放慢，讲话要和气耐心，氛围很重要

对于温顺亲人的藏獒你不需花费太多力气，只需要轻柔地对它讲话，抚摸它，稍加逗引便可完成亲善过程。人对藏獒的态度藏獒是可以感知到的。如果它是一只凶猛度很高的藏獒，每次见面都对你扑咬不止，你不要立即去靠近它，在它的视线范围之内和它的主人亲切交谈，让它看到主人对你友善。需要注意的是，你的肢体语言一定不要大，否则会引起藏獒的戒备。切忌大吼或假装打它，不要试图压倒它，而是让它冷静下来再进行交流。让藏獒感觉到你对它很友善没有威胁。耐心一些，多去几次，主人对你的友善态度，会传递给它的。

6. 不要紧盯着它的眼睛看

不管是人还是藏獒，紧盯着对方的眼睛看是一种挑衅的行为，会激怒对方。所以与对你不熟悉，怀有戒心的藏獒接触时一定不要紧盯着它的眼睛看，不妨把眼睛目光放低一些，更柔和一些。

7. 摇尾巴并不都是表示亲热与顺从

藏獒与人一样是有思想的，它的思想会通过它的动作表现出来。通常来讲，藏獒在发怒进攻的时候肩部的鬃毛毛会耸立起来，使它看上去比平时要大一些。另外藏獒摇尾巴并不都是表示亲热，亲热地摇摇尾巴很柔顺，即将发动进攻时尾巴摇摆得很僵硬。

第十三章　养獒心得

一、古代藏獒体型有多大？

"犬大四尺为獒"

古人云："鸡大三尺为鹍，犬大四尺为獒"。"犬大四尺为獒"如果我们从字面来理解的话：就是大于四尺的狗才能称之为獒，小于四尺的狗不可以称之为獒。正如：水在0℃～100℃称之为水，高于100℃就变成汽，低于0℃以下的时候就是冰。我们知道：汽、冰、水的化学成分都是H_2O，但其物理性能与表现形态是完全不同的。犬与獒的区别亦应该如此理解。

如果按照古人的理解 "鸡大三尺为鹍"中的"鲲",即："鲲鹏",不是鸡,是像天鹅一样的大鸟。同样,"犬大四尺为獒"中的獒也不是指狗。如果是狗,为什么狗大于四尺不叫做大狗或巨犬,而称为獒呢?很显然獒是有别于犬的一种动物,獒到底是什么东西呢?为什么只有大于四尺的犬才能称为獒呢?

近代以来,由于藏獒的生存环境的与食物结构的变化,牧区原生藏獒体型日趋小型化,在2005年以前,在牧区很少能见到75cm高的巨型藏獒。当今,随着藏獒市场的日渐升温,内地与牧区商业化专业饲养的藏獒由于营养的加强体型逐渐大型化,说明藏獒体内的巨型犬的基因没有丢失,藏獒本应该是大型犬。据马可·波罗的游记中对藏獒的记载:"体大如驴,吼声如狮"。可见古代藏獒的体型是十分巨大的。古代藏獒的体型有多大呢?

据考证,古代的尺子比我们今天的小,《尔雅》成书于战国时期,当时的一尺大致相当于现在的23cm左右,4尺合92cm。根据这个长度推算,4尺长的獒,身长最短应该92cm,肩高按照《世界畜犬联盟藏獒标准》所要求的:"体长略长于身高",以及时下人们流行的所谓的黄金10∶9比例来计算,那么藏獒的身高应该是82.8cm,这样身高的藏獒,最轻的体也应该在180斤以上。

所以,优质藏獒的培育应该本着"先求其真,再其求美"的原则。要还原藏獒的本来面目,体型高大是必须重点考虑的。当我们讨论虎头、狮头,吊嘴、包嘴、长毛、短毛,骨量,凹度的时候,是不是更应该审视一下藏獒的身高体型呢?没有身高优势的藏獒,还能够一獒敌四狼吗?

二、藏獒投资必须思考的问题

无疑,如日中天的藏獒"热"还要继续下去,现在藏獒养殖已经不再是单纯的兴趣爱好,它已经成为产业投资的一部分,它涵盖了养殖、医疗、用品、食品、广告媒体等多个方面。一个庞大的产业链在短短几年的时间已经形成了，藏獒经济能够发展到今天的规模，这是任何一个老养獒人所始料不及的，也是圈外人百思不得其解的。但事实终归是事实，人们不得不承认藏獒经济已经来临了。

毋庸置疑，养獒早的人都已经受惠于藏獒经济的发展，赚了个盆满钵溢。几年前，就在老养獒人认为獒价已经到达顶峰，纷纷高价卖出种獒，盘腿坐在炕头数着藏獒给他带来的巨大收益，回味着挣钱的喜悦，沾沾自喜地庆幸自己跳出圈外，全身而退时，一股新兴的经济势力已经悄然而入：实业界人士纷纷开始将大资金投入到了藏獒养殖行业，接过老养獒人手里的獒，继续玩了起来，并且玩出了一个又一个成交天价，开辟出了新天地……

看到越来越热闹的市场与不断创出新高的巨额成交价。老养獒人开始为卖了自己的种獒而后悔不已，于是又掉转马头重新杀了回来。观风者，看热闹者，眼红了纷纷跳入了獒圈，成为养獒的新生力量。藏獒养殖园朝着规模化，大型化，企业化的方向发展。

经济学讲，资金总是往利润最高的领域流入。

既然是经济行为就离不开经济发展的规律性：投入与产出，风险与回报的关系。高风险的产业必将会有高的回报，高回报必将蕴含着高风险。藏獒产业这一点与玉石与古玩产业有惊人的相似之处。

有道是："黄金有价玉无价"。

"千狗易得，一獒难求"。极品藏獒，是养獒人心中的图腾!

因为藏獒繁育性能强，它可以一生十，十生百，百生千。藏獒之投资回报更大于玉之投资，所以，如果藏獒投资准确的话，其回报是也玉石、古玩投资所无法比及的。藏獒养殖产业成了巨大的吸金石。

用投资玉石古董的方式投资藏獒。玩獒如同买玉或玩古董，有几种形式的玩法：

在资金充裕，抗风险能力较强的情况下，花大价钱买好的成年獒是最为捷径的，因为成年獒品相确定，品质一目了然，自然无品相风险。把知名度高的獒买回来后，自己獒园的知名度可以很快提升起来，通过对外配种，当年收回报成本，当年盈利。

花较大价钱买毛石被称为："赌玉"——以重金买卖可能含玉的石头，成交以后，一刀下去，有可能出现成色极好的翡翠，买家由此暴富；或者是一文不值，血本无归。幸：3万赢来300多万，霉：60万买来一块烂石头。

资金不太充裕或不愿意冒太大投资风险，则可以选择花几十万元购买一只知名度不高，品相不确定的未满一岁的小獒，慢慢培育，静观其变，长成后变得俊美无比，几十万变几百万，则投资成功。如果小獒越长越难看，几十万变几万元，甚至一文不值，则投资失败。与赌玉的人一样，赌獒赌的也是眼光和运气。

花小钱买品相一般的小獒，长大却成了价值连城的宝贝，俗称捡漏。经常听说某某人的獒买的时候才花了几万元，几千元，却给他带来了上亿元的回报。这是可遇不可求的事情，完全靠自己的造化了。只可巧遇，不可强求。本人不建议经济不宽裕，舍尽家用买獒豪赌，这样会使的家庭生活陷入极为被动的境地。

总之，有钱也好，没钱也罢，藏獒投资一定要慎重。花钱买藏獒前多问几个为什么？搞清楚自己买獒的目的是什么？是为了投资呢？还是为了满足自己的喜好？自己是否具备了养獒的条件？如果这只藏獒长大后达不到自己的预期，你还会善待它吗？为了投资目的，一定要多看，多比较，查明这只藏獒的三代血系，从嘴、头、色、毛、结构等多方面全方位去考察，不可以为了省一些小钱，错过自己看好的种獒，一年后，后悔的要死，留下终生遗憾。为了满足自己的喜好买獒的话，要多从藏獒的性格来考虑，看看这只獒是否与自己有缘，它的性格是否适合自己，它有没有不良的，让自己无法接受的坏习惯，有道是江山易改，禀性难移，性格大多是与生俱来与从小养成的，一旦形成很难改变。

如果都能够放稳心态，从爱好角度出发，不要像赌博那样孤注一掷，把全部的筹码放到一条獒上，抱着玩赏的态度，买一只自己喜欢的藏獒，藏獒的品质好，给自己挣些钱补贴家用，或挣得大钱，当然是很好的事情，万一自己的爱獒长大品相不好，能够以自己喜欢为中心，不去听别人的评论！这样才能真正体会到玩养獒的乐趣。这才是玩獒的最高境界与乐趣所在。

三、养藏獒的理由

为什么养藏獒呢？道理多多啊！

1. 赶时尚，狗年养狗

今年是狗年，总应该养个狗吧？既然有条件养狗，总应该养个好点的吧？在朋友面前也有个面子。藏獒是狗中之王，是世界大型犬的祖先（圣伯纳、纽芬兰、大白熊等都有藏獒血统），外形漂亮，长毛藏獒像狮子，短毛藏獒似老虎，手里牵个藏獒好不威风！谁不羡慕？所以养狗一定要养个藏獒。

2. 看家护院，养狗保平安

现在的社会治安不好，偷、盗、抢、绑架事件时有发生。家住豪宅，金玉满堂，防偷、防盗、防抢、防绑架的安全问题，成了人们必须重视的问题。雇保安？费用高暂且不说，对付蟊贼还可以，在大盗面前，他跑得比你还快，能保护自己吗？大家都是人，每天看着你家朱门酒肉臭，凭什么我是冻死骨？难免会有一念之差，眼红一下，做出傻事来，岂不是引贼入室？藏獒则不同，它会舍身护主，用自己的生命来保护自己的主人。在工厂里养几只藏獒，并稍加拒食训练，就会成为主人忠实勇猛的守护神。一只藏獒能抵3个保安，一点也不夸张。人打死人要偿命，而狗咬死贼人，从仁义的角度来讲，出个火葬费也是应该的。

3. 藏獒忠心耿耿，稳定性最好

护卫犬就应该凶猛。人们通常将比特、纽波利顿、土佐、藏獒归为世界四大猛犬。在四大猛犬里面，藏獒的稳定性最好，不神经质。对主人热情，对生人敌意，凶猛，但不会乱咬，与主人有一种天然的亲和力。想想养一只连自己都咬的狗，是件多么可怕的事啊！养藏獒使人心里感到踏实，更有安全感。藏獒还是小孩的好伙伴。

4. 独有物种，值得保护

藏獒如同大熊猫一样是我国独有的犬种，它是世界唯一的一种没有被人为改良、杂化过，具有原始血性，保留野兽习性的犬种，是世界上大型犬的祖先（不同于其他犬种每年2、5、8月发情，藏獒像狮子、老虎一样，每年只繁育一窝）。在原产地我国，其数量越来越少，世界各地的数量就更是少之又少了，藏獒已经成为如果人类不去保护就会灭亡的物种，我们有责任保护它。所以，养藏獒已经成为国人的责任。

5. 开源节流，以獒养獒

养狗人最希望的事就是通过繁育、卖狗崽，将狗的饲料钱挣出来，以狗养狗，减少开销。有这种想法的人就应该养藏獒。就狗而言，藏獒可以说是世界上最有价值的狗了。它的价值体现在：它是狗的基因宝库，世界上许多犬种都有藏獒的血统；它的价值还体现在物以稀为贵的经济规律上来，藏獒为我国独有，市场广阔，随着人们对这一物种认识的不断提高，藏獒在世界各地需求必将会更加强大的。藏獒一年一窝的繁殖速度，注定藏獒价格在很长一段时间内会持续上涨。所以，养藏獒不仅不会成为主人的经济负担，还能给主人挣钱，带来财运。在藏獒圈子里，因养藏獒发财的人不在少数啊！时有所闻："某某以前穷的连裤子都穿不起的人，因为养了一只藏獒就成了大款"，獒圈不乏财富奇迹。

藏獒是牧民的神犬，是中国人的骄傲，是神的坐骑，它不仅能保护主人的生命财产，还能给主人带来吉祥如意与财富。养藏獒的好处太多，我真想不出不养藏獒的理由。

四、藏獒到底能"热"多久?

有不少朋友打电话或当面询问我：藏獒到底还能"热"多久？藏獒现在的价格还能维持多久？藏獒的价格已经到顶峰了吗？作为投资现在养殖藏獒晚吗？

我们都知道，一个事物或一个现象的诞生就像一个生命体一样，总要经历这样一个过程：诞生—成长—发展—衰老—死亡。藏獒"热"作为一个现象一样也不例外。

如果是从玩赏与爱好的角度来讲，只要喜欢就好，无所谓"热"与不"热"，因为狗无论在什么时候都人类最忠诚的朋友，都有它的使用价值：它是看家护院的好帮手，是人排除寂寞的好伴侣。在人与犬的相处过程中，人已经把它们当成自己的伙伴，甚至成了自己的精神寄托，生活的希望。从这个角度来讲，凝聚了主人感情的藏獒，就像自己的孩子一样在任何时候都是一件宝物，有谁听说过一个正常的家庭，会把自己的孩子卖掉呢？

如果作为投资的话，就应该排除情感的因素，以经济的发展规律为依据，做一个理性的投入产出和投资风险分析。那么，现阶段藏獒的现象是什么样子的一个状态呢？藏獒"热"到头了吗？我们应该怎样看待藏"热"呢？

我个人认为，现代化的交通与通信手段，缩短了世界人民交往的距离，在世界经济大融合与信息共享的今天，我们应该站在世界大格局的高度来看待一个事物或一个经济现象的发生、发展与灭亡，只有这样才能做到理性与全面。

1. 藏獒"热"是"炒"出来的吗？

藏獒如日中天的高价，有其本身的价值内因，也有物以稀为贵的市场规律在里面起作用，同时我们也不能排除一些人为炒作的成分。但，一个没有价值的东西能炒起来吗？一个数量群庞大，价值极小的物品能被炒出天价吗？我们试想一下：请一个绝顶聪明的人，让他把大海里沙子的价格炒作起来：以颗粒为单位，一颗一元钱来向市场销售，他能做到吗？也许会有异想天开的人去以一个颗粒一元钱的价格向市场销售，但有谁会去买？无市的东西是无价值的，这就是经济规律。

我们都知道纯种藏獒的种群数量很小，曾经有濒临灭绝的危险，这

决不是因为炒作的需要而编造的——危言耸听。我们知道藏獒是世界上最古老的犬种，这一种群能够保留到今天，我们应该感谢青藏高原极端不发达的交通环境，感谢这个地区与世界的隔绝。正是这样的环境使这一物种的基因不被其他物种的基因侵犯。但，随着高原地区交通环境的改善，牧区人口数量的增加，以前极度封闭的牧区变得不再与世隔绝，人的流动性开始频繁，狗随人走，在牧区狗的品种也得到了增加。不同品种的狗之间像人一样得到了交流与融合的机会。但，这对藏獒这一物种来讲是一场悲剧的开始，是最具毁灭性的。因为在青藏牧区狗的交配是真正意义上的自由恋爱，自由的交配。这种自由交配，如果在种群单

一的（都是藏獒）的环境下进行是不会有任何杂化问题的。但在物种较多的条件下，纯种的杂化也是非常迅猛的，只需要很短的时间就可以将一个纯种变成杂种，将一个古老物种毁灭，太可怕了！藏獒的种群数量就是在这种情况下变得稀少而又珍贵的。事实上，我国纯种藏獒的数量已经很少了。

2006年是个狗年，在这一年，狗得到了很好的宣传，藏獒也借机成了人们谈论的一个热点，形成了一个新产业。就在过完狗年之后，我国各地的藏獒园像雨后春笋一样冒出很多，给人有种藏獒无处不在的感觉。藏獒种群真的是因为过了一个狗年，就在一年之内就由稀少变的庞大起来了吗？难道过"狗年"，天上掉狗？藏獒是天上掉下来的吗？我们可以作个调查，在国内上规模的獒场并不多，在众多的藏獒中更多的是基因不纯的杂种。我们知道，藏獒每年只能繁殖一窝，还是在天气最冷的冬季，不仅繁殖数量有限，成活率还是个大问题，由此可见藏獒种群的数量的增加必定是一个缓慢的过程。怎么可能因为过了一个狗年就一下子变得多了起来呢？既然藏獒种群的基数是很小的，繁育数量的增加是缓慢的。藏獒价格就必然随着物以稀为贵的市场法则运行。大家想一想，很有限的种群数量面对强大的市场需求，除了用价格经济杠杆来调节供需矛盾的关系以外，我们还有什么好办法呢？

谈完国内，我们再看国外。英国是世界上最早引进藏獒的国家，在与英国獒友的交流中我了解到，英国现有藏獒的数量大概是四五百条左右，并且绝大多数是100多年前被带去的藏獒后代。我们从它们的体貌特征与性格特征中就可以看出，这个物种在那里得到了很好的保护，但由于种群数量的限制，这些后代已经退化的很严重了。就像我们国家前些年一样，藏獒并不被大多数的英国人了解，更谈不上普及。世界上其他国家的情况也是大致相同，藏獒对世人来讲仍然是一个充满神秘，像谜一样的动物。

分析到这里我们就可以得出一个结论性的东西了。藏獒有限的种群数量面对强大的购买需求，除了用价格这个经济杠杆来调节供需平衡的矛盾关系以外，还有什么好办法呢？所以，藏獒现在的价格是有市场基础的，是真实的。人为炒作只是将已经成交了的价格不断地提起来，重复谈论罢了，或在藏獒买卖过程中加上许多感情色彩（一只被当作家庭成员来喂养的藏獒，忽然有人执意要买，死缠烂打，主人就报出一个吓人的高价来拒绝售卖，结果还真有人要夺人所爱，天价成交）。

2. 藏獒到底还能"热"多久？

在前面我已经将藏獒在国内与国外的发展现况做了分析。从以上的分析中，我们了解到藏獒的种群数量的基数是很小的，藏獒的繁育特点（每年一窝，在寒冷的冬季出生，成活率低）又决定了藏獒种群数量的发展必定要经历一个非常缓慢的过程。随着我国经济的不断发展，喂养宠物的人将会越来越多，藏獒作为其中一员，也以其独有的魅力大受欢迎。这就为藏獒的发展提供了一个很好的市场基础。一方面是种群的缓慢发展，另一方面是越来越庞大的需求人群，这就为藏獒"热"提供了强大的推动力。

自从过了2006这个狗年以来，藏獒已经变得无人不知，无人不晓，喜欢藏獒的人越来越多。人们喜欢藏獒不仅仅是因为它的稀少与珍贵，更重要的是喜欢它的性格；喜欢它忠勇顽强，高贵威严，爱憎分明，充满野性的藏獒精神。从精神的层面来讲，藏獒精神不正是我们这个时代所需要的民族精神吗？藏獒的精神与我们的这个时代太合拍了——做人要爱憎分明有原则；做事需要忠勇诚信；要想成功就需要冒险，冒险者需要要有藏獒般的野性与冲动。藏獒精神迎合了我们这个时代的发展，迎合了我们这个时代的精神。看到了这一点人们就不难理解，藏獒为什么这么"热"了。藏獒的"市场热"与"精神热"两个"热"合加起来形成了藏獒如日中天的藏獒"天价"。

藏獒到底还能"热"多久呢？

我先不谈精神层面的藏獒"热"，因为这种"热"如果真正的形成一种精神的话，它将会融入一个民族的血液中去，世代遗传，力量磅礴，不可阻挡。我要从一个经济现象的诞生—成长—发展—衰老—死亡的过程来谈谈藏獒"热"的生命周期会有多长。

谈在这里，让我们先了解一下德国牧羊犬的发展历程。德国牧羊犬在最初的培育阶段完全是封闭与非赢利的，它的纯种培育与定型用了二三十年的时间，它的成熟用了更长的时间，发展到现在已经有100多年的历史。

德国牧羊犬引入我国后，深受我国人民的喜爱，在我国民间大红大紫，保守地来讲也有5~8年多的时间。也曾创造出了如日中天的高价，现在高品质的牧羊犬的价格仍然很高，它仍然深受世界人民的喜爱。

我们尝试着从牧羊犬的发展历程，来推测藏獒的未来，试着推测一下藏獒到底能"热"多久？

（1）藏獒的培育、定型、功能开发，理想中的高品质藏獒的诞生与种群的建立可能需要40多年

简单地计算：如果德国牧羊犬的市场曾经"热"了5年的话，藏獒最少要"热"10年。这是由藏獒每年只生一窝的生育规律决定的。但，藏獒与德德牧羊犬的不同之处不仅在于繁殖频率上，还有最关键的一个问题：德国牧羊犬是经过20多年的培育，定型以后，开始市场化的。藏獒的情况就不同，由于历史与自然的原因，藏獒经历了漫长的自然繁育过程，体内基因复杂，遗传不稳定，纯种基数小，每窝幼崽品质差异很大，我们需要一个很长的过程来从事基因的优化与淘汰工作。因为藏獒的生育周期为一年一窝，所以，藏獒基因提纯过程要比德国牧羊犬多出一倍的时间，如果德国牧羊犬需要20年，抛去其他发展因素不计算，简单计算的话，藏獒就需要40年。

（2）藏獒市场的成长与发展

要使藏獒市场进入良性发展仅仅靠人们的爱好与市场炒作是不会长久的，必须赋予它独有的使用价值，这个使用价值包括：观赏性娱乐、功能性两个方面。只有做到这两点，藏獒市场才能长久。观赏性开发就是赋予藏獒人们普遍喜爱的外表。功能性的开发是一个难度很大的工

程，首先是定位的问题，根据藏獒的性格来对其功能进行定位，它能为人干什么？它的特点是什么？找到藏獒的性格特点，进行性格的培育、再造，并将优势固定下来，为藏獒的未来发展提供更大的市场空间。

藏獒扑咬

藏獒衔飞碟

藏獒救主

藏獒看守财物

俊鹏犬训学校是最早涉及藏獒的功能性开发的，校长刘俊鹏先生素有"藏獒训练第一人"的称谓。根刘先生讲：藏獒很聪明，德牧可以完成的科目藏獒也可以完成。

相信通过藏獒的功能性开发，藏獒可以在更多的领域中得到应用，藏獒的使用价值就会充分彰显出来，藏獒热就会持续更远。

①发展中的希望

如果我们国内的藏獒养殖者在藏獒培育过程中能够齐心协力，团结一心，将藏獒的品质提高、定型、功能开发放在首位，将赢利放在次要的位置。像德国人培育牧羊犬那样静下心来，不急功近利，本着严谨务实的工作态度，认真地培育我们的藏獒种群，培育出观赏性、功能性具佳，可在多种领域广泛应用的纯种藏獒，再向全世界输出藏獒。如果这一天真的能够到来的话，我们这一代的养獒人所做的努力将会升华为世界性的贡献。

德国牧羊犬的培育成功，为德国培育出了一个足以支撑其国民经济出口总额5%的大产业。从牧羊犬的身上我们希望可以看到藏獒的未来。

②发展中的担心

如果我们养獒人急功近利，以次充好，滥交滥配，假冒伪劣，或只注重头、嘴、毛，或为迎合市场需要人为地制造一些卖点：起毛点、腿飞毛、凹角度等某一个部位的培育，忽视整体性与性格的继承，使得藏獒个子越来越小，嘴越来越短，毛越来越长，腿越来越粗，性格温顺似猫咪……想想看，藏獒如果失去了性格（倔强威严，毅力顽强，勇敢善战，不畏强暴），失去了神威（大智若愚，大勇若怯，不怒而威），失去体躯：体大如驴的体躯，方粗有力的吻部，极强的咬合力，即使长得再好，这种东西还能称之为"一獒斗四狼"的藏獒吗？也许我们该给它其另外一个名字了：新生代西藏观赏犬獒！简称：犬獒吧！如果朝着这个方向去培育，新犬种的培育成功之日，就是中国藏獒灭绝之时啊！这个刚刚新兴的产业也随之毁灭了。

在我们这代养獒人手里把一个优秀的犬种给保护的灭绝了，这不是一个天大的笑话吗？我们如何给后代们交代呢？告诉他们正是我们这代养獒人，把本来存在，相对稀少的藏獒，"体大如驴"，"吼声如狮"，"一獒可斗四狼"的藏獒培育成了现在的这种东西："高2尺，长2.1尺，典型的黄金比例啊！小短可以节省空间，方便把它养在阳台上……"这是在保护藏獒吗？

朝这个方向走下去，后代们想见到真正的藏獒的话，只能在书本中看图片了！这样的结果也许我们都不希望它会发生吧！

(3) 藏獒"热"的衰退与消亡

一个件商品如果要退出市场，就必须有一件质量更好，功能更全的新商品来替代它，如果新的替代商品不出现，这个商品就会永远有市场。例如：小汽车替代了轿子，电灯替代了油灯。德国牧羊犬的综合性能，在现有的犬种中，遥遥领先，所以，现在全世界各地到处都可以看到德国牧羊犬的身影。现在品质高的牧羊犬仍然价位不菲！从这一点上来讲，德牧"热"还在持续中。

现阶段，藏獒以凶猛与野性，忠诚与勇敢，漂亮的外表受到人们普遍喜爱，这是它的相对优势。如果我们在藏獒身上能够开发出更多的功能。那么，这些功能的相对优势能保持多久，藏獒"热"就会持续多久。如果"藏獒"仅仅是一个供人炒作的概念，是一个时代的名词，那么藏獒"热"就会随着新热点的出现而死亡。

综上所述，我们从发展的角度来讲，藏獒"热"刚刚开始，藏獒养殖产业化还没有形成。如果我们能够根据藏獒的性格特点，挖掘藏獒潜能，开发出更多的能够为人类生活服务的功能，藏獒养殖作为一个产业就一定能为我国国民经济的发展作出贡献，成为我国新的经济增长点，藏獒"热"一定能够传遍全世界。但，优秀犬种的培育不可能一蹴而就，它需要一个漫长的过程，需要我们这一代养獒人的共同努力。在这个过程中只要我们克服浮躁的心理，本着严谨务实，科学规范的态度，将藏獒养殖作为一个事业来发展，藏獒养殖事业就一定会大有前途！

五、关于藏獒价格的问题

关于藏獒价格的问题许多朋友打电话或网上留言向我询问藏獒的价格。每当我报价后，对方大体会有两种不同的态度。第一种态度是：好吧，过几天我去看看，选一只。持这种态度的人，从我这里买到獒后都很满意，认为花钱不多买到了好獒。这种人大多是懂獒的人，或是去过几家正规的獒场，进行过详细的了解。第二种人，感到很疑惑：为什么你们的价格这么高呢？人家卖几千元一只。你怎么要卖好几万呢？太贵了吧！持这种观点的人大多对什么是真正的藏獒缺乏了解！遇到这种人，很令人头痛，讲深了他听不懂，讲浅了他认为你是在忽悠他。也难怪有时候我会很不耐烦地说一句："你要的獒我这里没有，到狗市去买吧！"其实，这也不能怪我态度不好，因为对方提的问题太幼稚。但也不能责怪对方，因为人家不懂獒嘛！只怪这个物种太稀少，人们对它的了解太少了，甚至以前都没有听说过。

现在的人们对藏獒的保护意识增强了，喜欢藏獒的人越来越多，养獒的人也越来越多，藏獒市场空前火暴。獒场象雨后春笋般冒了出来，原本快要灭绝的犬种在一夜之间变的到处都是，给人一个错觉：藏獒数量很多嘛，根本就不需要保护！事实是这样吗？我们知道藏獒是原产于青藏高原，我国独有的古老型犬种。就目前而言，与普通犬仍然有很大区别：它保留着野兽的生物属性，像野兽一样，每年产只一窝幼崽。由于自然环境的变化，及人为因素，使藏獒杂化，退化严重。真正的纯种藏獒少之又少，正是这个原因才被国家列为二级保护动物，数量增长是一个很缓慢的过程。我们养獒多年，发展到今天才区区20多条种獒。藏獒怎么会在短期内忽然变的多起来呢？这肯定是由藏獒的鉴定标准的混乱引起的，我国至今还没有出台国家《藏獒标准》，人们不知道什么是真正的藏獒，也不知道怎么来鉴定它是否是纯种。

那么，怎么来判断真正的藏獒呢？最常识性的方法有：从生理特征来看，藏獒一年只产一窝，一般都在寒冷的冬季。一年产两窝的肯定是狗不是獒，从这一点上我们就可以初步判定是不是纯种。有人受利益驱动用其他犬种的狗来与藏獒交配产出的后代，无论长的怎么好，也肯定不是纯种。它是一个杂合体，这种狗的后代基因混乱，不可以留种。一只纯种獒不是很轻易能够得到的，要花费很大精力和金钱，它价格昂贵，高达几百万。成本如此的高，它的后代才卖几千元？这显然是不可能的！所以便宜没好货，好货不便宜！这是市场法则。

这里，就藏獒忽然多起来的原因从以下几点来做分析：

1. 利益驱使，以滥充好

现在大家都知道藏獒价值大，藏獒的市场需求很旺，有些人争先恐后地要发獒财，拿藏狗当藏獒卖，加之人们对藏獒的认识有限，认为只要是从藏区来的狗都是藏獒，一时间藏狗满天跑。给人一种错觉：哈哈！看看藏獒有多少？还需要保护吗？这样发展下去，人们獒狗不分，对这个物种的保护很是危险。

2. 瞒天过海，以狗充数

现在明知是狗，却告人是藏獒，本着骗一个是一个的做人法则，卖狗的时候讲的天花乱坠，在对方还没明白的时候将小狗卖出去，等人家花几千元甚至几万元买回家，养一段时间，越养感觉越不对，明白后则悔之晚矣！到哪里找他去？这叫贪小便宜上大当。

3. 滥交滥配，伤天害理

有的人被利益驱使，用普通狗或藏狗与藏獒交配，繁殖后代，出售取利。这是对藏獒物种极为不负责任的做法，可能会给藏獒带来灭顶之灾。这是一种伤天害理的行为，应该强烈的谴责？

4. 标准不明，无知无畏

一直以来，我国对狗极为不重视，历史上还有多次打狗运动。至今也没有一部国家藏獒标准，人们无标准可循。因为没有见过藏獒，所以有的人根本不知道什么是藏獒，甚至盲目地认为从西藏来的狗就是藏獒。当骗子行使骗术的时候，就会很容易上当受骗。

由此可见，是因为藏獒这个名词出现的频率高了，才显得藏獒多了，并不是藏獒真的多了。在这里我要奉告大家：藏獒并没有人们想象的那么多，且价值极大，正规獒场的幼獒销售极旺，更不会到狗市卖獒。买獒千万不要到狗市，找游动的贩子，以免上当。因为，当你发现上了当到时候连人你都找不到，你就会血本无归。

那么，现在的藏獒价格到底是多少呢？什么价格才更合理呢？

从经济学的角度来讲，计算产出要先计算投入。计算獒价只有从计算藏獒成本入手，才有理有据。

俗话讲："众狗易得，一獒难求。"在青藏牧区，高品质的藏獒是极为稀少的，并不像人们想象的那样只要在青藏牧区，遍地跑的都是藏獒。即使找到一只品相不错的藏獒，你也不知道它的遗传基因怎么样，是否能做繁殖用的种獒，需要繁殖几窝以后才能确定它的遗传是否稳定。现在高品质的纯种越来越少，只有在很偏远的牧区，偶尔能够寻得一只看的上眼的藏獒。寻獒需要花费很大的艰辛，交通极为不便，没有路，不通车，只能骑马，甚至徒步跋涉，翻山越岭几百公里，历经艰险，甚至付出生命的代价。如此辛苦得来的宝贝，价格能低了吗？现在，有许多藏獒经纪人，寻得藏獒几经转手，价格翻番，就变成了天价。目前，在青海玉树州与西藏山南地区，品相不错的藏獒（不论遗传是否稳定）报出20万元、50万元，甚至100万元的天价是很平常的事情。藏獒几经倒手来到内地，就像平原地区的人来到高海拔地区会出现高原反应一样，藏獒还需要适应内地富氧、高气压的新环境，这对藏獒来讲是一道生死存亡的"鬼门关"，藏獒要承受一场巨大的死亡风险。所以，从牧区买藏獒是需要很大勇气的，成本极高，风险极大，搞不好就会倾家荡产。我们想想，如此千辛万苦得来的种獒，其幼獒的价格能卖几千元一只吗？卖几千元一只成本何时才能收回来？要知道藏獒具有兽的生物属性：一年只生一窝幼崽，产量有限。

　　一只幼獒的合理价格应该是多少呢？

　　一只藏獒最高寿命可达16年。繁育时间按10年来计算，每年平均育得幼獒5只，10年可育得幼獒50只，100万元（公母总价值）买来的种獒，其幼崽平均须卖2万元才能收回买獒成本，再计算喂养、培育成本，养獒者的合理利润。每只幼獒买到4万元较为合理。以此类推：200万元的藏獒成本，所育幼獒每只买到8万元较为合理。

　　注：这篇文章写于2006年3月，当今看来仍有阅读价值，所以稍作修改，选入书中。由于2006年那个阶段情况与现在有很大差别，肯定很多不合时宜的观点，为记住走过的那段历程，我决定不去改动，留给大家。从文中我们可以感受到那个阶段的真实状况！

六、购买藏獒需要注意的事项

　　藏獒购买回家首先要保证它是健康的，如果买回的是一只带病藏獒会很麻烦，不仅要花钱看病，更重要的由此可能失去养獒的乐趣。如何购买一只健康的藏獒，需要以下事项：

看精气神：即精神、气质、神态。它是藏獒健康状况的综合反映。健康的藏獒应该是两眼有神、精神好，当有人接近时反应迅速，表现出主动迎合或选择避开。

看整体：让它走走，或跑跑，看它的行动是否灵活，步态是否稳健，披毛是否整洁光滑，肌肉是否丰满匀称，四肢是否健壮协调，有无跛行现象。皮毛是否有癞皮、脱毛、丘疹（小疙瘩）的情况，如果有则说明此獒患有或曾经患过皮肤病（蚧螨病、蠕形螨病、皮肤真菌病等）。

看眼睛：健康藏獒的眼睛明亮而有神，睫毛干净整齐，眼圈微带湿润。如果眼睛无神，萎靡不振，精神沉郁等则多有可能患病藏獒许多疾病在眼睛上都有反映。如果眼屎过多则更要注意，许多患犬瘟热、传染性肝炎的藏獒都有此现象。如果角膜出现蓝灰色则多有可能患有传染性肝炎（临床上也称此现象为"肝炎性蓝眼"）。眼结膜（眼皮内侧）充血潮红多是一些传染病、热性疾病的征兆。眼结膜黄染（呈现米黄色）则说明藏獒的肝脏有可能出现病变。眼结膜苍白多是由各种原因引起犬的贫血。当出现角膜（眼球最外层）浑浊、白斑则有可能是犬瘟热的中后期，或是单纯性的角膜炎。

看鼻头：健康藏獒的鼻尖和鼻孔周围应是湿润而有凉感。如果鼻部干燥多说明此獒的体温偏高在发烧，有炎症。如鼻孔中流出明显的脓性鼻涕时则很可能该獒患有流感冒、犬瘟热等疾病。

看下腹部：第一次买藏獒的或是对藏獒不是很了解的人往往忽略了这一点。如藏獒肚脐周围、后腹部有明显的球状凸起，则多是藏獒患有脐疝、阴囊疝的结果，一般要通过手术才能治疗。

总之，在买藏獒前一定要多向有经验的养獒人认真咨询，掌握一些基本知识后，你一定能买到一只称心如意的藏獒。

七、幼獒回家应该注意的事项

疫苗　从基地售出的幼獒都已经注射过3次五联疫苗，单注一次狂犬疫苗，现阶段不需要再注射疫苗了。下次注射疫苗是在配种前期，即：9月份左右。根据当时的天气与藏獒的身体情况来具体确定时间。（注意：獒身体状况不好，精神状况不佳，不得注射疫苗；天气不好，下雨、下雪不得注射疫苗。）建议：使用有效的疫苗，不得使用失效疫苗来为藏獒接种，否则不会产生免疫力。进口疫苗的保存条件一般比较苛刻2℃~8℃，保存条件稍微发生偏差就会导致失效，所以使用进口疫苗要格外注意疫苗的有效性。

驱虫　建议每两个月驱一次虫。回去后身体状况好的时候为幼獒驱虫，自己制定驱虫计划。

运输注意事项　在路途中可以让它饮用少量的水（最好不喂，饮用水后，幼獒会憋尿，影响健康），但不得喂食物，藏獒一般不适应长途汽车颠簸，吃食物后大多会呕吐。如果路途时间太长的话，尽可能让它下地散步，放风，排便，这样回去以后对新环境的适应能力就会强些。

喂食幼獒回家后，先不要急于喂食物，10分钟后可以喂些水，同时要喂4粒氟派酸（诺氟沙星胶囊）以防止因水土不服造成的肠胃不适导致跑肚拉稀。30分钟后喂少量流质食物，但不得过量导致吃撑。以后根据情况连续喂2~5日氟派酸，待状态稳定后，停药。刚回家的幼獒可能会因为对新环境感到陌而"拒食"或食量减少，你不必太担心，更不要立刻就采用引诱物来"刺激"它吃东西。当它熟悉了新的环境后就会食欲正常。幼獒回家后要尽可能的喂食与本基地相同口味的食物。食物的改变也可能造成幼獒的拒食。

狗粮的更换办法　通常来讲，不要突然改变原来的饮食，因为要花3天的时间，藏獒才能产生合适的消化酶来消化新的食物，在更换犬粮期间它可能只会饮用足够的水，而拒绝新的食物。因此，你应该遵循以下的程序，用4天以上的时间来逐渐地改变幼獒的饮食：

第1天：给它1/4新的食物+ 3/4原先的食物。

第2天：给它1/2新的食物+ 1/2原先的食物。

第3天：给它3/4新的食物+ 1/4原先的食物。

第4天：新的食物。

注：本章节的文章是作者多年藏獒研究的心得，《关于藏獒价格问题》写于2006年3月是为解答买獒人价格疑问而写的。《藏獒到底能"热"多久？》写于2007年2月，2006年因云南出现狂犬病，全国出现政府性打狗事件，引发藏獒市场回落，獒圈出现藏獒市场到底还能热多久的疑问，写此文是为獒友答疑解惑，分析市场走向；《养藏獒的理由》是狗年伊始，出现打狗事件前，人们开始初步认识藏獒，全国初现藏獒热，看到这个大好局面，为养殖者打气。《如何饲养来自藏区来的藏獒？》是为买獒人把藏獒从牧区牵到内地出现死亡的现象，根据回答獒友问答整理而成，希望能为更多的獒友提供帮助。

声明： 这个章节的文章最早发表在山西龙城藏獒养殖基地的基地网站上，此后得到广泛网络转载，我也为自己能为獒友做事感到高兴，但，有很多文章被转载以后，不仅删掉了我这个作者的名字，还被一些不道德的人署上了自己的名字，对那种不尊重别人的知识产权，无视别人劳动的行为，我可以不介意，但把别人的文章署上自己的名字，盗取别人的劳动成果，这种触犯法律的行径，我无论如何也是无法原谅的。希望这些盗取他人劳动成果的人，赶快删除文章中你的名字，否则本人将诉之法律。

中国藏獒养殖繁育大全

TIBETAN MASTIFF

第十四章　走出国门

一、中国藏獒走出国门的历史与现状

我国是藏獒的原产地，藏獒凭借自身的外表与性格魅力不仅深受国人的喜爱，同时也深受世界各国人民的喜爱。关于藏獒最早走出国门最为流行的说法有两个：一是马可·波罗来中国将藏獒带到欧洲；二是成吉思汗征服欧洲随军带去了大量的藏獒，这些藏獒随着蒙古大军的溃败失散在了欧洲，并与当地土狗杂交产生了圣伯纳、马士提夫等多种欧洲名犬。因为没有图片及文字上的证明（作者目前还没有看到），所以这种说法还有待探讨。近代，藏獒走出国门最早的记载，应该是1847年印度总督送给英国维多利亚女王的两只藏獒，其后欧洲人断断续续从中国西藏以及中国与印度，中国与尼泊尔交界处等地区将藏獒带到欧洲，这一段中国藏獒走出国门的历史是有图文为证的。

作为英国殖民地的印度1947年独立，从而也切断了欧洲与青藏高原的联系。1962年的中印战争，中国印度国家关系紧张，藏獒通过中印边境的出境通道也就此被阻断了，我国"文化大革命"开始以及十多年的闭关锁国政策，使得我国远离世界大家庭，政治经济的交流停滞了，藏獒的交流也受大环境的影响完全停滞。这种

图中藏獒是典型欧洲版型的100多年前被带到欧洲藏獒的后代

状况一直延续改革开放后的80年代后期。

台湾人的藏獒最早主要来自于美国，数量有限的藏獒种群在繁育过程中，很快就走入了基因缺乏的困境，于是有人开始偷偷摸摸的来大陆寻找藏獒，从大陆引进了一些新的藏獒血系（代表人物张佩华）。这是现代史上，藏獒走出国门的最初阶段。由于台湾引进了中国大陆藏獒新的血系，欧美人开始从台湾引种，台湾藏獒又开始返销回它的来源地：欧美国家。如果绘制一个藏獒流向图的话，近代藏獒的足迹应该是这样子的：

第一阶段：1847年英国人将两只藏獒从中国带到了欧洲大陆。

第二阶段：藏獒从欧洲进入美洲大陆。

第三阶段：藏獒从美国进入澳大利亚、新西兰、亚洲等地。

第四阶段：台湾引进中国大陆的原生獒使藏獒品质得到了改良，返销回欧美国家。

第五阶段：台湾以及欧美等世界各国藏獒爱好者开始直接从中国引进藏獒。这个阶段还刚刚开始，由于许多因素的制约，出口数量是很有限的。

1. 中国藏獒走出国门的发展机遇

进入20世纪90年代后期，山西龙城藏獒养殖基地的张惠斌先生更是藏獒出口的积极实践者，通过藏獒出口与国外藏獒养殖者建立密切的联系，曾多次专程去欧洲探访从自己基地走出去的藏獒，开创了我国首例"藏獒搭桥，獒主唱戏"，"走出国门，以獒会友"的先河。张惠斌先生在感受到欧洲獒友对藏獒浓浓的热爱之情的同时，发现欧美国家的藏獒大多是100多年前被从中国带到欧洲的藏獒后代，由于种群数量的限制，导致血缘关系较近，种群退化非常明显，从中也看到了中国藏獒的天然优势，以及进一步走出国门的希望。

通过比较可以发现欧洲藏獒与我国藏獒的明显区别：欧洲铁包金藏獒的（红）黄色已经退化成浅黄泛白色，这种毛色在欧洲是主流颜色。所谓的铁锈红色的铁包金更是见不到的。毛也很短，基本都是虎头獒，几乎见不到狮头獒。欧洲的藏獒养殖者，非常喜欢中国的长毛狮头獒，颜色非常纯正的虎头獒，他们对从中国引进新的藏獒血系有着浓厚兴趣。从中国大陆走出去的藏獒很受国外养殖者的喜欢，也给他们

站在前面这一只是从山西龙城藏獒基地引入的藏獒，后为欧洲版的藏獒。

带去了惊喜，中国藏獒的毛色、毛量都是欧洲藏獒所没有的。

2. 目前藏獒出口存在的问题

(1) 养殖者之间的交流存在语言与渠道障碍

由于藏獒养殖主要是民间行为，语言障碍与空间距离影响了与国外藏獒养殖者的直接交流。目前，我国藏獒外销的数量还很有限。国外养殖者由于没有渠道与国内养殖者进行直接交流，不得不通过一些中间人来联系。在这个联系过程中，中间人的加价，导致成交成本增大，无法成交；或中间人不懂獒，以次充好，高价买到却是品质很一般的獒，牵回去一看还不如自己养的好，更令国外养殖者望而却步是中间有许多骗子横行其中，行骗者收取国外养殖者的订金后逃之夭夭，买獒人大呼上当，从而丧失了从中国买獒的勇气。交流的语言障碍导致骗子钻空子的事件给我们的藏獒出口带来了极大的负面影响。

(2) 血统证的问题

藏獒走向世界必须有被世界认可的身份证明——血统证书，由于许多原因使中国不是世界畜犬联盟（FCI）成员，所以从中国大陆走出去的獒，在国外无法取得合法的身份。在国外，没有血统证书的狗是不被承认的，不可以进行当地犬籍登记。所以，从中国买回去的藏獒只能养在家里，不能参加比赛，更不能进行繁育，这些都是困扰中国藏獒走出国门的重要因素。

总之，藏獒是我国最有实力迈出国门，走向世界的原生犬，早在

100年前它的足迹已经分布在世界许多国家，深受世界爱犬人士喜欢，由于历史的原因，在国外的藏獒数量很少，据了解，在英国藏獒的数量在四五百只，德国、芬兰、法国、瑞典等欧洲国家都有少量的分布，但品质与我国的藏獒品质上存在很大差距。这就为我国藏獒迈出国门，走向世界提供了很好的市场基础。从而改变我国是纯种犬单纯进口国的现状，让我们的藏獒也能像许多外国犬进入中国那样进入国际市场，为我国的国民经济作贡献。但要达到这个目标，我们还有很长的路要走，我们必须提升自己的纯种犬培育的水平，下大工夫提纯藏獒的基因，使藏獒的遗传基因更加稳定。同时寻找正规渠道，与国外藏獒组织建立广泛的合作关系，加大市场开发步伐。

当藏獒一只一只迈出国门，走向世界各地的时候，向世界人民展示的不仅仅是藏獒本身，更多的是一种中国民间文化的交流，是世界对中国犬业发展水平的认可，这正是我们这一代养獒人为之奋斗的意义所在。

二、山西龙城藏獒养殖基地打通藏獒走向世界之路

"山西龙城藏獒养殖基地的藏獒出国了！" "出国的藏獒在国外犬赛中得奖了！" "张惠斌去欧洲看他的藏獒去了！"不知何时这个新闻在藏獒爱好者中间流传开来，闻讯的藏獒爱好者纷纷赶往山西龙城藏獒养殖基地，或打电话向獒园主人张惠斌先生祝贺。每每谈起这件事的时候，张先生总是浅浅的一笑："这没什么，其实，我们基地的藏獒早在1995年就"迈出国门，走向世界"了！从我基地走出国门的藏獒，在国外得奖也是很平常的事情，它们的后代们已经繁衍出了好几代了！对改良欧洲版系的藏獒品种发挥了很重要的作用……" "当然，这些卖到国外的藏獒肯定不会是我基地最好的！"张先生谈到最后总不忘记要补充这么一句话。

记者作为一名忠实的藏獒爱好者，怀着尊敬与好奇的心理来到了山

张惠斌先生在乌拉家中抱着有自己獒园血统的幼崽

西龙城藏獒养殖基地，想看看这里的藏獒，看看这里的养殖者，看看张惠斌先生与张彬女士。更想探究一下：是什么力量促使他们把藏獒繁育的这么好？是什么窍门使他们的藏獒那么与众不同？是什么眼光促使他由对藏獒单纯的爱好，变成事业来发展到今天的呢？……

怀着急切的心情，一口气提出了很多的问题。本以为会得到很多的答案。但，这些问题的答案被张惠斌先生用一句话全部给概括了："其实，没有那么多为什么。只有养獒的兴趣与对藏獒的喜爱，我最喜欢藏獒的性格！"谈到为什么能够从养獒爱好发展成能够带来巨大经济利益的产业时，张惠斌说："机会永远优先光顾有准备的人！""当初养獒的目的很简单，就是看护工厂，或闲下来的时候与獒玩玩。"

谁知道一养就不可收，养到2003年又赶上藏獒市场需求开始放大，在不经意中走上了专业的藏獒养殖道路。

张惠斌先生不仅是一个藏獒的养殖者，更是一个藏獒的研究者。

在交谈中我们更加认定张惠斌先生是一个"干一行，爱一行；爱一行，钻一行"的人。从他与爱人张彬女士合作，用三年的时间共同写了一本名为《中国藏獒》的藏獒专著就可以印证这一点。《中国藏獒》的出版发行可称为是藏獒行业的一件大事。这本书内容涉及广泛，从藏獒的历史开始讲述，涉及藏獒的生物学特征、藏獒的养殖技术、藏獒的疾病预防与保健、藏獒的遗传与繁育、各国的藏獒标准以及藏獒的管理方法等诸多内容，非常全面详尽的介绍藏獒。该书于2007年1月经山西省人民出版社出版发行，受到广大藏獒爱好者的喜欢，呈现供不应求的局面，迄今已经完成三次印刷。在诸多的藏獒专业书籍中，这本书无疑是最受欢迎的。

　　2008年1月份，张惠斌先生应欧洲獒友的热情邀请，远赴欧洲进行了一场"回访欧洲獒友，探视基地藏獒后代"的专项访问活动。从而开创了"藏獒搭桥，獒主唱戏""迈出国门，以獒会友"的先河。在这次活动中张惠斌先生不仅见到了从山西龙成藏獒养殖基地走出去的后代们，更是近距离的了解到了欧洲藏獒，也结识了很多欧洲的藏獒养殖者。看看欧洲版系的藏獒就不难理解，欧洲獒友为什么会不远万里，花费巨资从自己基地引种的深层次原因。据张惠斌先生考证：欧洲版系的藏獒多是100多年前，从我国西藏带到欧洲藏獒的后代，由于种群数量少，血缘关系较近，繁育到今天欧洲藏獒形成了自己独有的特征：毛短色浅，头嘴好，体型高大。铁锈红的毛色是见不到的。纵观藏獒出国历史轨迹我们可以了解到：藏獒最早从西藏到达欧洲，又从欧洲到达美洲，从美洲到达中国台湾。现在又有回流现象；藏獒从美洲回流欧洲，从中国台湾回流欧洲、美洲。这些回流的根本原因是世界与中国的民间交流渠道不畅造成的。与中国藏獒养殖者的交流太少，买不到中国的藏獒，只能退而求其次，藏獒在欧美之间流动，中国台湾是比较早从大陆引进藏獒种獒的，以内地的原生獒为种进行繁育，大大地改善了欧美版系藏獒的品质，从而赢得到了先机，很受欧美国家藏獒养殖者的喜欢。由于引进藏獒的种群基数太小，中国台湾版藏獒的品质改善是很有限的。真正高品质的藏獒还是在大陆，这一点是毫无疑问的。这就为中国藏獒，走向世界奠定了坚实的基础。

　　随着我经济的快速发展，我国已经是世界产品出口大国。但多年来我国一直是狗的净进口国。每年为进口犬类花费大量的外汇，这不仅与中国人对狗的态度与西方人不同有很大关系，同时与我国民间纯种犬的培育历史较短也有很大的关系。如今，我国民间掀起了养獒热潮，正是民间对藏獒养殖的巨大投资热情，加快了藏獒纯种犬培育的步伐。相信，摘除犬类净进口国的帽子，将我国藏獒大批量的出口到世界各地，应该是我国现阶段养獒人心中的一个梦想。

所以，此次张惠斌先生的欧洲回访之旅，象征意义远远大于实际意义，它打通了一条中国藏獒走向世界的民间交流之路。

新浪网报道：http://www.sina.com.cn.2009年01月09日

三、世界藏獒论坛演讲稿

《关于藏獒发展的过去、现在、未来》

亲爱的女士、先生们，大家好!

我叫张惠斌是来自于中国的藏獒养殖者，应邀来这里参加藏獒论坛。我很荣幸有这么好的一个与大家交流机会，感谢会议主办方。

Do-khy是藏语的英语音译，藏语意思是拴着的大狗。Do-key的英文名字叫"Tibetan Mastiff"，是原产于中国青藏高原地区的高原物种，它的生存环境是海拔3000~5000米高的广大青藏高原地区。据考证藏獒是世界上最古老的犬种之一，世界上许多大型犬都有藏獒的基因，藏獒素有狗的"活化石""基因库"的称谓。

首先，我先介绍一下藏獒的类型：

藏獒的品种从类型上可以分为以下几种：虎型獒、狮型獒（大狮头、小狮头）虎型獒体型较大，但毛比较短，狮型獒体型较小，但毛长，嘴较虎型獒尖窄。

主流毛色上可以分为：黑色、黑褐色（铁包金）、黄色（金色、红色）、狼青色、白色。

嘴型可分为：吊嘴、包嘴、平嘴。

眼型可分为：吊眼、杏仁眼、三角眼。

1. 藏獒的过去

关于藏獒有许多传说：欧洲最早的藏獒是随着蒙古军队来到欧洲的，并与这里的狗杂交繁育出很多其他品种的狗。意大利人马可·波罗是最早记载藏獒的欧洲人，他曾在游记中描述：藏獒"体大像驴一样，叫声像狮子"，这说明藏獒是体形很大的狗。

自1847年印度总督（Lord Harding）将一只叫Bhoutde藏獒送给给英国伊丽莎白女王起，中国藏獒开始陆续进入欧洲，这些进入欧洲的藏獒主要来自于西藏与印度尼泊尔接壤地区，属于西藏版型的藏獒，以虎型獒为主：毛短、体型较大。目前，欧洲的藏獒大多是这些藏獒的后代，我在欧洲所见的大多数铁包金（black and tan）藏獒中的褐色颜色比较浅。在中国虽然也有褐色较浅的藏獒，但人们更喜欢深褐色，所以，在中国这种浅褐色獒很少。

2. 藏獒在中国现在的发展现状

过去由于人们不懂得对藏獒这个物种的保护，致使纯种藏獒这个物种几乎到了濒临灭绝的境地。20世纪90年代中期人们开始认识到藏獒这个物种的珍贵，开始有意识的保护，纯种藏獒在中国藏獒养殖者的努力下数量逐年增加，品质也得到了很大的提高。

如今，在中国已经有许多规模庞大的藏獒专业养殖场，养藏獒已经成为了一种社会时尚，许多有钱人都加入到了藏獒的养殖行业里来了，藏獒养殖已经形成了一个庞大的经济产业。

3. 藏獒在中国的市场情况

世界上任何一个犬种的价格也没中国现在藏獒的高，在中国藏獒最高的要价是1亿元人民币（相当于4.3亿元卢布），但还没有成交纪录。真正成交的最高价格是1000万元（相当于4300万卢布）。其他成交价格在几百万元的藏獒就很多了。在中国藏獒为什么这么高呢？因为两个原因：一是高品质的藏獒很少，喜欢藏獒的人很多，物以稀为贵；二是在中国藏獒已经成了企业的投资项目，因为养藏獒的投资回报率远远高于其他产业。

4. 藏獒的未来发展预测

如今，中国的藏獒养殖者让具有不同特点的藏獒交配，希望把藏獒的各种优点汇集到其后代的身上。例如：虎型獒的体型、头版与狮型獒的长毛结合起来，繁育出虎头狮身的藏獒，虽然取得了一些成绩，但在众多繁育者心中最完美的藏獒还是没有出现。

因为藏獒的遗传不稳定，一只母獒一年只生一窝。所以，这个犬种的培育比其他优秀犬种的培育所需要的时间更长。我相信在世界各国藏獒养殖者的共同努力下，体大，毛长，嘴方而短宽，颜色漂亮，结构优美，人们心目中的藏獒一定会培育出来。

随着新品种培育进程的加快，我更多的担心是原有物种的消失，10年以后我们可能见不到真正的虎头獒，狮头獒，原始的纯种藏獒这个优秀物种可能会从此消失！展现在人们面前的只有人们培育出的新品种了！这也许是藏獒养殖者们的一个悲剧！

谢谢大家！

2010年3月7日

英文翻译：

On the Past, Present and the Future of Tibetan Mastiff

I'm Zhang Huibin, a Tibetan Mastiff breeder from China. It is my great honor to be invited here to attend this forum of Tibetan Mastiff. I'd like to express my thanks to the sponsers of trhis forum for offering me the opportunity to communicate with you all. My topic today is *On the Past, Present and the Future of Tibetan Mastiff.*

Do-khy is the English of Tibetan, which means the big chained dog. Tibetan Mastiff is a species originating in high land areas in Chinese Tibet and Qinghai plateau and distributed in bordering areas including Gansu, Sichuan and Tibet regions. It lives in places at 3000~5000 meters above sea-level. Tibetan Mastiff, according to researches, is one of the oldest dogs in the world, with a history of one million years. Many dogs of large-size in the world have a genetic relation with it; therefore, Tibetan mastiff is always known as "living fossil", and "Gene bank" of dogs. But before 1980s, because of the lack of awareness of protection for Tibetan among people, the pure-bred mastiff, as a species, was almost to the brink of extinction. In the mid-90, people came to realize the rarity of and began to protect the species consciously. A lot of Chinese breeders make great efforts, and the number of Tibetan mastiff has greatly increased and the quality improved year by year.

Tibetan mastiff, as a species, can be divided into the following categories: Tibetan mastiff of tiger-shape, Tibetan mastiff of lion-shape (with head of large lion's, with head of small lion's). Tiger-shaped Tibetan mastiff is bigger in size, but the hair is rather short; the lion-shaped one is smaller in size, but the hair long.

Its coat color can be divided into such kinds as : black, black and tan, yellow (gold, red) , and white.

The lips can be divided as the hanging mouth, and the bag mouth.

The eyes can be divided into three kinds: hanging eyes, almond-shaped eyes, and triangular eyes.

The tails can be divided into: chrysanthemum tail, About the historical record of Tibetan Mastiff.

There are many legends about Tibetan Mastiff: the first Tibetan Mastiff in European countries arrived in Europe with the Mongolian armed forces, and later scattered to many places in Europe and had many filial generations of cross-breeding with other species of dogs after the Mongolian armed forces were defeated.

Marco Polo, an Italian, was the first recorded European to Tibet. In his travels notes, he described the Tibetan Mastiff that has the "Body as big as donkeys, barking like a lion, tiger." which shows that Tibetan mastiff is a great-sized dog.

The Tibetan Mastiff that was recorded to be brought to Europe In modern time was the two mastiff that were given to Queen Elizabeth II in 1804 by the Indian Governor.

Outlooking

The dogs were mainly from areas bordering Tibet and India and Nepal. They belong to the Tibetan version of mastiff, mainly the type of tiger-shape: short hair, larger size. At present, most Tibetan mastiff in Europe are descendants of them. The mastiff with color of black and tan that I have seen in Europe are mostly in lighter brown color. In China, though, there are some in lighter brown, but people do not like this kind. Therefore, in China, such lighter-colored mastiff are rare.

Before 2004, breeders in China hope produce a type with tiger head and lion body, a combination of the size of tiger-shaped Tibetan Mastiff and its head with the long-hair of lion-shaped mastiff. Presently, this goal has been basically achieved. However, in the hearts of these large number of breeders, the perfect Tibetan Mastiff has not yet appeared: big size, long hair, a square and broad mouth, colorful triangle hanging eye or eyes.

The present situation of the development of Tibetan mastiffs in China

Today, China has many large-scale professional breeding grounds of mastiff and Tibetan Mmastiff breeding has become a fashion, having attracted many wealthy people into the breeding industry——a huge economic sector now in China. Our kennel is among the largest-scale, and the earliest professional farms. With 20 years of breeding experience, our kennel brings together the best of Chinaese Tibetan mastiff gene, and develops into a specialized research institute. I have written a book, "Chinese Tibetan mastiff", sold well in China. I hope it can be translated into Russian for the Russian friends to appreciate. Anybody interested in it can contact me.

In China, the highest price for Tibetan Mastiff is said to be one hundred million, but there was no transaction records. The real highest transaction price is 10 million yuan and there are a lot of transactions at the closing prices of millions. Why are the prices for Tibetan mastiffs so high in China? For two reasons: firstly, the high-quality Tibetan mastiffs are few in number, while the mastiff-fans are more in number. Secondly, Tibetan Mastiff in China has become a project for corporate investment, because its return on investment is much higher than other industries. It is precisely because of a lot of rich people entering the Tibetan Mastiff breeding industry. Therefore, in recent years, the quality of Tibetan Mastiff has improved quickly, people breed mastiffs with different characteristics, hoping to have their offspring get all the merits, and this is a goal that all Tibetan Mastiff breeders strive for.

Tibetan Mastiff 's tomorrow

To develop high-quality pure-bred Tibetan Mastiff is a very lengthy process, because Tibetan Mastiffs produce only one brood each year. So it takes much longer times to cultivate this kind of dog than other kinds of dogs. What is people's ideal ? Chinese have a saying Tibetan mastiff is large in size, belonging to the family of long-haired dog in high and cold areas, so it is more cold-resistant. To meet people's aesthetic demands, Tibetan Mastiff are hoped to be with beautiful fur and fine structure.

The genetic instability of Tibetan Mastiff result in the fact that the pups of the same high-quality parents may be very different in size, structure, the color and world has got a Tibetan Mastiff of such kind, and that is what we are supposed to do tomorrow.

Thank you!

2010.3.7

四、应邀赴俄罗斯圣彼得堡参加世界藏獒论坛暨藏獒比赛评判系列活动之《感言》

通过这次交流会，使我能够更进一步从世界的角度重新审视中国藏獒，了解欧美国家的藏獒养殖者是怎么样认识藏獒的。

就现状来看，欧美国家的藏獒没有中国藏獒的品质高，但他们非常渴望了解中国的藏獒发展现状，欧美养殖者把对藏獒的研究当作一项光彩事业来做，对藏獒的研究，可谓深入、细致、科学。对藏獒的每一个关节是否合乎标准，他们都要讨论很久很久。

欧美养殖者对藏獒的历史是没有争议的。他们承认，藏獒是跟随蒙古大军进入欧洲，扩展到美洲等世界各地的。但，对藏獒的分类与中国有很大差异，他们仅以短毛虎头獒为标准进行讨论，这是他们的种群数量小，品种单一，少见多怪的使然。他们的分类没有我们的细，我们按头型分：有大狮头、小狮子头、虎头獒；按嘴型分类，按毛色分类，按眼型分类等等。他们的分类也只有毛色分类。并且可承认的颜色很多例如：雕色、蓝灰包金、麻黄色，但唯独不承认白色。

交流会开得非常热烈，参会者忘记了时间，忘记了疲劳。会议从上午一直开到了晚上11点，饿着肚子，大家仍然毫无倦意，讲者一丝不苟的讲，听者认真地听，仔细地记笔记。话题讨论之久让人感到时间不够用，这是主办方没有料到的。

与中国藏獒养殖者不同的是：中国养殖者更注重藏獒的头版、凹度、眼型、毛的长短、起毛点高低、腿的粗细。欧美国家的藏獒养殖者更注重藏獒的腰、胯、腿、脚、四肢、牙、尾型、性格等运动部分。在交流中我发现欧美国家的藏獒养殖者对中国人的误解很深，他们怀疑他们没有的东西在中国的真实存在，怀疑中国人图片造假。例如：中国大狮头长毛獒的图片的真实性。在交流现场有专家讲，图片上的东西很好，可是到了中国看到的不是这样。其实他们哪里知道中国藏獒的品相差异有多大？又见过几只高品质的獒？当我的幻灯片展示出一张白獒图片时，现场一片惊讶！！但有位獒界资深的美国专家就说是：Photoshop（意思是经过图片处理了）。现场另一位养殖者补充说她的朋友在中国见到过白獒并拍下了照片，当她向大家展示出一只小白獒照片的时候，大家表现出极大的兴趣，想更进一步的了解，美国专家急切地向我要联系方式，还问我是否可以送她一本我写的书《中国藏獒》，态度也一下变得谦虚起来，她向给我解释：白色藏獒在西方不被接受的（FCI藏獒标准中没有白獒，它认为白獒是失格的）；这就是误解！欧美不是藏獒原产地，他们的藏獒种源单一，怎么能够与地域广袤的青藏高原，数量庞大的原产地藏獒种群相比？西方没有的东西中国就不能有吗？这就是误解，误解是因为不了解，误解需要靠交流来排除。这次参会，通过自己的演讲，使欧美养殖者对中国藏獒有了更进一步的认识。作为中国的藏獒养殖者，我尽了自己的一份力，参与藏獒的评审工作，也算是欧美人对中国藏獒养殖者的一种认可吧！我感到很欣然。

五、藏獒国际买卖合同

在进行藏獒出口交易时也会像其他商品一样需要签署合同，对方很可能提出签订买卖合同，如何签订合同？合同应该有哪些内容呢？

如下是我基地售往波兰的一只藏獒的合同文本可能会对有藏獒出口需求的獒友提供借鉴。

TIBETAN MASTIFF SALES AGREEMENT

藏獒买卖合同

THE FOLLOWING SALES AGREEMENT IS MADE AND ENTERED INTO BY AND BETWEEN:

Date：1th April, 2011 Sign at：Taiyuan

Contracting Parties: Zhang Huibin and Magdalena Lasek

签协议的日期：2011.4.1   地点：太原   签约人：张惠斌

Seller name：Zhang Huibin

卖方：张惠斌

Adress：Yangquzhen Taiyuan city, Shanxi province China

地址： 山西省太原市东环高速阳曲镇出口南5公里

Tibetan Mastiff breeder/Kennel name: Shanxi Longcheng Tibetan mastiff breeding kennel

藏獒饲养者/獒园名称：山西龙城藏獒养殖基地

Registration Authority: China CKU

注册机构：中国藏獒犬业协会

下文称为藏獒饲养者或者卖方

Purchaser: Lasek

Adress: domiciled in Poland, liska street 38, omianki.

Here in after referred to as the New Owner.

买方：Magdalena Lasek

地址： Poland, liska street 38, zip code 05−092 omianki.

下文称为：藏獒新主人

§ 1

题述协议藏獒是纯种的藏獒，根据世界犬业联盟，完全符合品种：纯种藏獒。

出生日期：＿＿年＿＿月＿＿日。父亲:龙城长毛;母亲:麦当娜。

卖方提供FCI承认的血统证书，并给Gandira注射芯片。

藏獒新名字：Gandira。下文统称为藏獒。

请注意所有需要卖方提供的文件上都需体现藏獒的名字Gandira。

1. Subject matter of this Agreement is the registered dog true−bred Tibetan Mastiff fully complied with pedigree according to FCI.

Born on 28. November after the following parents: father: Longcheng changmao mother: Maidangna , labeled with a microchip of number ……position …… of a name Gandira, hereinafter referred to as the dog.

2. 卖方保证题述藏獒来自藏獒饲养者的獒园并为藏獒饲养者所有。

Breeder hereby represents that the Dog constituting the subject matter of this Agreement constitutes his property and comes from his dog–fancying.

§ 2

1. 运输方式：买主来中国携带藏獒乘坐飞机出境，卖主帮助买主puppy发到北京首都机场。

Method of transport: the purchaser will come to China to take the puppy, the seller is in charge of sending the puppy to Beijing Airport to the purchaser.

2. 卖方所售藏獒是完成接种疫苗的。

The puppy that the seller sells are with complete vaccination.

3. 藏獒新主人在机场接到藏獒后即为该藏獒的拥有者。

New Owner shall become a legal owner of the Dog upon receipt of the animal at the airport.

§ 3

1. 双方协商确认藏獒的价格为*****人民币。

The Parties hereby agree that the price of the Dog is *****RMB

2. 藏獒新主人在选定藏獒后需09.04.2011前支付订金*****元人民币，收到预付款后，卖方不得将puppy售卖给其他买主，买主在领取puppy时一次性付清余款*****元人民币。

New Owner shall pay an advance in the amount of: *****RMB until 09.04.2011. Such advance payment shall be transferred to the Breeder's personal account, account details as mentioned in the Agreement.
Once the advance payment of *****RMB is paid by the purchaser, the seller can not sell the puppy to other buyers, the purchaser has to pay all the balance *****RMB when she comes to get the puppy in China.

3. 此价格不包含运费。如果买方需要售卖方将puppy送往欧洲的，需支付运费与人员的差旅费用*****元人民币。

The price does not include the freight. If the purchaser needs the seller to send the dog to Europe, the purchaser need to pay for the dog freight and the tickets of the person that sends the dog to the purchaser. *****RMB.

卖方银行信息：

收款人：

银行信息如下：

Seller bank information is :

Bank name : Bank of China?Taiyuan GuoJiDaSha Sub-br

Add:No 388. Yingze Street Taiyuan,Shanxi,China

SWIFT:BKCH CN BJ 680

Payee account:

Payee name: zhanghuibin

Bank Tel：(+86)0351 4065917　(+86)0351 4060977

Seller information:

Payee name: Zhang huibin

Payee tel: Payee add:No 4 Taoyuan Street Taiyuan,Shanxi,China

§ 4

1. 卖方保证题述藏獒的父母亲没有改品种的遗传疾病，如:犬瘟（需附兽医证明书，证明藏獒的健康状态）。

Breeder hereby represents that the parents of the Dog constituting the subject matter of this Agreement did not suffer from any hereditary disease typical for this breed, such as: CD,CPV ························ (enclosed: Veterinary Certificate, confirming heath status of the Dog).

2. 买方通过图片或视频来选取puppy。

The Purchaser selects the puppy according to pictures. The picture is attachment to this agreement. 需将图片附到本协议。

3. 买方在接到puppy后如一个星期内发现该puppy是有疾病的，必须立即通知卖方，若一个月内死亡，卖方全额退款（不包括运费）或无偿再发一只小狗给买方。但新puppy的运费由买主承担。如果一个星期没有提供puppy医生开具的puppy生病的证明，视同该獒是健康的。卖方不再承担puppy死亡责任。

If within one week of arrival, the purchaser finds the puppy with disease, the purchaser should inform the seller immediately. If the puppy would die within one month after arrival, the seller has to refund the full amount （not including the freight） or the seller can give another puppy to the purchaser for free. But the purchaser has to pay the freight of the new puppy. If within one week after puppy arrival, the purchaser is not able to supply the puppy's disease certification from Veterinary, the puppy is considered as healthy and the seller shall not be responsible for the puppy death of any sort.

§ 5

本协议附件： Documents:

Chosen puppy signed picture.

买方选中的藏獒图片如下图。

Breeder: Zhang huibin   New Owner:

原主人：张惠斌   藏獒新主人：

身份证号：   身份证号：

盖章签字：   盖章签字：

六、獒主变更申请

如果卖到国外的藏獒需要主人所有权变更的话可以参照（如下的变更文本）模板填写

РОССИЙСКАЯ КИНОЛОГИЧЕСКАЯ ФЕДЕРАЦИЯ Eukanuba

Make a Good Dog Great

ЗАЯВЛЕНИЕ НА СМЕНУ ВЛАДЕЛЬЦА

RUSSIAN FEDERATION CYNOLOGICAL

APPLICATION FOR CHANGE OF OWNERSHIP

Я гражданин (ка)   Ф.И.О. / I am   ZHANG HUI BIN

Передаю свою собаку / I send my dog

Порода – Тибетский Мастиф			
Breed (English) – Tibetan Mastiff			
Кличка			
Name of Dog : HUANG SHI OF LONG CHENG'S KENNEL			
Дата рождения/ Date of Birth 02.01.2011	Клеймо/ Chip 900038000518955	Окрас/Color Желтый/Yellow	Пол/Sex Кобель/Male
Метрика щенка N	Свидетельство о происхождении N / Certificate Number: CKU–230000612/11		
	Abroad Certificate Number: TM000001101M0001		

Во владение гражданину (ке) Ф.И.О. _/ Possession to new owner Тарабарину Алексею Михайловичу/TARABARIN ALEXEY MIHAILOVICH

Проживающему (ей) по адресу / Adress: Свердловская обл. г. Верхняя Пышма село Балтым ул. 2–я Молодежная д 28_____.

Адрес и реквизиты бывшего владельца/ Address and details of previous owner:

Ф.И.О / Full name: ZHANG HUI BIN

Место регистрации/ Adress: N4,TAOYUAN STREET,TAIYUAN,SHANXI, CHINA

Телефон/факс / Tel/Fax :

Паспорт/ Passport_____G40901661_____

Подпись / Signature_____张惠斌/ zhanghuibin

七、受骗与维权

随着我国藏獒养殖爱好者的不断涌入，经济实力较强的人士纷纷作为投资项目加入到藏獒养殖队伍中来，藏獒养殖正在由单一的个人爱好向规模化、专业化、产业化发展，形成独特的藏獒经济现象，这种辐射力影响国外爱犬人士，来我国观摩獒展，买獒的外国人每年都在增加，随着藏獒国际交流的不断增加，国外獒友受骗事件时有发生，藏獒交易风险也将显现出来。较早的提高防范意识以及风险把控能力是很必要，如何防止受骗，受骗后的维权都是藏獒产业发展不可回避的新问题。下面介绍一下作者亲身经历的两件事情。

1. 欧洲獒友的一封求助信

几年前，瑞典一位獒友通过我的欧洲朋友转来一封信，附件带着一张银行汇款单，她是通过一个藏獒网站买了一只獒，钱汇出来，结果狗没有收到，联系人也杳无踪迹，不知去向。希望我帮助他寻找这个卖獒人。我根据这位女士提供的电话号码打过去，电话已经停机了，查电话号码所在地：广东东莞。银行汇款地址：北京。再根据这位女士提供的网站地址，打开网站一看。哦！是一家国内建场历史不久，但已经知名已经很大的獒园，再看獒园的地址、电话、联系人、藏獒，都是那么的熟悉，没有错的，这是一个很正规的獒园啊！獒园主人，是个人品不错的人，是绝对不可能，干出骗人钱财的勾当的。毛病出在哪里呢？在百度里搜索一下，有两个名称一致、界面相同的网站，同时出现在了百度上面，獒园的地址、电话、联系人、藏獒都是一样的，区别在于域名与邮箱地址的不同，可以断定这是一起有预谋的，典型的国际藏獒诈骗案件。首先，骗子做了一个假网站，通过假网站，招揽客户，与国外客户联系后，通过电子邮件，完成报价等一系列商务程序，然后付款，收到款后，骗子立即消失了，国外獒友苦苦等待藏獒的到来，结果迟迟收不到，发现被骗了。无奈之下，从遥远的西方发来求助信，向我寻求帮

中国藏獒养殖繁育大全

TIBETAN MASTIFF

助。我又能帮助她做些什么呢？事情都发生了，再去找骗子要钱，往往是于事无补的，国际官司立案难，案件侦破更难，还是谨慎一些为好。

这类事件的发生，我相信不仅此一例。我们广大养獒人应该提高警惕，互通信息，清查那些有辱国格，阻碍藏獒国际化交流，败坏养獒人信誉的藏獒骗子。加强獒友之间的信息交流，不给别有用心的骗子提供可乘之机。

2. 俄罗斯受骗纪实

在维护国外獒友利益的同时，我们也要学会保护自己，更要谨防上国际骗子的当。因为稍有不慎，直接受损失的将是自己。这方面我就有惨痛的教训。在俄罗斯圣彼得堡，被一个叫斯拉瓦的家伙，白白的抢走了一只小獒。

大龙出国前的照片　　　　　　　　　　大龙 9 个月照

下面我就通过写给世界畜犬联盟（FCI），俄罗斯犬业协会、（RKF）的一封控告信作为开始来讲述事情的经过吧！

敬启者：

To whom it may concern:

我叫张惠斌是一名中国藏獒养殖者。

My name is Zhanghuibin.I am a Chinese Tibetan Mastiff breeder.

2010年3月5日，我应邀请带着一条小藏獒来到俄罗斯圣彼得堡参加那里举办的"藏獒研讨会与藏獒比赛"。

Upon Slave's invitation,I brought one tibetan mastiff puppy to Saint Petersburg on March 5 ,2010 in order to attend the meeting of "The seminar and contest of tibetan mastiff".

下了飞机负责接机的斯拉瓦就把我的小獒装到了他的车上，安排我乘坐另一辆车，从此我再也没有见到我的小獒，我的小獒被他强行夺走,就这样怀着一颗受伤的心带着愤怒与失望回到了中国。事情经过是这样的：

After Landing, Slave take my puppy on his car and arrange me to take another car. I have not seen my puppy since then.My puppy was robbed by him. With a injured soul and with the feelings of anger and disappointment I came back to China. this is just what happened:

原计划在3月6日藏獒研讨会上，我的演讲题目是《藏獒的过去、现在、将来》。我希望把中国藏獒展示给参加会议的欧洲朋友们，让欧洲朋友了解中国藏獒与欧洲藏獒的区别，出乎我预料的是Slave找出各种理由不把小獒给我，说给我2500欧元，要把它买下。参加会议的朋友没有一个人能看到这只来自于原产地中国的藏獒是什么样子的。

According to the original plan ,I will give a lecture on March 6.The lecture topic was *The past, present and future of Tibetan Mastiff*. I hope I can show Chinaese Tibetan Mastiff to every European friends who attended the meeting. So the European friends can know the differences between Chinese Tibetan Mastiff and European Tibetan Mastiff. But beyond my expectation, Because Slave made various excuse to reject my request and did not give me the puppy. He said he would give me 2500EURO and bought this puppy. No one in the meeting have seen the appearance of the country of origin .

7日藏獒展会结束后。斯拉瓦对我避而不见，打电话也不接，我被完全困一个陌生的城市。

After the seminar on March 7. Slave avoided to meet me intentionally. He didn't replyed my call. I was stranded in a unfamiliar city completely.

在准备离开这座伤心的城市的时候，我给他发了一个短信："如果你不还我小獒我要把这件事情发到网上，让全世界的人看看你到底是个什么样子的人"。斯拉瓦同意与我见面了，在火车站的一个咖啡馆里面，斯拉瓦与我匆匆见了一面，他提起一只死去的名叫"Hong"的小獒，这只小獒是一位欧洲朋友从我基地买来后卖给他的，半年后不幸得病死了，Slave借口我把病狗卖到了欧洲，这只狗应该是一个补偿。我不知道这只小獒与死去的Hong有何关系？谁都知道这只獒来欧洲的时候是健康的。养殖者只能保证在离开獒舍的时候是健康的，谁敢保证一只小獒不病不死？这只是一件谁也不希望发生的意外事件而已。显然他是在狡辩。

When I plan to leave this sad city I sent a message to him "If you do not give back my puppy I will announce this thing on the web. I will let every breeder in the world to know who are you really". Finally Slave agreed to meet me at a coffee house which situated at the railway station. Slave saw me once hurriedly. He talked a dead puppy which named Hong. The puppy was sold to him by my one European friend who bought this puppy from my kennel. The puppy had died of illness half years later after my friend sold to him. So Slave made excuse to slander me that I brought the ill puppy to Europe. He asked this puppy should be taken as compensation for his loss.I don't know what is the relation between this puppy and the dead puppy Hong? Everyone knows that Hong is healthy when he came to Europe. Live animal can be ill and die. Every breeder only can assure the puppy is healthy when he leave the kennel in a short time.Who can assure one puppy will not be ill and die in the furture.This is only an unexpected accident which no one hope to happen.

对我来讲：俄罗斯之行是一场噩梦，我要通过网络将自己在俄罗斯的亲身经历告给全世界的藏獒养殖者，在俄罗斯圣彼得堡有个叫Slava Komov（ВЯЧЕСЛАВ КОМОВ）的人是个骗子、强盗，与他打交道，谨防上当。

It is a nightmare of visiting Russia for me.From my experience I will tell every breeder in the world that there is a swindler and robber in Russia. Everyone should beware deceived by him when deal with him.

sincerely Yours

张惠斌 zhanghuibin

山西龙城藏獒养殖基地

ShanXi Longcheng kennel

这件事情发生后，引起广泛的社会关注，各国獒友纷纷发来信表示道义上的支持，与对强盗行为的谴责，更有俄罗斯朋友要帮助我到法院起诉他。斯拉瓦陷入了困境，希望给我2000欧元与我和解，但这区区2000欧元远离这只藏獒的实际价值，强盗条件我是不可以接受的，今天的中国已经不再是清朝时代，靠屈辱妥协求平安的时代已经过去，我是堂堂正正的中国人，绝不可能接受他得2000欧元，更不可能息事宁人，闭住自己的嘴，我要让世界所有养狗的人都知道她是个强盗。我把更个事件的发生过程制作成网页放到我的网站上 http://www.chinaao.com/swindler.htm揭露斯拉瓦的强盗行径，直到胜利为止。

我的亲身经历得出的经验教训是：

在没有收到钱的情况下千万不要把藏獒国外去，如果带藏獒到国外去参加比赛，一定要人獒不分离，千万不要把藏獒交给不熟悉的陌生人，即使是到机场接你的人，也不可以！在国外不同于我们自己的国家，遇到坏人，硬是拿走藏獒不给钱的话，可真是货到地头死了，你没有任何办法维护自己的权益，或者买主对你带的这只藏獒不满意，不要了，如果不提前在这个国家办好返程检疫手续，你可就带不回来了。因为在陌生的国度，检疫手续会把你办的你晕头转向，找不到东南西北。所以防止受骗是最重要，受骗后的维权是非常困难的。如果发生被骗事件我们还有一个投诉部门就是这个国家的犬业协会，向他们讲述所发生的一切，并申请血统证书失效。让更多的人知道这件事，使骗子名声扫地。

通过这两件事我要提醒我国藏獒养殖者：在藏獒出口方面我们，不可以以次充好，恶意骗人，也要谨防上国外买主的当，要知道坏人到处都有。世上没有救世主，只有自己小心，防止上当受骗才是维护自己利益的最好手段。

第十四章　走出国门

标准 1

Federation Cynologique Internationale
世界畜犬联盟

Secretary General 14 rue Leopold II, 6530 Thuin（Belgium）

FCI–Standard N° 230 / 02. 04. 2004 / GB

ORIGIN: Tibet

来源：西藏

PATRONAGE: FCI

委任权：FCI

DATE OF PUBLICATION OF THE ORIGINAL VALID STANDARD: 24.03.2004

原有效标准出版日期：24.03.2004

UTILIZATION: A companion, watch and guard dog

用途：伴侣、守护和护卫犬

CLASSIFICATION F.C.I.: Group 2 Pinscher and Schnauzer– Molossoid breeds– Swiss Mountain and Cattle Dogs and other breeds

F.C.I 分类：2 组平品特犬、雪纳瑞类、獒犬、瑞士山地犬和牧牛犬以及其他品种

Section 2.2 Molossoid breeds, Mountain type

Without working trial

BRIEF HISTORICAL SUMMARY: The Tibetan Mastiff （Do Khyi）is an ancient working breed of the nomad herders of the Himalaya and a traditional guardian of the Tibetan monasteries. It has been surrounded by great myth since its first discovery in antiquity. From the mentioning by Aristoteles （384–322 b.

中国藏獒养殖繁育大全

TIBETAN MASTIFF

C.) to the famous writings of Marco Polo, who went to Asia in 1271, all historical reports praise the natural strength and impressiveness of the Tibetan Mastiff– both physically and mentally. Even its bark has been described as a unique and highly treasured feature of the breed. Leading European cynologists of the past, like Martin and Youatt, Megnin, Beckmann, Siber as well as Strebel and Bylandt have intensively covered the Tibetan Mastiff, as they had been fascinated by its origin and function in the Tibetan culture. Some even considered the breed to be the very forefather of all large mountain and mastiff breeds. One of the first known Tibetan Mastiffs to reach Western shores was a male sent to Queen Victoria by Lord Hardinge (then Viceroy of India) in 1847. Later in the 1880s, Edward VII （then Prince of Wales）took two dogs back to England. An early recorded litter of Tibetan Mastiffs was born in 1898 in the Berlin Zoo.

历史简介：藏獒是一种古老的工作犬和护卫犬,被喜马拉雅地区的牧民及西藏地区的僧侣饲养。自其作为一种古物被发现以来,围绕着藏獒就有很多的传说。从亚里士多德到 1271 年来到亚洲的马可·波罗,都记载了藏獒，他们高度赞扬了这一犬种的自然威力与给人印象深刻的体貌与智力特征,甚至其吠声也被认为是独特的,应值得重视的。欧洲过去犬学界的领军人物如：Martin 和 Youatt、Megnin、Beckmann、Siber 以及 Strebel 和 Bylandt,都集中研究了藏獒，他们都被其历史起源及在西藏文化中的作用而吸引,甚至有些人认为这一犬种是所有山地犬及马士提夫犬的鼻祖。第一位将藏獒带入到西海岸且为人所知的是 Lord Hardinge（印度总督）,1847 年他将一条公獒献给了维多利亚女王。在 19 世纪 80 年代后期,爱德华六世(威尔士王子)又将两条藏獒带回英格兰。关于藏獒产崽记录较早的是在 1898 年柏林动物园记录了一次小藏獒的出生。

GENERAL APPEARANCE: Powerful, heavy, well built, with good bone. Impressive; of solemn and earnest appearance. Combines majestic strength, robustness and endurance; fit to work in all climate conditions. Slow to mature, only reaching its best at 2 ~ 3 years in females and at least 4 years in males.

整体外观：健硕、笨重、体格良好、骨骼发育良好；外表严肃、诚挚；将庞大的力量、强健性及忍耐力集于一身；适于各种气候条件下的工作任务，成熟晚，只在雌犬 2 ~ 3 岁时、雄犬 4 岁时达到最佳繁育年龄。

IMPORTANT PROPORTIONS: Skull measured from occiput to stop equal to muzzle from stop to end of nose but muzzle may be a little shorter.

重要的比例：头盖骨测量（即从后枕骨到额段[止部]）与鼻口测量（即从额段[止部]到鼻尺端）的距离应相等或鼻口测量距离略短。

Body slightly longer than height at withers.

体长略长于身高。

BEHAVIOUR / TEMPERAMENT: Independent. Protective. Comm-ands respect. Most loyal to his family and territory.

性情：独立的，保护的，遵从指令，对于其家庭和领土十分忠心。

HEAD: Broad, heavy and strong. In adults a wrinkle may extend from above the eyes down to the corner of mouth.

头部：宽阔、有力和强壮，成熟后，皱褶会从眼部延伸到嘴角。

CRANIAL REGION : Skull : Large, very slightly rounded, with strongly pronounced occiput. Stop : Well defined.

脑颅区：头盖骨巨大，略呈圆形，后枕骨强健、明显，额段（止部）（两眼之间，凹下的部分，头盖骨和鼻骨相接处）形状清晰。

FACIAL REGION: Nose: Broad, as dark as possible coat colour, well opened nostrils.

面部区域：鼻子宽阔，依据毛色呈现变黑的趋势，鼻孔开放。

MUZZLE: Fairly broad, well filled and deep. End of muzzle square.

口吻部：相当宽阔，充实，深长，末端方形。

LIPS: Well developed and covering the underjaw.

唇：很丰满，盖住下颚。

JAWS/TEETH: Jaws strong with perfect, regular and complete scissor bite, i.e. upper incisors closely overlapping the lower incisors and set square to the jaws. Level bite acceptable. Dentition fits tightly.

颌 / 牙齿：颌有力且结构完美，牙齿整齐，剪式咬合；也就是上门牙覆盖在下门牙上，使颌部保持方形。水平咬合也可以接受，齿列要紧紧对齐。

EYES: Medium size, any shade of brown and in accordance with coat colour, the darker the better. Set well apart, oval and slightly slanting. Eyelids tightly fitting the eyeball. Expression of dignity.

眼睛：尺寸适中，为任何色度的棕褐色并与其披毛颜色一致，当然越黑越好。两眼适度分开，卵形并微微倾斜。眼皮紧合在眼球上。表情尊严。

EARS: Medium size, triangular, pendant, set between the level of the skull and the eye, dropping forward and hanging close to head; carried forward when alert. Ear leathers covered with soft, short hair.

耳朵：尺寸适中，下垂的倒三角形，耳根从头盖骨和眼睛之间的水平面开始，紧贴头部向前垂落，警觉时向前。耳皮被短柔毛。

NECK: Strong, well muscled, arched. Not too much dewlap. Covered by thick upstanding mane, not so pronounced in bitches.

脖颈：强壮，肌肉发达，略呈拱形。缀肉不要太多。被覆厚密而且直立的鬃毛，但母犬的此处不是太明显。

BODY : Strong.

身体：强壮。

BACK : Straight, muscular.

后背：笔直，肌肉发达。

CROUP : Broad and rather flat.

臀部：宽大且平。

CHEST: Rather deep, of moderate breadth, with good spring of rib, to give heart-shaped ribcage. Brisket reaching to below elbows.

胸部：纵深且宽度适中，肋骨弹性良好，肋笼心形。胸肉深垂可及腿肘。

TAIL: Medium length. Set high on line with top of back, carried high, loosely curled over back, when dog alert or in motion; well feathered.

尾巴：中等长度，高置于背线上，当处于警觉或移动状态时，尾巴高举，松松地卷向后背，有适度的羽状饰毛。

LIMBS

四肢

FOREQUARTERS : Straight, well angulated, well covered all over with strong hair. Shoulders : Well laid, muscular.

前躯：笔直，有相当的角度，全部被厚毛。肩部，位置良好，肌肉强健。

ELBOWS : Neither turned in nor out.

肘部：既不向内也不向外。

FOREARMS: Straight. Strong bone.

前臂：笔直，骨量重。

METACARPUS（PASTERNS）: Strong, slightly sloping.

骹骨（足的第一、二趾骨所占据的部分）：强壮，稍倾斜（与腿的垂直线）。

HINDQUARTERS: Powerful, muscular, with good angulation. Seen from behind, hindlegs parallel.

后躯：强健，肌肉发达，角度适中。从后面向前看，后肢彼此平行。

UPPER: Rather long; strong, with good hard muscles, but not bulging.

大腿上部：很长，强健，肌肉紧实，但不隆起。

STIFLE: Well bent.

膝关节：适度弯曲。

HOCK: Strong, low set.

跗关节（踝关节）：强健，位于低处（跗关节：飞节，单轴复关节）。

Dewclaws optional.

脚内侧的脚趾（狼爪）随意。

FEET: Fairly large, strong, round and compact, with good feathering between well-arched toes.

足部:很大,强壮,圆形而紧凑,圆拱的脚趾间有适量的羽状饰毛。

GAIT / MOVEMENT: Powerful, but always light and elastic: with good reach and drive. When speed increases tends to single track. When walking appears very deliberate. Capable of functioning over a varied terrain with stamina and suppleness.

步态 / 运动:有力,轻快有弹性;有很好的伸展性和驱动性。当速度增加后,藏獒的足迹趋向于单一轨迹。步履从容。其精力与柔软性使其适合在各种地形奔跑自如。

COAT:

披毛:

HAIR: Quality of greater importance than quantity. Coat harsh, thick, top coat not too long, with dense and rather wolly undercoat in cold weather which becomes rather sparse in warmer months. Males carry noticeably more coat than females. Hair fine but harsh, straight and off-standing. Never silky, curly or wavy. Neck and shoulders heavily coated, giving mane-like appearance. Tail bushy and well feathered; hindlegs well feathered on upper rear parts.

毛发:通常毛发质量比其数量更重要。披毛粗硬,丰厚,外层披毛不要太长,底毛在寒冷的气候条件下,浓密且软如羊毛;而在温暖的气候条件下,则非常稀少。公獒毛量明显多于母獒。毛细而坚硬,直且倒伏。从来不会柔化如丝状、卷曲状或波浪状。脖颈披毛较多,状如鬃毛。尾巴上的毛也很浓密,且有羽状饰毛;后腿靠上靠后的部位(跖侧)也有羽状饰毛。

COLOUR : Rich black, with or without tan marking; blue, with or without tan markings; gold, from rich fawn to deep red. All colours to be as pure as possible. Tan ranges from a rich chestnut to a lighter colour. White star on breast permissible. Minimal white markings on feet acceptable. Tan markings appear above eyes, on lower part of legs and underside of tail. Tan markings on muzzle; spectacle markings tolerated around eyes.

颜色:深黑色,有无黄褐色花标均可;蓝色,有无黄褐色花标均可;金色,从深驼色到深红色。所有的颜色都是越纯越好。黄褐色花标从深栗色到浅一些的颜色都是可以的。胸部的白色星形物是允许的。足部很小的白色花标也是可以接受的。黄褐色花标可以出现在眼睛上方、腿部低处、尾巴内侧面、口吻部;眼部周围出现的眼睛状的标记(眼圈)是可以接受的。

SIZE:

尺寸:

Height at the withers:

Dogs: 66 cm (26 ins)minimum,

Bitches: 61 cm (24 ins) minimum.

自鬐甲——马肩隆(肩胛间隆起的部分)到地面的高度:

公犬:最低 66 cm(26in);母犬:最低 61cm(24in)。

FAULTS: Any departure from the foregoing points should be considered a fault and the seriousness with which the fault should be regarded should be in exact proportion to its degree.

缺点:任何背离标准所规定的比例范围的都被认为是缺点,根据其背离的程度判断其严重性。

Lacking physical condition and fitness.

身体不健康。

Head light or heavily wrinkled.

头部有轻度或重度皱纹。

Pendulous flews.

下垂的垂唇。

Pronounced dewlap.

明显的垂肉。

Large and/or low set ears.

大或位置低的耳朵。

Light eyes or staring expression.

淡色眼睛或紧张的表情。

Weak pigmentation, particularly of nose.

轻度的色素沉着,特别是在鼻子部位。

Barrelled ribs.

桶状胸。

Tightly curled tail over hips.

卷尾过紧。

Over angulated or straight hindquarters.

角度不适或过直的后躯。

Heavy constrained movement.

行动沉重紧张。

Under minimum height, tolerance 2 cm.

低于最低身高不应超过 2 cm。

ELIMINATING FAULTS:

必须去除的缺陷:

Aggressive or overly shy.

有攻击倾向或过度的羞怯现象。

Undershot or overshot mouth.

上、下颚突出的。

All other colours than above mentioned e.g. white, cream, grey, brown (liver), lilac, brindle, particolours.

除了上面我们提到的颜色外其他都是不合格的颜色,例如:白色、奶油色、灰色、棕褐色、淡紫色、斑纹、玳瑁色。

Any dog clearly showing physical or behavioural abnormalities shall be disqualified.

任何犬明显地在身体或性情上的反常都被视为失格。

N.B. : Male animals should have two apparently normal testicles fully descended into the scrotum

成年公犬应具两个明显的正常的睾丸,并完全下降到阴囊中。

中国藏獒养殖繁育大全

TIBETAN MASTIFF

中国畜牧业协会犬业分会
《中国藏獒纯种登记管理暂行办法》

第一章　总　则

第一条　为了加强中国藏獒（Chinese Tibetan Mastiff 以下简称藏獒 CTM）管理，保护藏獒资源、推广纯种藏獒、提高藏獒质量，促进藏獒发展，受国务院畜牧行政主管管理部门委托，根据《种畜禽管理条例》制定本办法。

第二条　本办法所称中国藏獒是指原产于中国青藏高原，经牧民和爱犬者长期驯化饲养的高大勇猛、忠诚机智、性格刚毅的工作犬。

第三条　中国畜牧业协会犬业分会负责中国藏獒纯种登记工作，会员必须遵照本办法进行藏獒繁殖、登记和管理。

第四条　经登记的纯种藏獒后裔，通过鉴定颁发血统证书。

第二章　中国藏獒纯种规范

第五条　藏獒体形特征：藏獒属大型犬，身体结构粗壮匀称，肌肉发达有力，头尾平衡适度，动作敏捷矫健，从容自信，速度极快，并耐力持久。

第六条　藏獒生物学和行为特征：藏獒是喜欢食肉和带有腥膻味食物的杂食动物，耐严寒，不耐高温；听觉、嗅觉、触觉发达，视力、味觉较差；领域性强，善解人意，忠于主人，记忆力强；勇猛善斗，护卫性强，尚存野性，对陌生人有具有攻击性。

第七条　藏獒头部：头大额宽，与身体结构匀称；两耳下垂，长宽比例接近；眼小呈杏仁形；嘴粗短丰满，微呈方形；颜面皮肤松厚；鼻和唇呈黑色，鼻形宽大，鼻孔圆形。

第八条　藏獒颈部：粗壮，颈毛丰厚，长短协调，颈下松弛下垂，形成环状皱褶。

第九条　藏獒躯体：藏獒背部平直，前后宽度基本一致，胸部宽厚，腹部平坦，臀部宽短。

第十条　藏獒尾大、毛长，卷于臀上，呈菊花状，下垂时尾尖卷曲。

第十一条　藏獒四肢粗壮直立，强劲有力，腕部角度适中，飞节坚实，爪呈虎爪形，掌肥大，步态匀称。

第十二条　藏獒毛长度为8～30cm，按颈毛、尾毛、背毛、体毛、腿毛、脸毛的顺序递减；披毛呈双层，底层披毛细密柔软，外层披毛粗长。其毛色主要有：

黑色：全身黑色，颈下方、胸前可有白色斑片（胸花）；

铁包金：黑背，黄（或棕红）腿，两眼上方有两个黄（或棕红）圆点，称四眼。毛色齐，胸花小为佳。

黄（或棕红）色：全身毛色为金黄、杏黄、草黄、橘黄、红棕，毛色齐，胸花小为佳。

白色：全身雪白，鼻镜呈粉红色，无杂色为佳。

第十三条　藏獒体尺：

体高：肩胛骨顶端到站立地面的垂直距离，雄性65cm以上，雌性60cm以上，高者并匀称为佳；

体长：从肩关节到坐骨结节后缘距离，雄性75cm以上，雌性70cm以上，长者并匀称为佳；

胸围：肩肋骨后角处量取胸部的垂直周径，雄性80cm以上，雌性75cm以上；

管围：左前肢前骨上1/3处量取水平周径，雄性16cm以上，雌性15cm以上，粗者并匀称为佳；

第三章　中国藏獒综合等级评定

第十四条　外貌评定指标：

序号	项目	评定标准	标准分数
1	外貌	体形高大，体格强壮，结构匀称，肌肉发达，形态凶猛，长毛型的像雄狮，短毛型的像猛虎。	15
2	头部	头大，额宽，鼻短，分狮头型和虎头型：狮头型外观似狮，额顶后部及脖周围毛长；虎头型，外观似虎，毛短。	15
3	眼睛	眼球为黑色，四眼型的眉心侧有对称的黄色圆点，杏仁型或三角型，大小适中。下眼底内红肉露出，叫做吊眼为佳。	5
4	耳朵	呈"V"字形，下垂，耳位低，紧贴犬头的两侧，两耳片要肥厚而形大，双耳的间距要宽。	4
5	嘴	吊嘴，上嘴皮下吊，下嘴的下方长约5~7cm，牙齿整齐，咬合后，盖位至犬嘴的下颌，后部垂弯折；平嘴，上嘴皮未垂吊于犬嘴巴下方的；包嘴，看似上下如包壮，厚肉多。咬合有力，上下颚强壮。	4
6	颈部	颈粗，长短适中，颈部皮肤吊有垂皮，被浓厚的毛覆盖，脖子下面左方各垂吊两条明显的皮嗉带。	4
7	胸部	胸部深阔发达，双腿间距要大，腰长而粗。	4
8	前肢	粗壮直立且相互平行，肩位与地面垂直，上半部有饰毛。	5
9	后肢	有力，肌肉发达，后膝关节角度适当，少许倾斜，脚跗关节低。从后观察其两肘垂直平行，后部长有5cm左右的饰毛。	5
10	体躯	躯体强壮，腰背宽平，胸部深至肘位，肋骨部分有弹性，躯体长度比身高长，骼骨节比前肩胛骨峰部略高。	5
11	脚趾	脚趾靠拢且大小适度，趾拱，垫厚而坚韧，各趾紧包，如虎爪状。	5
12	尾巴	尾根粗毛密长，正卷菊花状，斜菊花状呈于臀部上。	10
13	背	背宽匀称为佳。	4
14	步态	强壮有力，轻盈自如，快步行走时，后肢拖步样。	5
15	披毛	躯体有密而长的披毛，底毛呈羊毛状，厚密，颈及肩部呈鬃毛状，尾毛浓密。	10
合计			100

第十五条　行为特征评定指标：

序号	评定标准	标准分数
1	藏獒气质刚强，反应灵敏，勇猛善斗，忠于主人，生气勃勃。	100分
2	气质刚强，反应灵敏，生气勃勃，绝不胆怯。	90分
3	反应灵敏，性情温顺，勇猛度一般。	80分
4	反应不够灵敏，没有勇猛度，领域性不强。	70分
5	反应不灵敏，胆怯，走步站立不直，领域性不强。	60分

第十六条　毛色评定指标：

序号	评定标准	标准分数
1	毛色纯正，色泽分明，油光发亮，无杂毛，长毛型，背毛长达15～25cm	100分
2	毛色纯正，色泽分明，无明显杂毛，油光发亮，胸花不超过手掌。	90分
3	毛色纯正，油光发亮，胸、腹、背部有不明显的杂毛。	80分
4	毛色有少许杂毛或四眼不明显。	70分
5	毛色差、但头脸好，身体各部均匀。	60分

注：藏獒的胸部允许出现小片白毛（胸花），以越小为佳。

第十七条　体尺评定指标：

雄性藏獒cm				雌性藏獒cm				标准分数
肩高	体长	胸围	管围	肩高	体长	胸围	管围	
76	90	95	18	70	86	90	18	100分
70	85	90	17	66	78	85	17	90分
68	78	83	17	64	74	79	16	80分
66	76	81	16	62	72	77	16	70分
64	74	79	16	60	70	75	15	60分

注：如有一项在许可范围内下浮动不超过2cm，仍按本标准给分，如低于标准2cm的扣10分，如果评判一致认为此獒品质好，可以单给加10分。

第十八条 藏獒等级综合评定：

等级	总评分数	备注
特A	≥360分	单项指标必须达90分（含）以上后裔30%以上A级，75%以上B级，不出现D级。
A	330分~359分	单项指标必须达80分以上后裔50%以上B级，不出现D级。
B	300分~329分	单项指标必须达70分以上后裔30%以上B级，90%以上C级。
C	270分~299分	单项指标必须达60分以上。
D	240分~269分	单项指标必须达60分以上。

注：1.不经后裔评定藏獒不评特A；

2.雄藏獒B级以下不能做种用；

3.雌藏獒C级建议不繁殖，D级不能繁殖。

第十九条 后裔评定：

成年藏獒后裔评定是根据其后代品质进行。选择配偶应不低于被评定级别。

特A：后裔30%以上A级，75%以上B级，不出现等外。

A：后代中50%在B级以上，但不得出现D级和等外。

B：后裔30%以上B级，90%以上C级。

C：后代50%为C以上，个别为D。

D：后代90%以上为D级。

第四章 纯种藏獒登记方法

第二十条 组建中国藏獒纯种鉴定专家委员会，设主任委员一人，副主任委员和委员若干人，具体负责中国藏獒纯种鉴定工作。

第二十一条 鉴定地点为中国畜牧业协会犬业分会组织的各种有关活动场地，或规模较大藏獒养殖场。

第二十二条 每次鉴定采用专家打分，取其平均分，一般鉴定不能低于5位指定专家，较大活动不低于7位指定专家，涉及专家自己的藏獒，该专家要自觉回避。

第二十三条　任何单位和个人都必须服从专家组鉴定和评级，专家组有权取消任何藏獒鉴定和评级资格。

第二十四条　凡纯种藏獒必须埋植芯片，特优级藏獒必须采血提取DNA长期保留，其他藏獒自愿采血提取DNA长期保留。

第二十五条　凡纯种登记的藏獒变更主人、更名、死亡等都必须告知中国畜牧业协会犬业分会进行变更。

第五章　附　则

第二十六条　本办法自公布之日起实施。

第二十七条　本办法由中国畜牧业协会犬业分会负责解释。

附件一　藏獒标准

山西龙城藏獒养殖基地獒舍管理规定

为更好地进行獒舍管理，使獒舍管理人员工作有章可循，更加规范化、科学化，特制订本办法，凡本獒舍的管理人员必须严格执行，不得懈怠。

一、现场管理

1.及时清圈作好保洁　做好圈舍的保洁工作，圈内不得有残留粪便。

2.定期消毒，避免疾病　在没有疫情的情况下，每周一作为消毒日，须将獒舍彻底消毒一次。疫情发生时，须迅速将病獒隔离，并将獒舍彻底消毒，病獒活动区域须及时重点消毒。保持每天消毒多次。犬瘟可通过空气传染，所以要将病獒隔离在下风口。

3.及时隔离，预防疾病　外来獒或本基地獒场外出参展归来的獒，须严格单独喂养不得进入獒舍，观察一个月确定无疾病发生才可以进入獒舍，避免传染疾病。

4.严格消毒，杜绝参观　凡出入病獒区的饲养人员或管理人员必须严格消毒后才能进入健康獒区。外来人员未经领导批准不得进入獒舍，任何人必须严格消毒后才能参观獒舍。

5.分批放养，避免打架　藏獒是大型犬，每天须有足够的活动量，才能保持健康，定时放养，可以使獒养成定时在獒舍外大小便的良好习惯。在放养时要将性格相和的獒同批放出，避免打架，造成伤亡。

放养时间规定，活动时间每次一个小时。

夏季：早6点，晚7点。

秋季：早6点，午10点，晚7点。

冬季：早7点，午10点，晚7点

春季：早7点，午10点，晚7点

6.定期为藏獒称量体重，填好各种管理表格

二、喂养原则

藏獒喂养要定点、定时、定量。饲料配方要科学合理，营养全面。早餐喂得早，午餐喂好而少，晚餐喂得饱。

定点：每只藏獒只能在自己的圈里固定的地方吃食。一个藏獒一个专用食盆，不得混用，以防疾病传播，要养成藏獒只吃自己盆中食物的好习惯。

定时：喂养时间要固定，不仅在规定的时间喂养，吃食物的时间也要固定好，给藏獒30分钟的吃食时间，如果在30分钟时间内没有吃完，要及时将食盆拿走，等下顿再喂。

定量：喂养人员要了解每只藏獒的食量，定量供给，不得养成藏獒剩饭的坏习惯。

1. 成年獒喂养时间规定

夏季：每日早、晚喂两次，中间间隔12小时。第一次喂养在早8点，第二次喂养在晚9点。饮用水须供应充足，不得间断。

秋季：秋冬季节是配种旺季，须重点加强种公獒的管理。每日喂养3次。即：早8时，午12时，晚9时。要多注意种公獒的营养水平，加强维生素的配给（尤其是维生素E），使种獒早日上膘，保持旺盛的配种能力。

冬季：冬春季节是产崽的高峰期，须重点加强母獒的管理。每日喂养3次，早8点，午12点（少许），晚9点（白天短时晚间喂养时间可调整为8：30）。

春季：公獒每日喂养2次，喂养时间：早8点，晚9点。喂养哺乳期母獒主粮3次，主粮以蛋类为主，肉少于正常量，分3次喂养：早8点，午12点，晚9点。另外加喂母獒牛奶、骨头汤等流质汤类多次。

春季是母獒哺育幼獒的高峰期，加强母獒的营养水平，哺乳期的母獒活动量小，应该喂养一些易消化的蛋奶食物，一些骨头汤之类的流质食物，以补充母獒的乳汁。

2. 幼獒喂养的时间规定

幼獒在2个月前每日喂养多次，在3个月前须喂养5次/日，8个月前须喂养 4 次/日，12 个月内须喂养 3 次/日。

幼獒一般出生在冬春季节，出生 15 天后开始补充人工饲料，25 天断奶，进入人工喂养阶段。

3 个月前以鸡蛋、牛奶、狗粮为主，可加入少量的肉末。每日喂养 5 次，时间为早 6 点，10 点，午 14 点、晚 18 点、22 点。4~8 个月大时每日喂养 4 次时间为：早 7 点，午 12 点，晚 17 点、22 点。12 个月以内，喂养 3 次时间为：早 8 点，午 12 点，晚 9 点。一岁以上，即可以与成年獒同等对待。

喂养人员要细心观察，预防疾病。要细心观察藏獒的动态，及早发现有疾病迹象的藏獒，采取措施及时治疗。

三、科学管理，建立档案

要为每个种獒、每窝幼獒建立健康档案，记录好疾病治疗的诊断方案，所用药物及免疫情况。抗生素是具有耐药性的，所以必须记录好用药情况，以避免无效药物的使用。

四、定期驱虫，及时免疫

藏獒一定要定期驱虫，先完成驱虫后再注射疫苗。不驱虫就注射疫苗往往会失败的，所以在免疫前一要先驱虫。并做好驱虫、免疫记录。

幼獒在 2~3 月龄时，会有拉稀现象，俗称"翻肠子"。这是体内寄生虫性肠炎。一般由蛔虫、钩虫、绦虫、鞭虫、线虫等引起，轻者造成幼獒腹泻、消瘦，甚至吐虫子，重者可引发小肠套叠，或者脱肛，严重影响藏獒的正常生长发育。因此藏獒主应定期给藏獒驱虫，定期驱虫是保证藏獒健康的重要措施之一。

驱虫时间表

藏獒年龄	驱虫频率
出生至 3 个月	20 天、45 天、90 天三次
3 个月至 1 岁	每 2 个月一次
1 岁以上	每 3~4 个月一次
怀孕母獒	生产前及生产后的 1 个月各一次

五、每日观察，发现疾病

　　每日要观察藏獒的粪便情况，看藏獒是否拉稀，是否有虫斑或成虫随粪便拉出，观察藏獒的精神状态，要为精神不佳的藏獒及时测量体温，看是否有发烧现象。同时找出病因，及时做出处理并文字做好记录。

獒舍常用消毒剂及用法

獒舍防疫消毒是关键，现将獒舍常用的消毒剂名称及用法介绍给大家供大家参考。

獒舍常用消毒剂

1.含氯消毒剂			
消毒药名称	消毒对象	使用浓度及剂型	用量与消毒时间
漂白粉成分：次氯酸钙		2.5%~5%有效氯（即10%~20%漂白粉溶液） 干粉 干粉	800~1000mL/m² 6g/m³ 10~15g/m³
次氯酸钠	獒舍、空气、地面、墙壁	200~250 ppm	50mL/m³
优氯净成分：二氯异氰酸钠	一般染毒器材空气、地面污水、粪便	1:4000溶液 1:200溶液 干粉	浸泡3~5分钟 喷洒熏蒸2~4小时 5~10g/m³,2~4小时
2.过氧化物消毒剂			
消毒药名称	消毒对象	使用浓度及剂型	用量与消毒时间
过氧乙酸（市售浓度为20%左右）	獒舍、饲槽室内熏蒸	0.5%溶液 20%溶液	喷雾消毒用量为:30~50mL/m³ 熏:蒸消毒用量为:1~3g/m³。室温15℃以上，相对湿度70%~80%,熏蒸60至90分钟;室温0℃~5℃时将湿度提高到90%~100%,用量增加到5g/m³,作用120分钟。
高锰酸钾	室内熏蒸	干粉	与福尔马林混合后作空气熏蒸消毒

3.季胺类消毒药

消毒药名称	消毒对象	使用浓度及剂型	用量与消毒时间
百毒杀（50%、10%两种包装）成分:癸甲溴氨	獒舍、环境、器具黏膜、 浸泡金属器械手指、皮肤	1:3000溶液(50%) 1:600溶液（10%） 0.05%溶液 0.1%溶液	30~33mg/m^3 间隔1~3天消毒一次 浸泡 浸泡
畜禽安(40%)成分:二氯异氰脲酸钠消毒剂	饮水 獒舍、产房	1:24 000~32 000倍 1:16 000~24 000倍 1:3500 ~ 6000 倍 1:1200 ~ 3000 倍	一般预防 发生传染病期间 平时预防性喷洒消毒 发病时的喷洒消毒
1210 消毒剂成分:二癸基二甲基氯胺和正烷基二甲基卞基氯胺	獒舍、环境、器械产房、仔獒舍 饮水	1:800 倍 1:1000~2000 倍 1:2000~4000 倍	平时的预防性消毒，作喷雾， 冲淋发病时的消毒 喷洒 饮用

4.含碘消毒药

消毒药名称	消毒对象	使用浓度及剂型	用量与消毒时间
爱迪伏成分:综合碘	獒舍 械器、用具 饮水消毒	0.3%型 1:60~100 0.7%型 1:160~320 0.3%型 1:40~80 0.7%型 1:100~200 0.3%型 1:120~200 0.7%型 1:320~400	

附件三 獒舍常用消毒剂及用法

5.表面活性剂

消毒药名称	消毒对象	使用浓度及剂型	用量与消毒时间
新洁尔灭 成分:苯扎溴氨	手、皮肤、器械和玻璃用具粘膜、深部感染伤口	0.1%溶液 0.01%~0.05%溶液	洗涤或浸泡5分钟冲洗
洗必泰 成分:双氯苯双胍乙烷	同新洁尔灭	0.02%~0.1%溶液	冲洗、浸泡、洗涤
消毒净 成分:5%戊二醛	粘膜 手指、皮肤	0.05%溶液 0.1%溶液	冲洗 浸泡

6.酚类消毒剂

消毒药名称	消毒对象	使用浓度及剂型	用量与消毒时间
农乐(复合酚、菌毒敌) 成分:酚41%~49% 醋酸22%~26%	獒舍、笼具、排泄物	0.3%~1%	对严重污染的场所可适当增加浓度与喷洒次数
农福成分:亚磷酸钾	獒舍 器具、车辆	1:60~1:100溶液 1:60溶液	喷洒浸洗
苯酚(石炭酸)	污染环境、用具、外科器械	2%~5%水溶液	喷洒,器械浸泡需30~40分钟
来苏儿(煤酚皂溶液)成分:甲苯酚三种异构体的混合物	非芽孢菌污染的獒舍、场所、物品等手、器械	5%水溶液 1%~2%水溶液	喷洒刷洗

中国藏獒养殖繁育大全

TIBETAN MASTIFF

7.醛类消毒剂

消毒药名称	消毒对象	使用浓度及剂型	用量与消毒时间
福尔马林（甲醛溶液）	獒舍、空气、护理用具	36%~38%甲醛溶液	20mL/m³；加等量水，高锰酸钾 20g，熏蒸消毒 12 小时
戊二醛	用于不能加热灭菌的医疗器械，如温度计、橡胶和塑料制品	2%碱性溶液（加 0.3%碳酸氢钠）	浸泡 15~20 分钟

8.碱类消毒剂

消毒药名称	消毒对象	使用浓度及剂型	用量与消毒时间
氢氧化钠	獒舍、场地、车辆、用具、排泄物	2%水溶液（热）	喷洒。本品有腐蚀性，消毒半天后用清水冲洗干净
火碱（氢氧化钠的粗制品）		2%~5%水溶液	同氢氧化钠
生石灰成分：氢氧化钙	獒舍的墙壁、地面畜栏	0%~20% 石灰乳（1 份生石灰加 1 份水成熟石灰，然后再加水 9 份即成 10%乳剂，加 4 份水即成 20%乳剂）	涂刷

附件四

山西龙城藏獒养殖基地藏獒养殖管理表格

基 本 情 况 表

种獒（公、母）＿＿＿＿＿＿

照片粘贴处				
出生日期		出生地		拥有人
血统	父			
	母			
体貌特征				
性格特征				
建档日期	年　　　月　　　日			

山西龙城藏獒养殖基地藏獒养殖管理表格

藏獒_____ 驱虫、接种记录表

驱 虫 记 录			接 种 记 录			备 注
序号	日期	疫苗药名	序号	日期	驱虫药名	
1			1			
2			2			
3			3			
4			4			
5			5			
6			6			
7			7			
8			8			
9			9			
10			10			
11			11			
12			12			
13			13			
14			14			
15			15			
16			16			
17			17			
18			18			
19			19			
20			20			
21			21			
22			22			
23			23			

注:先驱虫后接种,接种须在藏獒身体状态好、天气晴朗时进行。

附件四 山西龙城藏獒养殖基地藏獒养殖管理表格

山西龙城藏獒养殖基地藏獒养殖管理表格

藏 獒 _____ 病 历 登 记 表

病因					
病症					
序号	日期	每日用药情况	体温℃	采食情况	精神状态
1					
2					
3					
4					
5					
6					
7					
8					
9					
10					
11					
12					
13					
14					
15					

山西龙城藏獒养殖基地藏獒养殖管理表格

种公獒_____繁育性能表

项目 ＼ 母獒名				1	2	3	4
母獒情况		年　龄					
		出生地					
		体貌特征					
繁殖进程		母獒发情起始日期					
		交配日期					
		交配方式					
		是否怀孕					
产崽情况		产崽日期					
		胎　次					
	45天龄成活情况	产崽总数（只）	公				
			母				
		成活率%					
	品质情况	体貌特征	毛色				
			毛量				
			头版				
			骨量				
		精品率%					
		遗传特点	优势遗传				
			缺点遗传				
遗传性能评价							

山西龙城藏獒养殖基地藏獒养殖管理表格

种母獒_____繁育性能表

项目＼历年配对公獒			1	2	3	4
公獒情况	年龄					
	出生地					
	体貌特征					
繁殖进程	母獒发情起始日期					
	交配日期					
	交配方式					
	是否怀孕					
产崽情况	产崽日期					
	胎次					
	45天龄成活情况	产崽总数（只） 公				
		母				
		成活率%				
	品质情况	体貌特征 毛色				
		毛量				
		头版				
		骨量				
		精品率%				
		遗传特点 优势遗传				
		缺点遗传				
遗传性能评价						

山西龙城藏獒养殖基地藏獒养殖管理表格

藏獒配种记录表

序 号	配种日期	种公獒	种母獒	预产期	备 注
1					
2					
3					
4					
5					
6					
7					
8					
9					
10					
11					
12					
13					
14					
15					
16					
17					

山西龙城藏獒养殖基地藏獒养殖管理表格

母獒_____繁殖配种表(内部)

项目 \ 排序		对象一	对象二	对象三
对象公獒情况	獒名			
	体貌特征			
	出生地			
	年龄			
繁殖进程	母獒发情起止日期			
	交配日期			
	交配方式			
	是否怀孕			
产仔情况	产崽日期			
	胎次			
	成活情况 产崽总数(公、母)			
	活崽数(公、母)			
	死胎数(公、母)			
	45日龄成活率			
	是否留后备种獒(公、母)			

山西龙城藏獒养殖基地藏獒养殖管理表格

在外配种汇总表

母獒_____

序号	配种日期	种公及獒主及地址			预产期	实际出生日期	产崽数	
		种母獒名	獒名	獒主	地址			公	母
1								
2								
3								
4								
5								
6								
7								
8								

附件四 山西龙城藏獒养殖基地藏獒养殖管理表格

山西龙城藏獒养殖基地藏獒养殖管理表格

公獒____ 对外配种汇总表

序号	配种日期	种母及獒主及地址				预产期	实际出生日期	产患数	
		种母獒名	獒名	獒主	地址			公	母
1									
2									
3									
4									
5									
6									
7									
8									

山西龙城藏獒养殖基地藏獒养殖管理表格

整胎幼崽登记表

母亲		出生	年　月　日	父亲		出生	年　月　日
生 产 幼 崽 数				死 胎 数			
公		母		公		母	

交配日期	第一次	年　月　日　时　分	出生日期	年　月　日　时　分 至 年　月　日　时　分
	第二次	年　月　日　时　分		
	第三次	年　月　日　时　分		

序号	幼獒名	性别	毛色	受让人姓名、住址及转让日期
1				
2				
3				
4				
5				
6				
7				
8				
9				
10				
备注				

山西龙城藏獒养殖基地藏獒养殖管理表格

基地留种用新生獒生长发育记录表

父 _____ 母 _____

项目 獒龄	日 期	体 重(kg)	体 长(cm)	肩 高(cm)	最大额宽(cm)	胸 围(cm)	管 围(cm)	备 注
初 生								
05 日龄								
10 日龄								
15 日龄								
20 日龄								
25 日龄								
30 日龄								
40 日龄								
50 日龄								
60 日龄								
03 月龄								
04 月龄								
05 月龄								
06 月龄								
09 月龄								
12 月龄								
18 月龄								
21 月龄								
24 月龄								

山西龙城藏獒养殖基地藏獒养殖管理表格

藏獒交配证明书

公 獒		类 群		出生日期	年 月 日
母 獒		类 群		出生日期	年 月 日
交配日期	第一次	年　　月　　日　　时　　分至　　时　　分			
	第二次	年　　月　　日　　时　　分至　　时　　分			
	第三次	年　　月　　日　　时　　分至　　时　　分			

藏獒繁育母獒獒主情况资料

姓名：_____

电话：_____

住址：_____

邮编：_____

交配实施过程即时照片

公司地址：　　　　　　　　　　邮政编码：

后　记

救 救 藏 獒！

在十年前看到这个题目人们会发出共鸣：藏獒是需要保护！但今天看到这个题目的人可能会笑我：藏獒经过十多年的保护，数量得到了极大的发展，獒园空前昌盛，獒友众多遍布中外，怎么还需要保护啊？我这里讲的保护是指物种的保护，不是数量的保护。

我们知道，每一种生物都有自己独有的体貌与生物学特征。比如：同是食肉动物，狼之所以叫狼不叫虎，因为狼与虎在体貌与生物学特征有很大不同；藏獒与松狮同属于犬科，都可以统称为狗，但松狮不可以称呼为藏獒，同样是因为藏獒的体貌与生物学特征以及遗传基因与松狮不同！

《晏子春秋·杂下之十》："婴闻之：'橘生淮南则为橘，生于淮北则为枳，叶徒相似，其实味不同。所以然者何？水土异也。'"因为受到人们的喜欢，藏獒从高原来到内地，在离开原生环境后，为适应新的生存环境，藏獒生物学性状必然随着环境的改变而发生改变。这已经是一种无奈了！

但更令人担忧的事情终于发生了：近几年由于人们对利益的过度追求，出于市场炒作的需要，人为的制造一些卖点：凹角度、起毛点，骨量，嘴型，飞毛腿，管毛。有人把植物的嫁接技术用到了藏獒新品种的培育上来，用一些其他品种的狗搭桥，把一些夸张性的特征组合到了藏獒的身上，要知道这种改变不仅仅是性格与适应性的改变，而是最可怕的质的变化，这样的后代体貌特征与藏獒差异很大，性格也发生了根本性的改变。具体表现在：体型的小型化，性格懦弱，智商低下，由于只注重某些卖点，有严重遗传疾病的狗也被捧成了优秀种公。填食，为追求视觉的"美"，有人把只有"鸭界"才有的独特的喂养方式，应用到了藏獒的身上，为藏獒填食，使藏獒肥胖起来，外表看起来非常震撼，但，这种东西走路要人抱，站立要人扶，何用之有？如果肥胖就是美的话，这种美只可以称之为：病态美！

这样的"藏獒"还可以称之为藏獒吗？它还能够驰骋草原，吼声如狮，威猛如虎，一獒斗四狼吗？

不可否认生物界许多物种具有杂交优势，我们不反对物种之间的杂交，许多优秀的纯种犬都是杂交的结果，人们可以根据自己的喜欢进行杂交，培育新的犬种，但我们应该把这种通过杂交培育出的后代，叫一个新的名字，以区别于原物种，比如：长相像猪的可以叫做猪獒，像鼠的叫鼠獒，松狮血统的叫松狮獒，称呼多多，只要避开藏獒这个名称，什么都可以叫，这是一个可以避免藏獒概念混乱，避免藏獒物种灭绝的有效的保护手段。至于填食技术我看还是废除吧！狗是人类的朋友，不是经济动物！为什么用填食这种方式来虐待我们的朋友呢？

拯救藏獒从我做起，我们既然做不到不去杂交培育，那么就把藏獒的称谓还给原产于青藏高原的，具有犬的基因库之称的古老物种——藏獒吧！

张惠斌

2013 年 6 月 23 日写于太原家中

藏獒架起世界民间交流之桥，
"国际交流,硕果累累"

有趣的巧合：过生日

  2012 年 6 月 12 日俄罗斯 Svtlana 女士来中国购獒期间正赶上生日，作者张惠斌为她开了一个生日 Party。过了一个中国式的生日。无独有偶，张先生与夫人张彬女士应希腊獒友 Athansios 邀请访问期间也正好赶上自己的生日，热情的希腊獒友也为作者过了一个别开生面,具有希腊特色的生日。真是天下獒友是一家啊！

在吃生日蛋糕前,亲自烤一块牛肉给大家吃。

2012 年 6 月 17 日，獒友 Svetlana 女士在中国过生日。

2012 年 8 月 7 日，作者在希腊过生日。

家有好獒，名香万里，开门迎来远方客

精品幼獒看到眼里拔不出来了！意大利獒友 Luca 的眼热了，心也热了，看到这么好的藏獒，还有这么好的员工，Luca 很是感慨。

Ave 来我基地买獒

Svetlana 来我基地买獒

意大利獒友皮卡来我基地买獒

Vlad 来我基地买獒

娜塔莉亚买獒　　　　　　　　　　　　优劳买獒

山西龙城藏獒养殖基地——希腊分场园主萨诺斯　　俄罗斯西伯利亚藏獒俱乐部主席——亚利克谢买獒

Priit 夫妇是最早来我基地买獒的欧
洲客户之一

伊兰娜买獒

出门访友，藏獒架起友谊桥

龙城后代，赛场获奖，捷报频传，作者应邀走出国门，探访獒友。

从我基地走出的
藏獒获奖频频

2008 年 1 月，
回访我的老獒友普
利特（与他的家人在
乌嘎瀑布前合影）。

Stathis 是一名音乐家,陪同作者夫妇游雅典。

参观爱沙尼亚军事博物馆并应邀为博物馆留言

在乌拉女士家探访我基地藏獒欧洲第二代

山西龙城藏獒养殖基地园希腊分场成立了!

獒主与待产的欧洲版母獒

麦当娜与龙城长毛的儿子在波兰

基地售出的公獒"饭桶"

作者接受媒体采访

参加世界学术交流

张惠斌先生著《中国藏獒》赢得世界犬业专家认同

该书在香港狗会、澳大利亚国家图书馆、高雄大学图书馆、上海图书馆等国内外多所图书馆与大学院校都有收藏，并登陆台湾及海外市场，得到世界藏獒养殖专家的认可。2010年3月应世界藏獒论坛邀请，张惠斌赴俄罗斯圣彼得堡参加世界藏獒论坛会，现场讲座。此举不仅是对国宝藏獒的一个很好的宣传，更重要的是中国人能够为世界犬业专家讲解中国藏獒，结束了多年来中国犬业被"洋狗""洋专家"垄断的被动地位，站在了世界的学术交流的大舞台上，长了中国人志气，为中国犬业养殖者争了光。

作者应邀赴俄罗斯参加世界藏獒论坛暨藏獒比赛评判

做专题报告

参加会议

张惠斌参加藏獒比赛评判

颁奖(1)

颁奖(2)

颁发特别奖励——藏獒吉祥圈

与美国全犬种裁判 kristina 评狗

作者赴香港参加香港狗会 FCI、AKC 国际全犬种犬赛活动

香港特首梁振英是一个狗爱好者。2012 年 8 月，作者与香港狗会主席、大律师林汉环(左二)、特首(右二)在香港狗展上合影。

香港狗会主席林汉环先生是香港的大律师,有 50 年的养狗经验。

作者在狗展上效力